# 基礎から学ぶ水理学

編 著　岡澤　宏　中桐貴生
共 著　竹下伸一　長坂貞郎
　　　　藤川智紀　山本忠男

理工図書

# はじめに

　水理学 (Hydraulics) は，河川や湖沼に存在する水の挙動を物理学的に扱う学問である。農業農村工学（農業土木学）や土木工学の分野で主に扱う河川や湖沼の整備，水路や貯水池といった水理構造物の設計や維持管理を学ぶうえで，構造力学，土質力学とともに重要な基礎科目として位置付けられている。水の挙動を扱う科目に「流体力学」があるが，流体力学が水の挙動に関する基本的な理論を追求する学問であるのに対し，水理学は流体力学の理論を実際の現場での実現象に適用するための応用的学問として発展してきた。そのため，水理学では，理論式に加え，実験式や経験式も多く用いられる。

　本書は，大学において農業農村工学や土木工学の分野で水理学を学ぶ学生を対象として作成したものである。高校の物理学では静水圧の性質に触れるだけであり，多くの学生は大学において流れを伴う水の物理的挙動について学習をする。しかし，近年，物理学を苦手とする学生が工学分野に進学をすることも多くなってきており，工学分野の基礎科目である水理学について，とっかかりでつまずく学生も少なくない。そこで，本書では物理学に自信を持てない学生にも全体を通じて理解が得られるような構成とし，基礎的なところからわかりやすく説明を行った。

　第1章では水理学にかかわる物理学の基礎知識が習得できる内容になっている。第2章では水の流れが生じない単純な条件下で構造物に作用する静水圧について説明している。第3章では流れを伴う水について扱い，流れの種類や，水理学でとても重要な公式であるベルヌーイの定理とその応用，水の運動などについて詳しく説明している。また，水理学では，水の流れは管水路流れと開水路流れに大別され，それぞれで水の扱い方は異なる。そこで，それぞれを第4章と第5章で個別にまとめ詳細に説明している。第6章と第7章では，河川や水路を流れる水の速さや量，水位などを調節あるいは計測するために設けられる構造物として代表的なオリフィス，水門（ゲート），せき（堰）を取り上げ，水の制御や計測についての基本的な考え方について説明している。そして，第8章では目視することができない地下水の挙動について水理学的な視点から詳述している。以上のように本書では工学分野で取り扱うべき水理学の内容を8つの章に分けて記述している。本書を通じて将来技術者となる学生諸君に少しでもストレスなく水理学に関する知識を習得していただければ幸いである。

　なお，本書は，複数の農学系の大学教員が，「水理学詳説」（理工図書）と「わかりやすい水理学」（理工図書）を参考に，現在の大学生がより理解しやすい内容になるよう工夫しながら執筆した。今後，内容のさらなる充実に向け，本書を読んだ学生から説明の分かりにくかったところをご指摘頂けるほど有り難いことはない。

　最後に，本書の作成に当たり，丹羽健蔵氏をはじめ，「わかりやすい水理学」の執筆者各位，株式会社理工図書の関係者各位には大変お世話になりました。ここに謝意を表します。

2017年8月

執筆者一同

# 目　　　次

はじめに

## 第 1 章　序説 …………………………………………………………………………… 1

### 1.1　水理学で用いる物理・数学の基礎知識 ………………………………………… 1
　　1.1.1　物理量と単位／1
　　1.1.2　次元／2
　　1.1.3　精度と有効数字／3
　　1.1.4　数値の 10 の整数乗倍表記と接頭語／5
　　1.1.5　有効数字を考慮した計算／6
　　1.1.6　角度の表し方／8
　　1.1.7　速度と加速度／10
　　1.1.8　運動の法則とエネルギー／10
　　1.1.9　質量と重量（重さ）／12
　　1.1.10　力のモーメント／13
### 1.2　水の基本的性質 ………………………………………………………………… 14
　　1.2.1　密度，単位体積重量，および比重／14
　　1.2.2　圧縮性／15
　　1.2.3　粘性とせん断力／16
　　1.2.4　表面張力と毛管現象／18
　　1.2.5　粘性流体と完全流体／20

演習問題 ………………………………………………………………………………… 21

## 第 2 章　静水圧 ………………………………………………………………………… 25

### 2.1　静水圧の性質 …………………………………………………………………… 25
　　2.1.1　全水圧／25
　　2.1.2　水圧と水深の関係／25
　　2.1.3　圧力水頭／28
### 2.2　パスカルの原理とその応用例 ………………………………………………… 29
　　2.2.1　パスカルの原理／29
　　2.2.2　水圧機／29
　　2.2.3　マノメータ／31
### 2.3　平面に作用する全水圧 ………………………………………………………… 36
　　2.3.1　図心、断面一次モーメント、および断面二次モーメント／36

2.3.2　水平な平面に作用する全水圧／38
　　2.3.3　鉛直な平面に作用する全水圧／38
　　2.3.4　傾斜した平面に作用する全水圧／41
　　2.3.5　平面に作用する全水圧の一般式／44
2.4　曲面に作用する全水圧 …………………………………………………………… 46
2.5　浮力と浮体 ………………………………………………………………………… 52
2.6　浮体の安定 ………………………………………………………………………… 54
演習問題 ………………………………………………………………………………… 57

## 第3章　水の運動 …………………………………………………………………… 63

3.1　水路の種類と流れ ………………………………………………………………… 63
3.2　水路の断面形状に関する基本用語 ……………………………………………… 64
3.3　流速と流量 ………………………………………………………………………… 65
3.4　流れの種類 ………………………………………………………………………… 66
　　3.4.1　定常流と非定常流／66
　　3.4.2　等流と不等流／66
　　3.4.3　層流と乱流／67
　　3.4.4　常流と射流／68
3.5　流線，流跡線，および流管 ……………………………………………………… 69
3.6　連続の式 …………………………………………………………………………… 70
3.7　ベルヌーイの定理 ………………………………………………………………… 71
　　3.7.1　水のエネルギーと水頭／71
　　3.7.2　完全流体におけるベルヌーイの定理／71
　　3.7.3　粘性流体におけるベルヌーイの定理／74
3.8　ベルヌーイの定理の応用 ………………………………………………………… 78
　　3.8.1　トリチェリーの定理／78
　　3.8.2　ピトー管／79
　　3.8.3　ベンチュリーメーター／80
3.9　運動量の法則 ……………………………………………………………………… 82
演習問題 ………………………………………………………………………………… 86

## 第4章　管水路の流れ ……………………………………………………………… 93

4.1　管水路 ……………………………………………………………………………… 93
　　4.1.1　管水路の定義／93
　　4.1.2　潤辺と径深／93
　　4.1.3　損失水頭／94

4.1.4　動水こう配線とエネルギー線／94
4.2　摩擦損失水頭と平均流速公式 ……………………………………………………… 95
　　　4.2.1　摩擦損失水頭／95
　　　4.2.2　平均流速公式／95
4.3　摩擦以外の要因による損失水頭 …………………………………………………… 98
　　　4.3.1　流入による損失水頭／99
　　　4.3.2　方向変化による損失水頭／99
　　　4.3.3　断面の変化による損失水頭／101
　　　4.3.4　バルブなどの存在による損失水頭／103
　　　4.3.5　流出による損失水頭／103
4.4　単線管水路 ……………………………………………………………………………105
　　　4.4.1　単線管水路の動水こう配線とエネルギー線／105
　　　4.4.2　2つの貯水体を連結する管水路の流れ／107
　　　4.4.3　サイフォン／108
　　　4.4.4　逆サイフォン（伏せ越し）／110
　　　4.4.5　水車とポンプ／110
4.5　分岐・合流する管水路 ………………………………………………………………115
　　　4.5.1　分岐管水路／115
　　　4.5.2　合流管水路／116
4.6　管網の流量計算 ………………………………………………………………………118
演習問題 ………………………………………………………………………………………125

## 第5章　開水路の流れ ……………………………………………………………………129

5.1　開水路流れに関する基本事項 ………………………………………………………129
　　　5.1.1　開水路流れの定義と特徴／129
　　　5.1.2　損失水頭／130
5.2　開水路流れにおける流速分布 ………………………………………………………130
　　　5.2.1　横断面での流速分布／130
　　　5.2.2　鉛直断面での流速分布／130
5.3　開水路流れの平均流速公式 …………………………………………………………132
　　　5.3.1　シェジーの公式／132
　　　5.3.2　マニングの公式／132
5.4　開水路断面の形状要素と等流計算 …………………………………………………134
　　　5.4.1　開水路断面の形状要素／134
　　　5.4.2　開水路の等流計算／135
5.5　水理学上の最有利断面 ………………………………………………………………137
　　　5.5.1　台形断面水路および長方形断面水路の最有利断面／137

## 目次

- 5.6 円形断面水路の水理特性曲線 …………………………………………………………… 140
- 5.7 河川の流量計算 …………………………………………………………………………… 140
- 5.8 開水路の不等流 …………………………………………………………………………… 144
  - 5.8.1 常流と射流／144
  - 5.8.2 限界水深と限界流速／145
  - 5.8.3 フルード数／149
  - 5.8.4 跳水／150
  - 5.8.5 不等流の基本式／152
- 5.9 背水 ………………………………………………………………………………………… 154
  - 5.9.1 せき上げ背水と低下背水／154
  - 5.9.2 せき上げ背水または低下背水曲線を求める公式／155
- 5.10 開水路における摩擦以外の損失水頭 ………………………………………………… 158
  - 5.10.1 水路の入り口に生じる損失／158
  - 5.10.2 水路底の段による損失水頭／158
  - 5.10.3 橋脚による損失水頭／159
  - 5.10.4 ちりよけスクリーンによる損失水頭／159
- 演習問題 ………………………………………………………………………………………… 161

## 第6章 オリフィスと水門（ゲート） …………………………………………………… 169

- 6.1 小オリフィス ……………………………………………………………………………… 169
- 6.2 大オリフィス ……………………………………………………………………………… 174
- 6.3 円形オリフィス …………………………………………………………………………… 177
- 6.4 もぐりオリフィス ………………………………………………………………………… 179
- 6.5 オリフィスからの排水時間 ……………………………………………………………… 182
  - 6.5.1 オリフィスからの流出が開放されている場合／182
  - 6.5.2 もぐりオリフィスの場合／183
- 6.6 水門（ゲート） …………………………………………………………………………… 186
  - 6.6.1 自由流出ともぐり流出／186
  - 6.6.2 水門からの流量の計算（ベルヌーイの定理に基づく方法）／187
  - 6.6.3 水門からの流量の計算（ヘンリーの実験図を用いた方法）／187
- 演習問題 ………………………………………………………………………………………… 189

## 第7章 せき（堰） ………………………………………………………………………… 195

- 7.1 せきの種類 ………………………………………………………………………………… 195
- 7.2 四角せき …………………………………………………………………………………… 196

7.3 三角せき ……………………………………………………………………198
7.4 広頂せきと越流ダム ………………………………………………………200
7.5 もぐりせき（潜り堰）……………………………………………………202
7.6 ベンチュリーフリューム …………………………………………………203
演習問題…………………………………………………………………………205

## 第8章　地下水 ……………………………………………………… 209

8.1 地下水の流れ ………………………………………………………………209
8.2 井戸 …………………………………………………………………………210
  8.2.1 深井戸／211
  8.2.2 掘り抜き井戸／213
  8.2.3 浅井戸／214
8.3 集水暗渠 ……………………………………………………………………217
演習問題…………………………………………………………………………221

---

**執筆担当**

編著　岡澤　宏・中桐貴生
共著　第1章　中桐貴生・岡澤　宏
　　　第2章　中桐貴生
　　　第3章　藤川智紀
　　　第4章　竹下伸一
　　　第5章　岡澤　宏
　　　第6章　山本忠男
　　　第7章　長坂貞郎
　　　第8章　長坂貞郎

# 第1章 序 説

## 1.1 水理学で用いる物理・数学の基礎知識

本章では，水理学を学ぶ上で必要となる物理と数学に関する基礎知識，ならびに水の基本的な性質について学ぶ。

### 1.1.1 物理量と単位

「長さ」，「時間」，「速さ」などのように，物理的な意味を持つ数量のことを**物理量**（physical quantity）という。水理学では数学と物理の知識を基礎として，流速や流量，圧力など様々な物理量を計測したり計算したりするが，求められた数量を物理量としてあらわすには，数値の後ろに**単位**（unit）を記述する必要がある。ここでは，水理学に関係する単位の基礎知識について整理しておく。

物理学においては，長さ（length），質量（mass），時間（time）の3つを**基本量**あるいは**基本物理量**（fundamental quantity）といい，最も基本的な物理量として扱われる。速度，加速度，力，モーメントなど，水理学のみならず物理学全般において代表的な物理量の多くは，これら3つの基本量の組み合わせによってあらわすことができる。基本量の組み合わせによって表現することが可能な物理量のことを**組立量**，または**組立物理量**（derived quantity）という。

3つの基本量の単位として，それぞれm（メートル），kg（キログラム），s（秒）を用い，これらの組み合わせによってあらわされた単位群を**MKS単位系**とよぶ。現在では，物理量の単位は，MKS単位系を基軸とした国際単位系である**SI**（International System of Units）として認められたものを用いることが定められている。ただし，たとえば，時間の長さをあらわす単位であるd（日），h（時），min（分）は，いずれもSIの単位としては認められていない（非SI単位という）が，これらのような実用上重要なものについては，SIとの併用が認められている。

SIでは，上で述べた3つの基本量の単位であるm，kg，sに，K（温度），A（電流），mol（物質量），cd（光度）を加えた計7種類がほかの単位の組み合わせではあらわすことのできない**基本単位**（fundamental

---

**用語の解説**

**国際単位系SI**（International System of Units）では，長さ（メートル：記号m），質量（キログラム：記号kg），時間（秒：記号s），温度（ケルビン：記号K），電流（アンペア：記号A），物質量（モル：記号mol），光度（カンデラ：記号cd）の7種類の単位を**基本単位**として定めている。これ以外の物理量の単位は，基本単位の組み合わせ（**組立単位**）によってあらわすことができ，速さの単位であるメートル毎秒（記号m/s）はその一例である。また，特定の組立単位には固有の名称が与えられており，たとえば，力の単位（kg・m/s$^2$）をあらわすN（ニュートン）や，圧力の単位（N/m$^2$）をあらわすPa（パスカル），仕事の単位（Nm）をあらわすJ（ジュール），電力の単位（J/s）をあらわすW（ワット）などがある。

unit または base unit）とされ，これらの基本単位の組み合わせによって表現された単位（速度 m/s，密度 kg/m³ など）を**組立単位**（derived unit）とよんでいる。なお，組立単位のいくつかには，別の固有名称が与えられているものがあり，水理学でよく用いられるものとして，

力の単位　　N（ニュートン）　　（kg·m·s⁻²）
圧力の単位　Pa（パスカル）　　（N/m²＝kg·m⁻¹·s⁻²）
仕事の単位　J（ジュール）　　（N·m）
電力の単位　W（ワット）　　（J/s＝kg·m²·s⁻³）

などがある。

以前は，長さ，質量，時間に cm（センチメートル），g（グラム），s（秒）を用い，これらの組み合わせによってあらわされた単位群である **CGS 単位系** を用いることもあった。しかし，1991年に日本工業規格（JIS）の単位の表記方法が SI に統一された以降，水理学においても単位は SI で表記することとされている。現在でも古い資料などで CGS 単位系による記載も見受けられるため，SI と MKS 単位系，CGS 単位系の関係を併せて覚えておく必要がある。

なお，MKS 単位系や CGS 単位系のように，長さ，質量，時間を基本とする単位系は**絶対単位系**（absolute unit system）ともよばれる。

**表 1.1** 代表的な物理量の SI 単位における固有名称と MKS 単位との関係

| 物理量 | 名称 | 固有名称 | MKS 単位 | |
|---|---|---|---|---|
| 力 | ニュートン | N | kg m/s² | kg m s⁻² |
| 圧力 | パスカル | Pa | N/m² | kg m⁻¹ s⁻² |
| エネルギー | ジュール | J | Nm | kg m² s⁻² |
| 仕事 | ジュール | J | Nm | kg m² s⁻² |
| 仕事率 | ワット | W | J/s | kg m² s⁻³ |

### 1.1.2 次元

長さ（length），質量（mass），時間（time）の3つの基本量をそれぞれ $[L]$，$[M]$，$[T]$ であらわすと，たとえば，直方体の体積は，

体積 ＝ 横幅の長さ × 奥行きの長さ × 高さ
　　　＝ $[L]×[L]×[L]=[L^3]$

と表現することができる。また，密度は単位体積あたりの質量，すなわち質量を体積で割ることで求められるので，

密度 ＝ 質量／体積
　　　＝ $[M]/[L^3]=[ML^{-3}]$

となり，さらに，単位時間に流れる流体の体積，すなわち流量は体積を時間で割ることで求められるので，

---

**用語の解説**

**SI 併用単位**

角度をあらわす °（度），′（分），″（秒），時間の長さをあらわす d（日），h（時），min（分），体積をあらわす ℓ（リットル），質量をあらわす t（トン）の8種類は，いずれも非 SI 単位であるが，実用上重要なものとして，SI との併用が認められている。

また，流体の圧力の単位である bar（バール）や，長さの単位である Å（オングストローム），速度の単位 kn（ノット）など，以前まではよく用いられていた非 SI の単位については，暫定的に SI との併用が認められており，これらを暫定単位という。

**次元**（dimension）

長さ $[L]$，質量 $[M]$，時間 $[T]$ を基本量として，体積，密度，速度などの物理量を基本量のべき乗「$L^x M^y T^z$」の形であらわしたもの。

速度 ＝ $[LT^{-1}]$
加速度 ＝ $[LT^{-2}]$
力 ＝ $[MLT^{-2}]$
圧力 ＝ $[L^{-1}MT^{-2}]$

なお，基本量 L，M，T のそれぞれを次元という場合や，あるいは指数部分 $x$，$y$，$z$ だけを次元という場合もある。

流量 ＝ 体積／時間
$$= [L^3]/[T] = [L^3T^{-1}]$$
と表現される。

このように，面積，体積，密度，流速，流量などの様々な物理量が基本量[L]，[M]，[T]のどのような組み合わせであらわされるのかを，これらのべき乗「$L^xM^yT^z$」の形で示したものを**次元**（dimension）という。たとえば，紙の厚さと水の深さは，いずれも同じ[L]で表現できるので，両者の次元は同じであり，一方，密度と流量は，上記の例を見るとわかるように，異なる次元式となるので，これらは異なった次元をもつ。

なお，物理量のなかには[L]，[M]，[T]のいずれも持たないものがあり，このような単位をもたないものを**無次元量**（dimensionless quantity）という。水理学において，これに該当する代表的なものとして，レイノルズ数やフルード数などがある。

### 1.1.3 精度と有効数字

水理実験やフィールド調査において水路の幅や高さといった寸法や水深などを定規などの目盛りのついた計測器を使って目視で測定する場合，どこまで細かく数値を読み取ればいいのだろうか。また，電卓で面積や体積，流速や流量などを計算すると，たくさんの桁で値が表示されることがあるが，どこまでの桁を信用し書き取ればいいのだろうか。ここでは測定値の信頼性，すなわち**精度**（accuracy）と信頼性が保証されている範囲をあらわす**有効数字**（significant figures）について説明する。

#### (1) 精度

水路幅 $b$ を計測器で測定した結果を，Aさんは 2.5 m，Bさんは 250 cm とノートに記入したとする。実はこの場合，両者の間で水路幅の値が持つ意味には大きな違いが生じる。

測定値は，「表示された数値より1桁小さい数値部分が四捨五入されたもの」として扱うのが原則となっている。したがって，2.5 m と記入したAさんの場合，0.01 m（1 cm）の単位まで値を読み取り，0.01 m の位を四捨五入して $b=2.5$ m という長さを得たことになるので，真の水路幅 $b_0$ は

$$2.45 \text{ m} \leq b_0 < 2.55 \text{ m} \tag{A}$$

の範囲内にあると解釈される。また，表示された数値の最小桁がその精度とされ，Aさんの記録値の精度は 0.1 m（10 cm）となる。一方，250 cm と記入したBさんの場合，0.1 cm（1 mm）単位まで値を読み取って四捨五入し，$b=250$ cm という値を得たものとされ，真の水路幅 $b_0$ は

$$249.5 \text{ cm} \leq b_0 < 250.5 \text{ cm} \tag{B}$$

の範囲内にあると解釈され，その精度は 1 cm となる。

つまり，真の水路幅 $b_0$ に対する測定値 $b$ の誤差範囲は，Aさんの記録で

は±5 cm，Bさんの記録では，±5 mmとなり，両者で10倍もの差が生じてしまうことになる。

このように，数値の記入方法の違いによって測定値の持つ意味に大きな違いが生じ得ることをきっちり認識し，適切な数値表示で記録するよう心がける必要がある。

ある1つの**真値**(true value)に対して，精度（誤差範囲）が異なる複数の測定値が存在するとき，誤差範囲のより小さいものほど「精度が高い」といい，測定値としての信頼性が高くなる。一方，真値が異なる測定値を比較するときは，たとえ両者の誤差範囲が同じであっても，それらの精度も同等になるとは限らない。そこで，測定値の精度は，通常，相対誤差によって評価がなされる。相対誤差は，

**相対誤差 ＝ 誤差範囲の大きさ／測定値**

によって求められ，分数，小数，あるいは上記の式に100を乗じた百分率（%）のいずれかで表記される。相対誤差の値が小さくなる測定値ほど精度が高く，信頼性が高いといえる。

(2) 有効数字

定規を使った計測のように，測定器に付された目盛りを目視で読み取ることで物理量を測定する場合，最小目盛の10分の1の単位まで読み取るのが基本ルールとなっている。

最小目盛単位が1 cmの定規を使って水槽の寸法を目視で計測し，横幅 $L=125.4$ cm，奥行き $W=62.85$ cm，高さ $H=60$ cmという計測値を得た場合について考えてみる。横幅 $L$ は，上で述べた目盛読み取りの基本ルール通り，最小目盛単位の10分の1である0.1 cmの精度で記録されており，全ての数値が「有効」となる。一方，奥行き $W$ は，最小目盛の100分の1の位まで表示されているが，精度が保証されない0.01 cmの桁部分の数値は原則として「無効」となり，62.8の3桁のみが有効な数値となる。また，高さ $H$ は，本来，0.1 cmの桁まで表示すべきところが，それより1桁大きい1 cmの位までしか数値が表示されていない。この場合，「有効」となるのは表示された2桁の数値のみとなる。

なお，**数値としての大きさは変わらないからといって，第三者が明確な根拠のないまま勝手に $H=60.0$ cmというように桁数を増やすことは絶対にしてはいけない。**

表示された数値のうち，精度が保証されており測定値として有効なものを**有効数字**(significant figures)という。上の例の場合，それぞれの有効数字を改めて示すと，$L=125.4$ cm，奥行き $W=62.8$ cm，高さ $H=60$ cmとなり，その桁数はそれぞれ4桁，3桁，2桁となる。

また，これらの値をm（メートル）単位に換算して表記する場合には，有効数字を考慮して，

メモの欄

$L = 125.4$ cm $= 1.254$ m, $W = 62.8$ cm $= 0.628$ m,
$H = 60$ cm $= 0.60$ m

とする。ここで，$H = 0.6$ m というように末尾の0を省略してしまうと，有効数字の桁数が1桁に減少し，精度が1桁低くなってしまうので注意が必要である。なお，たとえば，0.0005200のように，小数の位取りのために表記される，0以外の数値が初めて現れる位より左側の0部分（0.000）は有効数字の桁数には含めない。つまり，この例では，有効数字は末尾部分（5200）の4桁となる。

### 1.1.4 数値の10の整数乗倍表記と接頭語

水理学では，1,000,000を超えるような極端に大きな数値や，逆に，小数位取りの0がたくさん並ぶような非常に小さな数値を扱う場合があり，表記や演算等における取り扱い上の煩わしさや記載ミスなどの思わぬ誤差の発生を招く恐れがある。

また，たとえば10 cmは100 mmと単位換算できるが，前者では有効数字が2桁であるのに対し，後者では3桁とみなされ矛盾が生じてしまう。

こうした問題を避けるために，SIでは，たとえば，1,230,000 mは $1.23 \times 10^6$ m，0.000234 mは $2.34 \times 10^{-4}$ mというように，10の整数倍乗を使って有効数字部分を実用的な範囲内（一般には，0.1〜1,000程度）で明確になるように表示することが推奨されている。

SIではまた，**表1.2**に示されるように，おもに3桁区切りで10の累乗をあらわす**接頭語**（prefix）が各種定められており，10の整数乗倍の部分を単位の中に含めてしまうことができる。たとえば，長さ1.000 mは $100.0 \times 10^{-2}$ m あるいは $1000 \times 10^{-3}$ m ともあらわせるが，$10^{-2}$ および $10^{-3}$ を意味する接頭語であるc（センチ）およびm（ミリ）を用いて単位に含めてしまえば，それぞれ100.0 cm，1000 mmとあらわすことができる。

表1.2 接頭語

| 表記 | 名称 | 記号 | 表記 | 名称 | 記号 |
|---|---|---|---|---|---|
| $10^{18}$ | エクサ | E | $10^{-1}$ | デシ | d |
| $10^{15}$ | ペタ | P | $10^{-2}$ | センチ | c |
| $10^{12}$ | テラ | T | $10^{-3}$ | ミリ | m |
| $10^{9}$ | ギガ | G | $10^{-6}$ | マイクロ | $\mu$ |
| $10^{6}$ | メガ | M | $10^{-9}$ | ナノ | n |
| $10^{3}$ | キロ | k | $10^{-12}$ | ピコ | p |
| $10^{2}$ | ヘクト | h | $10^{-15}$ | フェムト | f |
| $10$ | デカ | da | $10^{-18}$ | アト | a |

メモの欄

### 1.1.5 有効数字を考慮した計算

測定値の最末位の数字は，通常，その1つ下の位を四捨五入して得られたものであり不確かさを含んでいる。また，円周率などの無理数をある桁数までで近似した値も最末位の数字は不確かなものとなる。このような数値を**不確かな数値**（uncertain value）という。一方，物体の個数など明らかに誤差を含まない確実な数値や，定義や仮定によって定められた確定的な数値のことを**確定した数値**（exact value）という。

不確かな数値を使って計算を行う場合には，計算の過程や結果の表示において有効数字の桁数を考慮し，計算結果における信頼性が元の測定値より劣化してしまわないように注意する必要がある。加減算と乗除算でその対応方法が異なるので，ここではそれぞれに分けて説明する。

**(1) 加減算**

AB，BCの2区間からなる水路の総延長を計算する場合を例に考える。AB，BCの長さの測定値がそれぞれ 13.6 m，86.2 cm であったとすると，これらの測定値の下線を付けた最末位の数字には不確かさが含まれる。単位をm（メートル）に統一させてからこれらの数値を単純に足し算すると，

13.6 m + 0.862 m = 14.462 m

となるが，13.6 m の小数第1位の値が不確かさ不確定さをもっているため，14.462 m におけるそれより下位の数字 62 も信頼性を欠く不確定なものとなる。有効数字は，最末位のみ不確かな数値を含むように表現する。上の例の場合，小数第2位の部分を四捨五入した小数第1位までの数値，すなわち 14.5 m を最終的な計算結果として表示する。つまり，**測定値同士の加減算においては，誤差の幅が最大となる測定値の最末位まで求めるので，最末位より1つ下の位を四捨五入する。なお，計算に確定した値が含まれる場合，確定した値には誤差は含まれないものと考えるので，有効数字の桁数の検討に含める必要はない。**

ところで，測定値の引き算を行う場合には注意すべきことがある。たとえば，1.0007 g と 1.0005 g という2つの質量（単位はグラム）の差を計算すると，

1.0007 g − 1.0005 g = 0.0002 g

となり，元の有効数字5桁に対し，計算結果の有効数字は1桁となってしまう。このような現象を**有効数字の桁落ち**という。このような場合，0.0002 には元の計測値の信頼性，すなわち「0.0001 の精度で有効数字5桁」という信頼性があるものとして有効数字の取り扱いを行うようにする。

**(2) 乗除算**

底面形状が長方形の水槽の横幅 $L$ と奥行き $W$ を測定し，それらから底面積 $A$ を算出する場合を例に考える。$L=125.4$ cm，$W=62.7$ cm という測定値が得られたとすると，それぞれの最末位の4と7という値はもう1つ下の

位の値を四捨五入して得られたものであり，両者の真の長さはつぎの範囲内にあると考える．

　奥行き　$125.35\,\mathrm{cm} \leqq L < 125.45\,\mathrm{cm}$
　横　幅　$62.65\,\mathrm{cm} \leqq W < 62.75\,\mathrm{cm}$

したがって，底面積 $A$ の取り得る値の範囲は，

　底面積　$125.35 \times 62.65\,\mathrm{cm}^2 \leqq A < 125.45 \times 62.75\,\mathrm{cm}^2$

となる．ここで，この不等式の両端のかけ算を筆算の形で示すと，以下のようになる．

```
            1 2 5.3 5
        ×       6 2.6 5
        ─────────────────
              6 2 6 7 5
            7 5 2 1 0
          2 5 0 7 0
        7 5 2 1 0
        ─────────────────
        7 8 5 3.1 7 7 5


            1 2 5.4 5
        ×       6 2.7 5
        ─────────────────
              6 2 7 2 5
            8 7 8 1 5
          2 5 0 9 0
        7 5 2 7 0
        ─────────────────
        7 8 7 1.9 8 7 5
```

　不確かさをもつ値による演算では，演算結果もまた不確かさをもつことになり，上の筆算において下線の引かれた数値は，全て不確かさをもつものとなる．したがって，この演算結果における有効数字，すなわち最末位のみ不確かな数値となるようにするには，最上位から3桁を表示すれば良い．この桁数は，有効桁数の少ない横幅の測定値における有効桁数に等しい．

　つまり，ここで求めるべき底面積 $A$ は，上の2つの測定値をそのままかけ算し，上から4桁目を四捨五入して，

$$A = 125.4\,\mathrm{cm} \times 62.7\,\mathrm{cm} = 7862.58\,\mathrm{cm}^2 = 7.86 \times 10^3\,\mathrm{cm}^2$$

となる．基本的には，**測定値の乗除算では，有効数字の桁数が少ない方の測定値の桁数と同じ桁数で計算結果を表示すれば良い．**つまり，有効桁数より1つ多く（低い位まで）求め，四捨五入する．なお，確定した数値を計算に用いる場合，加減算の時と同様，その有効数字の桁数は考えなくて良い．また，円周率などの無理数を近似して計算を行う場合は，必要な有効数字と同じかあるいはそれより1つ多い桁数で近似するようにする．

〔例題 1.1〕
有効数字を考慮してつぎの計算をしなさい。
(1)　253.6+56.825+39.27＝
(2)　73.1025+151.3−112.268＝
(3)　27.4×2.519＝
(4)　0.629×3.6÷5.362＝
(5)　6.58×10.29−32.66＝

〔解〕
(1)　253.6+56.825+39.27＝349.695＝349.7
　　　小数第2位を四捨五入して，4桁にする。
(2)　73.1025+151.3−112.268＝112.1345＝112.1
　　　小数第2位を四捨五入して，4桁にする。
(3)　27.4×2.519＝69.0206＝69.0
　　　3桁と4桁のかけ算なので答えを3桁にあわせる。
(4)　0.629×3.6÷5.362＝0.4223⋯＝4.2×10$^{-1}$
　　　3桁と2桁と4桁なので答えを2桁にあわせる。
(5)　まず，3桁と4桁のかけ算を先に計算するが，この段階では最小桁数より1桁以上多く求めておく。
　　　　6.58×10.29＝67.70
　　　つぎに，引き算を行い，答えを3桁にする。
　　　　67.70−32.66＝35.04＝35.0

### 1.1.6　角度の表し方

角度の表し方には°(度)であらわす**度数法**と rad（ラジアン）であらわす**弧度法（ラジアン法）**がある。

(1)　**度数法**

度数法とは，円1周分の中心角の大きさに相当する角度を360°として任意の角度をあらわす方法で，円を扇形状に2等分（半円），4等分，8等分したときの各中心角の大きさに相当する角度はそれぞれ180°，90°（直角），45°となる。なお，1°未満の角度については，単位は°(度)のままで10進数での小数表記がなされる場合と，1°の1/60を1′（分），1分の1/60を1″（秒）として，時間の分秒と同様に60進法での表記がなされる場合がある。

　　　1°（度）＝60′（分）＝3600″（秒）

(2)　**弧度法**

弧度法とは，任意の角度をその角度と同じ中心角 $a$ をもつ半径 $r$ の扇形における円弧長 $L$ と半径 $r$ の比 $L/r$ であらわす方法である。円弧長 $L$ が半径 $r$ と等しくなる（$L=r$）ときの中心角 $a$ が1 rad となり，中心角 $a$ と半径 $r$

メモの欄

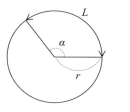 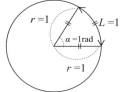

$L = \alpha r, \ \alpha = \dfrac{L}{r}$    $\alpha = \dfrac{L}{r} = \dfrac{1}{1} = 1\,\text{rad}$

**図 1.1** 弧度法による角度（ラジアン：rad）のあらわし方
（数研の高校数学第 2 巻（数研出版））

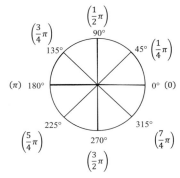

**図 1.2** ラジアンと度の換算
（数研の高校数学第 2 巻（数研出版））

を掛け合わせると弧長 $L$ は,

$$L = \alpha r \tag{1.1}$$

となる。また，**図 1.1** のように，半径が 1 の単位円の場合，角度は円弧長 $L$ の値と等しくなり，完全円の中心角，すなわち度数法での 360°に相当する角度は，弧度法では 2π となる。したがって，度数法と弧度法にはつぎのような関係が成り立つ（**図 1.2**）。

$$\frac{1\,\text{rad}}{360°} = \frac{r}{2\pi r} = \frac{1}{2\pi} \tag{1.2}$$

$$1\,\text{rad} = \frac{360°}{2\pi} = \frac{180°}{\pi} = 57.2957\cdots° = 57°17'45'' \tag{1.3}$$

$$1° = \frac{2\pi}{360°} = \frac{\pi}{180°} = 0.0174532\,\text{rad} \tag{1.4}$$

たとえば，中心角 $a$ (rad) の扇形の面積 $S$ は次式で求めることができる。

$$S = \pi r^2 \frac{a}{2\pi} = \frac{r^2 a}{2} \tag{1.5}$$

このように，角度を弧度法で表記すると演算式が極めてシンプルな形となることが少なくないため，とくに微分積分や級数計算などにおいては，弧度法での角度表記が一般的となっている。

## 1.1.7　速度と加速度

水理学において水の流れを扱う場合，流速や加速度が必須の知識となる。日常会話のなかで**速さ**（speed）と**速度**（velocity）が混同して使用されている場面がしばしば見受けられるが，厳密に言えば，この両者には違いがある。

「速さ」は，基本的には，単位時間内に移動した距離をあらわすスカラー量であり，移動する向きは考慮されていない。

**速さ**[m/s]＝**距離**[m]／**時間**[s]

一方，「速度」は，単位時間内にどれだけの距離を移動したか（スカラー量）だけではなく，どの向きに移動したのかも考慮したベクトル量である。

つまり，「速度の大きさ」が速さに相当し，速さと速度の単位はいずれも m/s であるが，両者は概念的に異なっていることに注意する必要がある。水理学では，水流の速さに加えて，どの向きに流れているのかについても考慮する必要があるため，速度の概念で考えることが多い。

**加速度** $a$（acceleration）とは，単位時間内に変化した速度の変化をあらわしたもので，ベクトル量である。

**加速度**[m/s²]＝**速度の変化**[m/s]／**時間**[s]

たとえば，自動車が停止状態（0 m/s）から 20 秒後に速度が 30 m/s に達した場合，この間における平均加速度 $a$ はつぎのように計算される。

$$\text{平均加速度 } a = \frac{30\ \text{m/s} - 0\ \text{m/s}}{20\ \text{s}} = 1.5\ \text{m/s}^2$$

## 1.1.8　運動の法則とエネルギー

### (1)　運動の法則と重力加速度

水理学は，ニュートン力学とよばれる古典物理学を基礎としている。ニュートン力学とは，物体の運動が，物理学者**ニュートン**（Isaac Newton，イギリス）が確立させた質点の運動に関する 3 つの法則，すなわち，「**慣性の法則**」（第 1 法則），「**運動の法則**」（第 2 法則），「**作用・反作用の法則**」（第 3 法則）に従う性質があるものとして組み立てられた学問である。水理学では，これら 3 法則のうち，とくに運動の法則（第 2 法則）に関する知識が重要となる。

運動の法則とは，「物体に力がある向きではたらくとき，物体はその向きに**加速度** $a$（acceleration）を生じ，その大きさは，**力の大きさ** $F$（force）に比例し，物体の**質量** $m$（mass）に反比例する」というものである。言い換えると，「力は物体に加速度を生じさせるもの」ともいえる。とくに，質量 $m$，加速度 $a$，力 $F$ の単位として MKS 単位系である，kg, m/s², N を用いれば，

$$F = ma \tag{1.6}$$

という関係式が成立する。この式を**運動方程式**（equation of motion）とい

---

**用語の解説**

**加速度**（acceleration）
ニュートンの運動法則の式 $F = ma$ に登場する $a$ で，単位時間当たりの速度の変化量をあらわす。例として，地球上の物体に生じる重力加速度は 9.8 m/s²，通勤電車の発進は 0.6 m/s²，エレベータの発進は 1.0 m/s² 程度である。

う。地球上において，手に持ったある物体を地面より高い位置まで持ち上げ，そこに静止させた状態（速度0）で静かに手を離すと，その物体は地面の方向に落下し，その速さは次第に大きくなる，すなわち，地面の方向に加速度が生じる。このことは，つまり，その物体にある力がはたらいたことを意味する。地球上では，全ての物体に対してこれと同様の力が作用し，その力のことを**重力**（gravity）という。運動方程式より，質量 $m$ の物体が重力 $W$ の作用を受けるとき，次式が成り立ち，

$$W = mg \tag{1.7}$$

この式における加速度 $g$ は，**重力加速度**（gravitational acceleration）とよばれ，地球上においては，その大きさは場所によって多少異なるものの，ほぼ一定の値であると考えて差し支えない。なお，1901年にパリで開催された国際度量衡会議において，標準重力加速度 $g$ は $9.80665\,\mathrm{m/s^2}$ と定められた。本書ではとくに断りのない限り，重力加速度 $g$ は $9.8\,\mathrm{m/s^2}$ とする。

**(2) 仕事とエネルギー**

物理学では，物体が力 $F$ の作用を受けたままある距離 $L$ を移動したとき，「力が物体に**仕事**（work）をした」といい，その仕事 $w$ の大きさは，次式のように力 $F$ と距離 $L$ の積によってあらわされる。

$$w = FL \tag{1.8}$$

$F$ と $L$ の単位を MKS 単位系の N（ニュートン）と m（メートル）とすると，仕事 $w$ の単位は Nm となるが，通常は，これと等しい固有名称単位である J（ジュール）が用いられる。

また，仕事をすることができる能力（可能性）のことを**エネルギー**（energy）といい，仕事と同じ次元で定義されている。たとえば，質量 $m$ [kg] の物体が手で高さ $h$ [m] だけ持ち上げられたとき，手は重力 $mg$ に逆らう力を物体に加えながら距離 $h$ だけ移動させたことになるので，手がその物体に $mgh$ の仕事をし，物体は手によってなされた仕事 $mgh$ だけエネルギーをもったことになる。

物理学（ニュートン力学）では，重力のはたらく地球上において，質量 $m$ の物体が基準点より $h$ だけ高い位置にあるとき，この物体は基準点に対して $mgh$ のエネルギーをもっていると考え，このエネルギー $E_\mathrm{p}$ のことを**位置エネルギー**（potential energy）とよんでいる。また，質量 $m$ の物体が $v$ の速さ（向きは無関係）で運動しているとき，その物体は $mv^2/2$ のエネルギーをもっていると考え，そのエネルギー $E_\mathrm{k}$ のことを**運動エネルギー**（kinetic energy）という。

物体がある高さから鉛直下向きに重力に従って落下（自由落下）するとき，落下距離だけ物体のもつ位置エネルギーが失われることになり，その一方で，落下に伴って物体の速さが大きくなり，その物体の運動エネルギーは増大することになる。また，地上からある物体を鉛直上向きに投げるとき，

---

**用語の解説**

**重力加速度**（gravitational acceleration）
地球と地球上の物体との間には常に重力が作用しており，重力は物体の質量に比例する。この比例定数を重力加速度という。重力加速度は場所によって異なる値を示すが，1901年国際度量衡総会で，標準重力加速度 $g = 9.80665\,\mathrm{m/s^2}$ と規定された。各都市における厳密な重力加速度は次のとおりである。
札幌市：$9.8047757\,\mathrm{m/s^2}$
東京都：$9.7975962\,\mathrm{m/s^2}$
京都府：$9.7970768\,\mathrm{m/s^2}$
宮崎市：$9.7942949\,\mathrm{m/s^2}$

物体が上昇するほどその物体がもつ位置エネルギーは増大し，一方，物体の速さが次第に低下していくので運動エネルギーは減少することになる。水理学の基礎となるニュートン力学では，位置エネルギー $E_p$ と運動エネルギー $E_k$ の和 $E$ を**力学的エネルギー**（mechanical energy）とよび，ある物体に対して，外力が加わらない限り，その物体の $E$ は常に一定に保たれるものとされる。これを**力学的エネルギー保存の法則**（law of conservation of energy）という。

水理学では，位置エネルギー，運動エネルギーに圧力エネルギーを加えた3つを扱う。なお，本来の単位はいずれも J（ジュール）であるが，水理学ではこれを長さの単位 m（メートル）に変換した**水頭**（hydraulic head）という概念を用いる。その詳細は第3章において述べることとする。

### 1.1.9 質量と重量（重さ）

質量と重量（重さ）は同じ物理量として思われがちであるが，両者は概念的に異なったものである。

**質量**（mass）とは，物体の動きにくさや，作用する重力の大きさの決定因子となる物体固有の量のことで，単位には kg（キログラム）や g（グラム），mg（ミリグラム）などが用いられる。質量は，地球上のみならず，宇宙空間も含め，どの場所でも常に一定であり，たとえば，1 kg の水を重力が地球の 1/6 になる月に持って行っても，その質量はやはり 1 kg である。

一方，**重量**あるいは**重さ**（weight）とは，質量をもつ物体に作用する重力の大きさのことであり，質量と重力加速度の積によって求められるものである。重量の本来の単位および次元は力のそれらに等しく，N（＝kg·m/s²）および $[MLT^{-2}]$ であるが，重量が「質量と重力の積である」ことを表現し，さらに数値的には質量と同じとなる kgf あるいは kg重（キログラムフォース，キログラムエフ，またはキログラム重と読む。）といった単位表記が今でも比較的よく用いられる。ただし，いずれも非SIの単位表記であることに注意する必要がある。たとえば，地球上において，質量 1.0 kg の水の重量は，

　　質量　×　重力加速度　＝　重量
　　1.0 kg　×　9.8 m/s²　＝　9.8 N　＝　1.0 kgf　＝　1.0 kg重

となる。もしこの水を月に持って行った場合，月の重力は地球の 1/6 となるので，その重量は約 1.6 N（＝0.17 kgf）となる。

## [例題 1.2]

質量 5.0 kg の水に作用する重量はいくらか。[N]と[kgf]で答えよ。ただし，重力加速度を 9.8 m/s² とする。

### [解]

重量は質量と重力加速度の積で求められる。

$5.0\,\text{kg} \times 9.8\,\text{m/s}^2 = 49\,[\text{N}] = 5.0\,[\text{kgf}]$

### 1.1.10 力のモーメント

水理学を含め，物理学にかかわる分野では，力をあらわすには，その「大きさ」，「向き」，「作用点」の3つの要素が不可欠であり，これらを**力の3要素**（three elements of force）という。力を図であらわす場合，**図1.3**に示すように，その大きさを線分の長さで，向きを線分の傾きと先端に付けた矢印で，作用点を線分の位置（通常は，両端のどちらかを置く）で表現する。また，力の作用点を通り，力の向きと平行な直線を**作用線**（line of application）という。

複数の力を組み合わせて，それらと同じ結果をもたらす1つの力を求めることを**力の合成**（composition of force）といい，合成された力のことを**合力**（resultant force）という。逆に，1つの力を，全てを合成すれば同じ結果をもたらすような複数の力に分けることを，**力の分解**（decomposition of force）といい，分解された力のことを**分力**（component of force）という。力は，大きさと向きをあわせもつベクトル量である。したがって，力の合成や分解などの演算は，ベクトルの演算方法に従って行われる。ある1点に複数の力が作用し，それらの合力が0となるとき，その点に作用する力は**釣り合い**（equilibrium）の状態にあるという。

ある力 $P$ と，任意の点 O から $P$ の作用線までの垂直距離 $l$ の積

$$M = Pl \tag{1.9}$$

を点 O に対する**力のモーメント**（moment of force）という。力 $P$ の作用線と，距離 $l$ を与える線分は常に直交し，また，点 O が作用線上にあるとき，$l=0$，すなわち $M=0$ となる。なお，物理学の分野では，力のモーメントのことを単に**モーメント**（moment）とよぶことが多く，本書においても単に

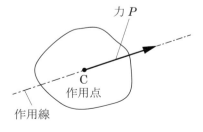

図1.3　力のあらわし方

## 用語の解説

**モーメント**（moment）
物理量や関数値など，何らかの数量と，ある基準点からその数量の作用点までの距離の積であらわされたものを**モーメント**という。たとえば，乗じるべき数量が力であれば，"力のモーメント"，確率値であれば，"確率モーメント"と呼ばれる。もともとは物理学分野の概念であるが，数学分野などでも抽象化させて用いられている。物理学分野において単に"モーメント"という場合は，一般的には"力のモーメント"のことを意味する。距離には，方向が考慮されるので，基準点との位置関係によって負値を取ることもある。用途により，距離のべき乗と所定の数量との積であらわすものもあり，そのべき乗数 $n$ に応じて "$n$ 次モーメント"とよばれる。また，断面のように対応する距離が一意に定まらない場合は，対象を微小部分に分割し，それぞれのモーメントを全体で積分して求められる。

モーメントという場合には力のモーメントのことを意味する。

モーメント $M$ は，その対象点を支点として回転させようとする，あるいは曲げようとする力の大きさをあらわし，$M$ が大きくなるほど，その力も大きくなる。力 $P$ の方向によって，$M$ は支点に対して右回り（時計回り方向）または左回り（逆時計回り方向）となり，本書では，とくに断りの無い限り，右回りに回転させようとする $M$ の値を正とする。なお，分野によっては，左回り方向を正とする場合もあるので注意が必要である。**図1.4** に示すように，一様な棒において，支点 C の両側に複数の力が作用しているとき，支点に作用する総モーメント $M_\mathrm{T}$ は以下の式で表される。

$$M_\mathrm{T} = \sum_{i=1}^{n} P_{\mathrm{R}i} l_{\mathrm{R}i} - \sum_{i=1}^{m} P_{\mathrm{L}i} l_{\mathrm{L}i} \tag{1.10}$$

また，この棒が左右どちらにも回転することなく釣り合っているとき，$M_\mathrm{T}=0$ となる。さらに，棒に作用している全ての力の合力 $P_\mathrm{r}$ による支点 O に対するモーメント $M_\mathrm{r}$ は $M_\mathrm{T}$ に等しい，すなわち支点 O から $P_\mathrm{r}$ の作用点までの距離を $l_\mathrm{r}$ とすると，

$$M_\mathrm{r} = P_\mathrm{r} l_\mathrm{r} = M_\mathrm{T} \tag{1.11}$$

が成り立つ。$M_\mathrm{T} > 0$ のとき，時計回りに回転させる力が作用していることを示すので，合力 $P_\mathrm{r}$ の作用点は支点 O より右側に位置し，$M_\mathrm{T} < 0$ のとき，それは左側に位置する。

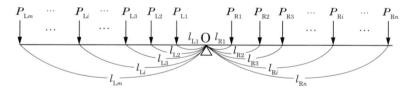

**図1.4** 力のモーメントの総和
（下の文字 $l$ は支点 O からの距離）

## 1.2 水の基本的性質

### 1.2.1 密度，単位体積重量，および比重

物質の物理的性質をあらわす代表的な指標として，密度，単位体積重量，および比重がある。いずれも質量や重さに関係するものであるが，それぞれの定義が異なる。

**密度**（density）とは，物質の単位体積当たりの質量のことであり，単位には $\mathrm{kg/m^3}$ や $\mathrm{g/cm^3}$ などが用いられる。

**単位体積重量**（weight density）とは，物質の単位体積当たりの重量（重さ）のことである。**1.1.9 質量と重量（重さ）**で説明したように，重量は

---

**用語の解説**

**密度**（density）
単位体積当たりに換算した物体の質量のこと。温度や気圧によって変化するが，水の場合，1気圧，4℃のときに最大値である $999.97\,\mathrm{kg/m^3}$ となる。海水は，$1,010 \sim 1,030\,\mathrm{kg/m^3}$ である。また，水の密度と重力加速度の積が水の**単位体積重量**としてあらわされ，一般的には水の密度が $1,000\,\mathrm{kg/m^3}$，重力加速度が $9.8\,\mathrm{m/s^2}$ として扱われることから，水の単位体積重量は $9.8\,\mathrm{kN/m^3}$ が用いられる。

質量 $m$ に重力加速度 $g$ を乗じたものなので，単位体積重量 $w$ もまた密度 $\rho$ に重力加速度 $g$ を乗じることによって得られる。単位には N/m³ などが用いられる。

物質の密度および単位体積重量は，分子の数に変化がなくても，気圧，気温，物質の純度などによって変化する。**表 1.3** は，1 気圧条件下における各温度での不純物を含まない純粋な水の密度 $\rho$ と単位体積重量 $w$ を示したものである。$\rho$ および $w$ は，4℃ のとき最大となり，それより温度が高くても低くても 4℃ から離れるほど，わずかながら小さくなる。なお，水理学では，とくに断りがない場合，水の密度 $\rho$ は 1,000 kg/m³ とし，また，水の単位体積重量 $w$ は次式から得られる 9.8 kN/m³ として扱うのが一般的である。

$$w = \rho g = 1{,}000 \text{ kg/m}^3 \times 9.8 \text{ m/s}^2 = 9{,}800 \text{ N/m}^3 = 9.8 \text{ kN/m}^3 \quad (1.12)$$

**比重**（specific gravity）とは，ある物質の密度を，標準とする物質の密度との比であらわしたもので，無次元である。通常，標準とする物質として 4℃ の水が用いられる。したがって，水の比重は，厳密には温度によってわずかに変化するが，通常は 1.0 とされ，金の比重は 19.3，水理学と関わりの深い水銀の比重は 13.6，海水の比重は 1.01〜1.03（代表値として 1.025 が用いられる）である。

表 1.3　水の密度と単位体積重量（1 気圧の場合）

| 温度<br>(℃) | 密度 $\rho$<br>(kg/m³) | 単位体積重量 $w$<br>(N/m³) | 温度<br>(℃) | 密度 $\rho$<br>(kg/m³) | 単位体積重量 $w$<br>(N/m³) |
|---|---|---|---|---|---|
| 0 | 999.84 | 9,805.08 | 30 | 995.65 | 9,764.00 |
| 4 | 999.97 | 9,806.36 | 40 | 992.22 | 9,730.35 |
| 10 | 999.70 | 9,803.71 | 60 | 983.20 | 9,641.90 |
| 15 | 999.10 | 9,797.82 | 80 | 971.80 | 9,530.10 |
| 20 | 998.20 | 9,789.00 | 100 | 958.40 | 9,398.69 |

（わかりやすい水理学（2013）より引用）

### 1.2.2　圧縮性

**図 1.5** のように，水を密閉した容器に入れ，ふたの上に重りを載せて下方に力を加えると，わずかではあるが，体積が減少してふたが沈み，重りを取り除くとふたは再び元の位置に戻る。この様に物体に力を加えると変形し，その力を取り除くと元の形に戻る性質を**圧縮性**（compressibility）という。厳密には，水は圧縮性を有しているが，1 気圧の加圧に対する体積変化割合は $50 \times 10^{-6}$（2 万分の 1）程度に過ぎないので，非圧縮性流体として扱うことが多い。本書でも，**水は非圧縮性を有するものとして扱う**ことにする。

なお，本書では扱わないが，水理学でも水の圧縮性が考慮される場合がある。たとえば，総延長が数キロにも及ぶパイプラインにおいて，送水中に急に弁を閉じて水の流れを止めると，巨大な流水体がもっていた運動エネルギ

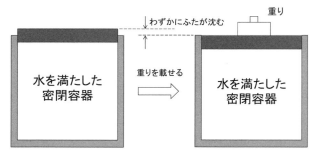

図1.5　水の圧縮性

ーが局所に集中して異常に大きな圧力（水撃圧）が発生するが，水の圧縮性によってその衝撃の一部が緩衝される。このメカニズムについて解析計算を行う際には，水を圧縮性流体として扱う必要がある。

### 1.2.3　粘性とせん断力

たとえば，バケツに入れた水を手に持った棒でかき混ぜるとき，水が入っていない状態のときよりも棒に強い抵抗が感じられ，より大きな力が必要となる。これは，水には形状を変えられようとすると，それを妨げる方向に力がはたらく性質があるためである。この性質を**粘性**（viscosity）という。実在する全ての流体は粘性をもっており，その強さは流体の物質や，液体か気体かといった状態によって異なる。

水が管水路の中を流れるとき，水のもつ粘性によって，任意の断面における流速は一様ではなく，**図1.6**（左図）のように，管内の中心部ほど大きく，管壁に近いほど小さいという分布になる。これは，壁面付近を流れる水分子が壁面に付着しようとする力や壁面の凹凸によって，流水の進行が妨げられ，速度が低下し，さらにその影響が，水分子同士が引きつけ合う性質を通じて，次第に弱まりながらも壁面から離れた分子にも及んでいくためである。以下では，この管水路の流れを例にして，粘性の定式化について説明する。

いま，この管水路の流れを**図1.6**（右図）のように模式化して，各層内では流速がそれぞれ一様なa～e層で構成されているものとする。流速は，中心部に位置するc層で最も大きく，管壁と接するa層およびe層で最も小さくなる。このとき，各層の境界面では，流速の異なる水分子が分子間力によって互いに引き合おうとするため，流速の大きい方の層にある水分子は遅くなる方向に，小さい方の層にある水分子は速くなる方向に引っ張られることになり，物質内部で互いの速度（運動）をそのまま維持させるのを妨げるような力，すなわち**内部摩擦抵抗**が境界面全体にわたってはたらく。このように，流体において運動を妨げる方向にはたらく力のことを**せん断力**（shearing force）または**内部摩擦**（internal friction）という。せん断力は，

---

**メモの欄**

**粘性**（viscosity）
流体の内部に発生する流動に対して抵抗する性質。

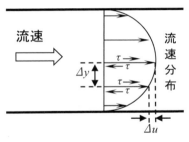
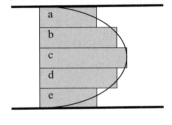

図1.6 流速分布

通常，単位面積あたりの大きさであらわされ，これを**せん断応力**（shearing stress）という．せん断応力の単位は $N/m^2$ となるが，一般的には Pa（パスカル）が用いられる．

流体が静止している場合や流体内の粒子間に相対的な運動のずれが生じていない場合には，粒子が互いの運動を妨げ合うことはないので，せん断力（内部摩擦）は生じない．また，粒子間における相対的な運動のずれ具合が大きいほど，すなわち速度こう配が大きいほど，相互に運動を妨げようとする度合いも大きくなると予想される．そこで，流れに垂直な断面（**図1.6左図**）における，互いの運動に影響を及ぼし合うような，ごくわずかな距離 $\Delta y$ しか離れていない2点について，この2点間での速度差を $\Delta u$ とすると，その間での速度こう配は $\Delta u/\Delta y$ となり，これとその間で作用するせん断応力 $\tau$（タウ）が比例関係にあると仮定して比例定数を $\mu$（ミュー）とおくと，次式が成り立つ．

$$\tau = \mu \frac{\Delta u}{\Delta y} \tag{1.13}$$

この式を**ニュートンの粘性方程式**（Newton's law of viscosity）という．この式における比例定数 $\mu$ は**粘性係数**（coefficient of viscosity）とよばれ，物質の粘性の強さをあらわす指標となり，この値が大きくなる物質ほど「粘性が大きい（高いまたは強い）」といわれる．粘性係数のSIでの単位は $Pa \cdot s$（$= N \cdot s/m^2$）であるが，かつてよく用いられていたCGS単位系の $g \cdot cm^{-1} \cdot s^{-1}$（$= 0.1\,Pa \cdot s$）や $g \cdot s/cm^2$（$= 98.067\,Pa \cdot s$），固有名称単位の P（ポアズ）（$= 0.1\,Pa \cdot s = 0.1\,N \cdot s/m^2$）など，ほかにも様々な単位を使った数値表記がなされているので，数値計算を行う際には，単位換算のし忘れや計算ミスのないよう十分注意する必要がある．粘性係数の値は流体の種類によって異なり，また同一の流体であっても温度によって変化する．

水理学やこれに関連する分野ではまた，粘性係数 $\mu$ を流体の密度 $\rho$ で除した**動粘性係数** $\nu$（ニュー）（coefficient of kinematic viscosity）もよく用いられる．

$$\nu = \frac{\mu}{\rho} \tag{1.14}$$

動粘性係数の単位は $m^2/s$ であり，かつてはCGS単位系の固有名称単位

### 用語の解説

**動粘性係数**
（coefficient of kinematic viscosity）流体の粘性係数を密度で除した値であり，単位は $m^2/s$ などである．

**表 1.4　水の粘性係数・動粘性係数**

| 温度（℃） | 0 | 5 | 10 | 15 | 20 | 25 | 30 | 40 | 50 |
|---|---|---|---|---|---|---|---|---|---|
| 粘性係数 $\mu(10^{-3}\text{Pa}\cdot\text{s})$ | 1.792 | 1.519 | 1.307 | 1.138 | 1.002 | 0.8902 | 0.7973 | 0.6527 | 0.5471 |
| 動粘性係数 $\nu(10^{-6}\text{m}^2/\text{s})$ | 1.792 | 1.519 | 1.307 | 1.139 | 1.004 | 0.8928 | 0.8008 | 0.6578 | 0.5537 |

注）粘性係数の単位：$10^{-3}\text{Pa}\cdot\text{s}=10^{-3}\text{N/m}^2\cdot\text{s}=10^{-3}\text{kg}\cdot\text{m/s}^2\cdot\text{s}=10^{-3}\text{kg/(m}\cdot\text{s)}$

であるSt（ストークス）（$=\text{cm}^2/\text{s}=10^{-4}\text{m}^2/\text{s}$）がよく用いられた。動粘性係数は，流体内での「速度の伝わりやすさ」の指標になり，たとえば，流れの種類の判定や土壌物理学の分野における熱と水の流れに関する解析計算などで利用される。

各温度における水の粘性係数および動粘性係数の値は**表 1.4**に示されるとおりである。水の粘性は，液体の中ではきわめて小さく，粘性係数および動粘性係数の値も他の流体物質に比べると非常に小さいものとなる。このため，水の粘性を無視できるものとして扱われることもある。

### 1.2.4　表面張力と毛管現象

きれいなガラス板の平面に水滴を垂らすと水滴は表面積が最小になる球形に近い形状になろうとする。これは水分子同士が互いに引きつけ合うことによって，水滴表面で収縮力がはたらくためである。このような液体の表面ではたらく収縮力を**表面張力**（surface tension）という。表面張力は，単位長さあたりに作用する力（N/m）であらわされる。また，固体であるガラス面に水が付着して離れないようにする力を**付着力**（adhesive force）という。

**図 1.7**のように，静水中に濡れた細いガラス管を立てると，水は表面張力と付着力によって管内を上昇する。これを**毛管現象**（capillarity）という。周囲の水面を基準としてガラス管内を上昇した水の重量と，ガラス管内の水面とガラスの接触部分において水を引き上げている力の鉛直分力とは釣り合っている。この条件から表面張力，水中の高さなどを求めることができる。

**図 1.8**に示すように，ガラス管の内径 $D$，水の高さ $h$，水の密度 $\rho$，ガラス管内における水面とガラスとの接触角 $\theta$ とすると次式が成り立つ。

ガラス管内を上昇した水の重量 ＝ 表面張力の鉛直分力

$$\rho g \frac{\pi D^2}{4} h = \pi D T \cos\theta \qquad (1.15)$$

$$\therefore T = \frac{\rho g D h}{4\cos\theta} \qquad (1.16)$$

$$h = \frac{4T\cos\theta}{\rho g D} \qquad (1.17)$$

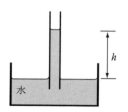

図 1.7　毛管現象による水の上昇

---

**用語の解説**

**毛管現象**（capillarity）
細い管の中を液体が上昇したり下降したりする現象。表面張力や管の内壁のぬれやすさ，密度や温度，管の内径によって液体が上昇する高さが決まる。

水銀はガラス管などとの接触角が90°以上になるので，下図のように管内の水銀が下方へと引き下げられ，管内の液体面は管外よりも下がる。

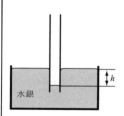

表1.5に示されるように，表面張力は温度，物質によって異なる。水の表面張力は，およそ$7.4\times 10^{-2}$ N/mときわめて小さいので，水理学では表面張力の影響を無視して扱うことが多い。また，表1.6のように，水や水銀といった液体はガラスなどとの接触面の状態によって接触角が異なることが知られている（図1.9）。

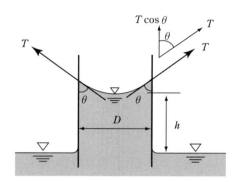

**図1.8** 水柱と表面張力のつりあい
（土木基礎力学2　2005，実教出版）

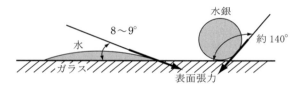

**図1.9** ガラス面上の水（左）と水銀（右）

**表1.5** 水と水銀の表面張力

| 液体 | 温度<br>[℃] | 表面張力 $T$<br>[N/m] |
|---|---|---|
| 水 | 0 | $7.56\times 10^{-2}$ |
|  | 10 | $7.42\times 10^{-2}$ |
|  | 15 | $7.35\times 10^{-2}$ |
|  | 20 | $7.28\times 10^{-2}$ |
| 水銀 | 15 | $4.87\times 10^{-1}$ |

**表1.6** 接触角の値

| 接触する物質 | 接触角 $\theta$(度) |
|---|---|
| 水とガラス | 8〜9 |
| 水とよく磨いたガラス | 0 |
| 水と滑らかな鉄 | 約5 |
| 水銀とガラス | 約140 |

〔例題 1.3〕
　内径が 5.0 mm のガラス管を水中に鉛直に立てたところ，毛管現象でガラス管の中を水が上昇した。このとき，ガラス管内を水が昇る高さはいくらになるか求めよ。ただし，水温を 20 ℃，水とガラスの接触角を 8 °とする。

〔解〕
水の表面張力　$T=7.28\times10^{-2}$ N/m（**表 1.5** より）
水の密度　$\rho=998.20$ kg/m³（**表 1.3** より）
管の内径　$D=5.0$ mm $=0.0050$ m
　　$\cos\theta=\cos 8°=0.9903$
(1.17) 式より，

$$h=\frac{4T\cos\theta}{\rho gD}=\frac{4\times7.28\times10^{-2}\times0.9903}{998.20\times9.8\times0.0050}=5.896\times10^{-3}\,[\mathrm{m}]=5.9\,[\mathrm{mm}]$$

### 1.2.5　粘性流体と完全流体

　実在する流体が運動するとき，その内部，またはこれと接触する他の物体との間に，その運動を妨げようとする力，すなわち粘性抵抗が生じる。このような性質をもつ流体を**粘性流体**（vicous fluid）という。これに対し，粘性抵抗が全く作用しないとした，仮想的な流体を**完全流体**（perfect fluid）または**理想流体**（ideal fluid）という。

　粘性抵抗が作用するとき，必ずエネルギーの損失が生じるため，流体を粘性流体として扱う際には，これを考慮する必要があり，数学的な取り扱いがその分複雑となる。一方，完全流体ではエネルギー損失を考慮する必要がないため，数学的取り扱いがより簡単なものとなる。このため，流体の流れに関する基礎理論を学んだり，流れの基本的なメカニズムについて検討したりする場合や，あるいは現実の課題でも，実用上，エネルギー損失を無視できるような場合などにおいては，対象とする流体を完全流体として扱うことがある。

　水は粘性流体であるが，他の液体に比べて粘性が非常に小さいので，完全流体として扱われることも少なくない。また，水を粘性流体として扱う場合でも，まず完全流体として扱った後，様々な要因で発生するエネルギー損失を後から考慮して補正するという方法で取り扱われることもある。

〔演習問題〕

〔問題1.1〕
有効数字を考慮して次の計算をしなさい。
(1)　$25.8 + 0.25 =$
(2)　$23.5 \times 3.4 =$

〔問題1.2〕
有効数字を考慮して，空欄に入る正しい数値を答えなさい。ただし，重力加速度は$9.8\,\text{m/s}^2$とする。
地球上で重力によって質量 (1) $\times 10^3\,\text{kg}$ の物体に作用する力は$9.8\,\text{kN}$である。
質量 (2) $\times 10^3\,\text{kg}$ の物体が$12\,\text{m/s}^2$の加速度で運動したとき，物体に作用する力は$24.0\,\text{kN}$である。

〔問題1.3〕
$5.000\,\text{L}$（リットル）の海水をはかりで測定した結果，$5.125\,\text{kg}$であった。この海水の密度，比重，および単位体積重量はいくらになるか。ただし，水の密度は$1.000 \times 10^3\,\text{kg/m}^3$，重力加速度は$9.8\,\text{m/s}^2$とする。

〔問題1.4〕
鉛直に立てた細くてまっすぐなガラス管の下端を水面に浸したところ，水がガラス管内を$9.0\,\text{mm}$だけ上昇した。このガラス管の内径を求めよ。ただし，水温を$15\,°\text{C}$，水とガラス管との接触角を$8.0°$とする。

〔問題1.5〕
鉛直に立てた内径$5.0\,\text{mm}$のガラス管の下端を水銀の液面に浸したとき，毛管現象によって水銀がガラス管内を上昇する高さを求めよ。ただし，水銀の温度を$15\,°\text{C}$，このときの水銀の密度を$13,558\,\text{kg/m}^3$，水銀とガラス管の接触角を$140°$とする。また，高さは上向きを正とする。

**演習問題の解答**

〔問題1.1〕(1)　26.1　　(2)　80

《解説》
(1) 有効数字は最末位のみ不確定な数値（下線の数値）を含むように表現する。
　　$25.\underline{8} + 0.2\underline{5} = 26.0\underline{5} = 26.\underline{1}$
(2) 有効数字の桁数が最も少ない数値と同じ桁数で計算結果を表示する。この場合，3.4の2桁に答えの桁を合わせる。
　　$23.5 \times 3.\underline{4} = 79.\underline{9} = \underline{80}$

〔問題1.2〕(1)　1.0　　(2)　2.0

メモの欄

《解説》

(1) 運動方程式 $F=ma$ より,

$$m=\frac{F}{a}=\frac{9.8\,\text{kN}}{9.8\,\text{m/s}^2}=1000\,\text{kg}=1.0\times10^3\,\text{kg}$$

1000 kg と表記すると有効数字が不明確なので,有効数字が2桁であることを明示するため,$1.0\times10^3$ kg と表示する。

(2) 運動方程式 $F=ma$ より,

$$m=\frac{F}{a}=\frac{24.0\,\text{kN}}{12\,\text{m/s}^2}=2000\,\text{kg}=2.0\times10^3\,\text{kg}$$

2つの数値の桁数を比較して,小さい方の桁数に計算結果をあわせる。

〔問題 1.3〕密度 $1.025\times10^3$ kg/m³,比重 1.025,単位体積重量 10.05 kN/m³

《解説》

容積の換算について,5.000 L は $5.000\times10^{-3}$ m³ と等しい。

密度 $\dfrac{5.125\,\text{kg}}{5.000\times10^{-3}\,\text{m}^3}=1.025\times10^3\,\text{kg/m}^3$

比重は,水の密度に対する海水の密度の比で表現されるので,

$$\frac{1.025\times10^3\,\text{kg/m}^3}{1.000\times10^3\,\text{kg/m}^3}=1.025$$

単位体積重量　$1.025\times10^3$ kg/m³ $\times\,9.8$ m/s² $=10.05$ kN/m³

〔問題 1.4〕3.3 mm

《解説》

表 1.5 より,$T=7.35\times10^{-2}$ N/m

表 1.3 より,$\rho=999.10$ kg/m³

$\cos\theta=\cos 8°=0.9903$

(1.17)式を変形して,

$$D=\frac{4T\cos\theta}{\rho gh}=\frac{4\times7.35\times10^{-2}\times0.9903}{999.10\times9.8\times0.0090}=3.304\times10^{-3}\,\text{m}$$

$$=3.3\,[\text{mm}]$$

〔問題 1.5〕$-2.2$ mm

《解説》

水銀の表面張力　$T=4.87\times10^{-1}$ N/m（表 1.5 より）

水銀の密度　$\rho=13558$ kg/m³

管の内径　$D=5.0$ mm $=0.0050$ m

$\cos\theta=\cos 140°=-0.7660$

式 (1.17) より,

$$h=\frac{4T\cos\theta}{\rho gD}=\frac{4\times4.87\times10^{-1}\times-(0.7660)}{13558\times9.8\times0.0050}=-2.246\times10^{-3}\,[\text{m}]$$

$$=-2.2\,[\text{mm}]$$

水銀の場合,ガラス管内の液面は外部の液面よりも低下する。

**引用・参考文献**

1）井上和也ほか：土木基礎力学4（水理学・土質力学の基礎），実教出版，2005
2）丹羽健蔵：水理学詳説，理工図書，1997
3）岡澤宏・小島信彦・嶋栄吉・竹下伸一・長坂貞郎・細川吉晴:わかりやすい水理学，理工図書，2013
4）国立天文台（編纂）：理科年表 平成17年（机上版），丸善，2005
5）岡部恒治・数研出版編集部共著:もういちど読む 数研の高校数学第2巻，数研出版，2011
6）海老原寛：新版 単位の小辞典 SI換算早わかり，講談社サイエンティフィク，1994

# 第2章　静水圧

水中では，常に水からの力が作用する。本章では，水理学の基礎となる，静止した水の中で作用する力の性質や原理，その大きさの求め方などに関する基本的な事項について学ぶ。

## 2.1　静水圧の性質

静止している水の中では，圧力のみが作用する。この圧力のことを**静水圧**（せいすいあつ）（hydrostatic pressure）という。ただし実際には，静水圧のことを，単に水圧とよぶことも多く，本書でも単に水圧という場合には，静水圧のことを意味するものとする。

静水圧 $p$ は，水中において単位面積あたりに作用する力であらわされる。したがって，静水圧の単位は MKS 単位系であらわすと N/m² あるいは $m^{-1} \cdot kg \cdot s^{-2}$ となるが，Pa（パスカル）という固有単位が用いられるのが一般的である。静水圧には，次の3つの性質がある。

①静水圧は面に対して垂直に作用する。
②任意の点において作用する静水圧は，全ての方向に対して等しい。
③静水圧の大きさは水深の増加に伴って直線的に増加し，同一水平面上では等しい。

### 2.1.1　全水圧

面積を持つ物体が水中にあるとき，水に接している面全体に対して水圧が作用する。面に作用する水圧を対象面全体について合計（積分）したものを**全水圧**（ぜんすいあつ）（total pressure）という。全水圧の単位は，力の単位と同じであり，N や kN などとなる。面積 $A$ に対して水圧 $p$ が一様に作用しているとき，水圧 $p$ と全水圧 $P$ の関係は 式(2.1)のようになる。

$$P = pA, \quad p = \frac{P}{A} \tag{2.1}$$

### 2.1.2　水圧と水深の関係

一般に，大気と接している水面のことを**自由水面**（または**自由表面**）（free surface）という。自由水面より上では水圧は作用せず，大気から作用する圧力，すなわち大気圧のみが作用し，自由水面より下の水中において水圧が生じ，その大きさ $p$ は水深 $H$ の増加に伴って直線的に増加する。また，

---

**用語の解説**

**圧力の単位**（unit of pressure）
現在は，圧力の単位として Pa（パスカル）が用いられるのが一般的である。Pa は特別な名称をもつ SI 組立単位として定められており，次元は $[L^{-1}\ M\ T^{-2}]$ である。"Pa" という表記は，圧力伝達の法則ともよばれる「パスカルの原理」を発見したフランスの物理学・数学者ブレイズ・パスカル（Blaise Pascal, 1623-1662）の名に因んでいる。

1Pa=1N/m² =1 $m^{-1} \cdot kg \cdot s^{-2}$ であり，天気予報では気圧の単位として hPa（ヘクト・パスカル，ヘクトは $10^2$ を意味する接頭語）が用いられている。以前は，水銀柱ミリメートル（mmHg）やミリバール（mb または mbar）が圧力に関する単位としてよく用いられており，現在でも血圧の単位には mmHg を用いるのが標準となっている。

ある物体が水中にあるとき，大気には直接触れることはないが，その物体が受ける水圧には周囲の水による圧力に加え，大気圧による作用も含まれており，その大きさは自由水面における大気圧の大きさ$p_0$に等しく，水深にかかわらず一定である。

水圧の大きさのあらわし方には，「大気圧の影響分を無視し，水からの作用分のみを考慮してあらわす方法」と，「大気圧の影響分，すなわち$p_0$も含めてあらわす方法」の2通りがある。

前者の場合，水圧の大きさ$p$は，水の密度を$\rho$，重力加速度を$g$とすると，以下の式(2.2)であらわされ，自由水面上（$H=0$）で$p=0$となり，水深$H$と比例関係となる。この方法によってあらわされた水圧を**ゲージ圧**（gauge pressure）という。

$$p = \rho g H \tag{2.2}$$

一方，後者の場合，水圧の大きさ$p'$は，以下の式(2.3)であらわされる。

$$p' = p + p_0 = \rho g H + p_0 \tag{2.3}$$

$p'$は，真空を基準（圧力ゼロ）として，被圧体に対して実際に作用する絶対的な圧力を示すものであり，これを**絶対圧**（absolute pressure）という。

水理学では，ゲージ圧が用いられるのが一般的である。本書でも，とくにことわりのない限り，水圧はゲージ圧として扱うものとする。

### 用語の解説

**水圧**（hydrostatic pressure）と**全水圧**（total pressure）
水圧（または静水圧）は，水中にある面に対して作用する単位面積あたりの力の大きさのことであり，SI単位ではN/m$^2$となる。一方，全水圧は，面の各部に作用する水圧の合計（水圧を面全体で積分したもの）のことであり，その単位は力の単位と同じNとなる。
水圧と全水圧で単位が異なることに注意されたい。

**大気圧**（atmospheric pressure）
地球上において，大気によって作用する圧力。実際には場所や気象条件によって変化するが，海面上での標準的な値として，標準大気圧は1013.25 hPa（ヘクト・パスカル）と定められており，この値が1気圧と定義されている。

**慣性の法則**（the law of inertia）
ニュートン力学における運動に関する3つの法則のうちの第1番目で，「すべての物体は，外部から力を加えられない限り，静止している物体は静止状態を続け，運動している物体は等速直線運動を続ける」というもの。この法則に従うと，外部から力を受ける物体が静止あるいは等速直線運動をしているときは，その外力がすべての方向で釣り合っていることになる。

〔解説〕

水深$H$と水圧$p$の関係をあらわす式(2.2)および式(2.3)は，**図2.1**に示されるような水中で静止している微小直方体（以下，単に直方体）における力の釣合いの関係から導くことができる。図のように$xyz$座標を定め，直方体の3種類の辺の長さをそれぞれ$\Delta x$，$\Delta y$，$\Delta z$，上面および底面はともに水平で，水面から上面までの深さを$H$とする。また，直方体の水と接しているすべての面に対し，水圧が垂直に作用し，その大きさは深いほど大きくなるもの（圧力$p$は深さ$z$についての正の関数）とする。

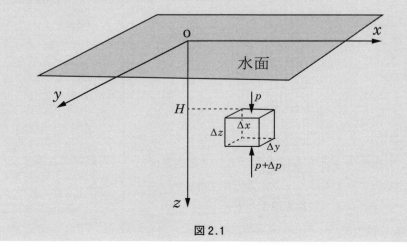

図2.1

直方体の上面に対して水圧が下向きに作用している場合，それより $\Delta z$ だけ深い底面では，$p$ より大きな水圧を受ける。その増分を $\Delta p$ とすると，底面には大きさ $p+\Delta p$ の水圧が上向きに作用することになる。また，慣性の法則により，物体が水中で静止しているとき，その物体に作用する外力はすべての方向で釣り合っていることになる。

この直方体に作用する外力は，まわりの水からの圧力（静水圧）および重力の2つのみで，水圧は $x$，$y$，$z$ のすべての方向に作用し，重力は鉛直方向，すなわち $z$ 方向のみに作用する。ここで，$x$，$y$，$z$ の各方向における力の釣合いについて考えてみる。

まず，$x$ および $y$ 方向，すなわち直方体の側面に作用する力について，直方体の互いに向き合う側面においては，面積が等しく，各深さで同じ大きさの水圧が両側から互いに打ち消し合う方向に作用するため，$x$，$y$ 方向での合力はいずれも常にゼロとなり力の釣合いが保たれる。

次に，$z$ 方向，すなわち鉛直方向については，上面と底面で深さが異なるため，作用する水圧の大きさは異なり，さらに重力による作用も外力として加わる。

式(2.1)より，上面および底面に作用する全水圧の大きさはそれぞれ $p\cdot \Delta x \Delta y$，$(p+\Delta p)\cdot \Delta x \Delta y$ であり，この直方体に作用する重力は，密度を $\rho$，重力加速度を $g$ とすると，$\rho g \Delta x \Delta y \Delta z$ となる。これらが釣り合っているとき，下向きを正として，それぞれの向きを考慮すれば，

$$p\cdot \Delta x \Delta y - (p+\Delta p)\Delta x \Delta y + \rho g \Delta x \Delta y \Delta z = 0$$

が成り立つ。これを整理して変形すると

$$\frac{\Delta p}{\Delta z} = \rho g$$

となり，$\Delta z \to 0$ として，以下の微分方程式が得られる。

$$\frac{dp}{dz} = \rho g$$

両辺を $z$ で積分し，$p$ を $z$ の関数であらわすと

$$\int \frac{dp}{dz} dz = \int \rho g dz$$

$$\therefore \int dp = \int \rho g dz$$

$$\therefore p = \rho g z + C, \quad C は積分定数$$

となる。

ゲージ圧で考える場合，$z=0$ のとき水圧 $p=0$ より，$C=0$ とし，変数 $z$ を $H$ で置き換えれば，式(2.2)が得られる。また，絶対圧で考える場合，$z=0$ における圧力は大気圧 $p_0$ となるので，$C=p_0$ とすれば，式(2.3)が得られる。

### 2.1.3 圧力水頭

単位重量の液体がもつエネルギーを"水柱高さ"に置き換えたものを**水頭**（water head または単に head）といい，とくに，圧力の大きさをそれに相当する水柱高さであらわしたものを**圧力水頭**（pressure head）という。水頭の次元は長さ [L] に等しく，その単位として，m や cm，mm などが用いられる。

任意の圧力 $p$ に対する圧力水頭 $H$ は，式(2.2)を変形して得られる以下の式によって求められる。

$$H = \frac{p}{\rho g} \tag{2.4}$$

たとえば，1 Pa，1 hPa，1 気圧を水頭であらわすと，それぞれ 0.1020 mm，10.20 cm，10.33 m となる。

水頭は，"水柱高さ"として表現されるので，直感的に理解しやすく，また位置エネルギーや運動エネルギーといった様々な形態のエネルギーも水頭に置き換えて，同一の尺度で表現することができるので，相互の比較が容易となる。したがって，水頭は大変有用で便利な概念といえる。

〔例題 2.1〕

水面下 10 m の地点でのゲージ圧および絶対圧を求めよ。ただし，水の密度 $\rho = 1,000$ kg/m³，大気圧 $p_0 = 101.3$ kPa とする。

〔解〕

・ゲージ圧：式(2.2)より，

$$p = \rho g H = 1000 \text{kg/m}^3 \times 9.8 \text{m/s}^2 \times 10 \text{ m}$$
$$= 98000 \text{ N/m}^2 = 98000 \text{ Pa} = 98 \text{ [kPa]}$$

・絶対圧：式(2.3)より，

$$p' = p + p_0 = \rho g H + p_0 = 98 \text{ kPa} + 101.3 \text{ kPa} = 199.3 \text{ [kPa]}$$

〔例題 2.2〕

図 2.2 のような水の入った容器の各点での水圧を求めよ。ただし，水の密度 $\rho = 1,000$ kg/m³ とする。

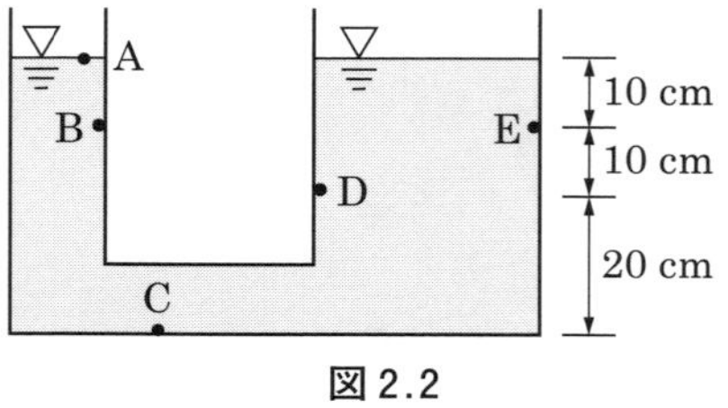

〔解〕

式(2.2)を使って，各点での水圧を求める。なお，単に"水圧"とされている場合は，通常，ゲージ圧で求める。

**図 2.2**

点 A：水面であるので，$p_A = 0$ kPa

点 B：$p_B = 1000 \times 9.8 \times 0.1 = 980$ [N/m²] $= 980$ [Pa] $= 0.98$ [kPa]

点 C：$p_C = 1000 \times 9.8 \times 0.4 = 3920$ [N/m²] $= 3.92$ [kPa]

---

**用語の解説**

**水頭**（water head または head）
単位重量の液体がもつ種々のエネルギーの大きさを水柱高さであらわしたもの。水理学では，水がもつエネルギーには**圧力水頭**（pressure head），**位置水頭**（elevation head），**速度水頭**（velocity head）で表現できる3つの形態があり，これらの総和を**全水頭**（total head）といい，その水のもつ全エネルギーに相当すると考えられている。

点D：$p_D = 1,000 \times 9.8 \times 0.2 = 1,960\,[\text{N/m}^2] = 1.96\,[\text{kPa}]$
点E：点Bと水深が同じであり，水圧も同じ。
　　　$p_E = p_B = 0.98\,[\text{kPa}]$

## 2.2　パスカルの原理とその応用例

### 2.2.1　パスカルの原理

液体には，「密閉された状態にあるとき，液体のどこか一部に圧力が加わると，その圧力は変化することなくそのままの大きさで液体のあらゆる部分に伝わる」という性質がある。これを**パスカルの原理**（Pascal's principle）という。たとえば，**図2.3**のような内部が水で満たされた容器において，ピストン（断面積 $A$）の上部から力 $P$ を加えると，ピストンから水面に対して $p = P/A$ だけ圧力が加わり，水中のあらゆる部分において，これと同じ大きさの圧力 $p$ が全ての方向から作用する。

なお，この $p$ は，ピストン上部から力 $P$ が加わったときの圧力の増分を示し，各点ではこれ以外に深さに応じて異なる静水圧も加わるため，実際に受ける圧力の大きさは，深さによって異なるということに注意が必要である。

以下の項では，パスカルの原理の代表的な応用例として，水圧機およびマノメータについて詳述する。

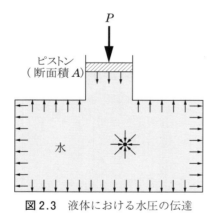

図2.3　液体における水圧の伝達

### 2.2.2　水圧機

**図2.4**に示されるような，内部が液体で満たされた装置において，左側のピストン A（面積 $A_1$）に力 $P_1$ を下向きに加えると，このピストンに作用する圧力は単位面積あたりの力の大きさであるから $p = P_1/A_1$ となる。パスカルの原理により，右側のピストン B（面積 $A_2$）にも $p$ と同じ大きさの圧力

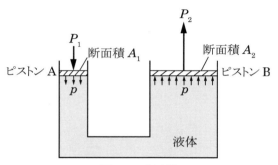

**図 2.4** 水圧機

が液体側から，すなわち上向きに作用し，ピストン A と同じ高さにあるピストン B の面全体では，$P_2 = p \cdot A_2$ という力を受けることになる。つまり，$P_1$ と $P_2$ の関係は以下のようになる。

$$P_2 = \frac{A_2}{A_1} P_1 \tag{2.5}$$

したがって，$A_1 < A_2$ であれば $P_1 < P_2$ となり，小さな力の投入で大きな力が得られることになる。この原理を利用した装置を**水圧機**（hydraulic press）という。水圧機の身近な実用例として，油圧式ジャッキや自動車のフットブレーキなどが挙げられる。

なお，$A_1 < A_2$ のとき，小さな力で大きな力を得ることができる一方，ピストン B を $h$ だけ上昇させるには，$h \cdot A_2$ の体積分だけピストン A を押し下げる必要があり，その距離は $h \cdot A_2 / A_1$ となり，$h$ より大きくなる（$\because A_2 / A_1 > 1$）。

〔例題 2.3〕

図 2.4 に示された水圧機において，ピストン A および B はいずれも円形断面で，それぞれの直径が $D_1 = 5$ cm，$D_2 = 20$ cm であるとき，ピストン B によって質量 160 kg の物体を持ち上げるには，ピストン A にどれだけの力を加える必要があるか求めよ。ただし，ピストン自体の重さは無視できるものとする。

〔解〕

ピストン B において，質量 160 kg の物体を持ち上げるのに必要な力の大きさ $P_2$ を求めると，

$$P_2 = 160 \text{ kg} \times 9.8 \text{ m/s}^2 = 1568 \text{ kg} \cdot \text{m/s}^2 = 1568 \text{ N}$$

ピストン A に加えるべき力の大きさ $P_1$ は，式(2.5)を変形すると，

$$P_1 = \frac{A_1}{A_2} P_2$$

となることから，

$$P_1 = \frac{\frac{\pi D_1^2}{4}}{\frac{\pi D_2^2}{4}} P_2 = \left(\frac{D_1}{D_2}\right)^2 P_2 = \left(\frac{0.05}{0.20}\right)^2 \times 1568 = 98 \text{ [N]}$$

〔例題 2.4〕
図 2.4 に示された水圧機のピストン A にある一定の力 $P_a$ を加えたところ，ピストン B とその上に置かれた質量 160 kg の物体が持ち上げられ，図 2.5 のように，ピストン A との高低差が 10 cm となった

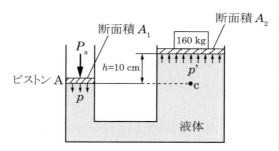

図 2.5 水圧機（高低差有り）

ところで静止した。このとき，ピストン A に加えられた力の大きさ $P_a$ を求めよ。ただし，ピストン自体の重さは無視できるものとし，水の密度 $\rho = 1,000$ kg/m³ とする。

〔解〕
ピストン A の底面部での圧力 $p$ と，それと同じ高さにある点 c における圧力 $p_c$ が同じ，すなわち，

$$p = \frac{P_a}{A_1} = p_c$$

であることを利用する。
質量 160 kg の物体によってピストン B にかかる重力の大きさ $P_2$ は，
$P_2 = 160 \text{ kg} \times 9.8 \text{ m/s}^2 = 1568 \,[\text{kg}\cdot\text{m/s}^2] = 1568 \,[\text{N}]$
したがって，点 c における圧力 $p_c$ は，

$$p_c = \frac{P_2}{A_2} + \rho g h = \frac{1,568}{\dfrac{3.14 \times 0.20^2}{4}} + 1,000 \times 9.8 \times 0.10 = 50916 \,[\text{Pa}]$$

よって，

$$P_a = p_c \cdot A_1 = 50916 \times \frac{3.14 \times 0.05^2}{4} = 100 \,[\text{N}]$$

### 2.2.3 マノメーター

**（1）マノメーターの仕組み**

管水路に小孔を空け，そこに接続されていない方の端が上方を向くように細管（真っ直ぐでも曲がっていても良い）を取り付けた後，管水路に水を流すと，細管内の水面は，管水路内の圧力が大気圧より大きいとき（**正圧**），接続部の高さより上昇し，大気圧より小さいとき（**負圧**），それより降下する。つまり，細管内の水位は管水路内の圧力に応じて変化する。この仕組みを利用して，基準点から細管内の液面までの高さを測定することにより圧力を求める装置を**マノメーター**（manometer）または**ピエゾメーター**（piezometer）という。マノメーターは，パスカルの原理の最も代表的な応用例の1つである。

---

**用語の解説**

**管水路**（pipe line）
壁面が環状となり，内部の液体に大気圧とは異なる圧力を加えながら流すことのできる構造をもつ水路。管水路内を液体が充満した状態で流れているものを**管水路流れ**（pipe flow）という。なお，水路形状は管水路であっても，内部が満流ではなく，自由水面を有する状態で流れている場合は，**開水路流れ**（open channel flow）として扱う。

図 2.6(a)に示すマノメーターおいて，圧力の測定点から細管内の液面までの高さ（鉛直距離）を $H$ とすると，測定点の圧力は式(2.2)から求められる．

**（2）傾斜マノメーター**

圧力と液体の密度が一定であれば，細管内の液面までの高さ $H$ は細管の傾きにかかわらず一定となる．したがって，図2.6(b)のように細管が傾斜している場合，細管が横方向に大きく傾くほど，細管内の水面までの傾斜方向における距離 $l$ は大きくなり，$H$ が小さく測定時に誤差が生じやすいような場合でも $l$ を測定することで圧力の計測精度を向上させることができる．このように，小さな圧力を測定するために細管を傾斜させたものを**傾斜マノメーター**（inclined manometer）という．細管の傾きを $\theta$ とすると，圧力は次の式で求められる．

$$p = \rho g H = \rho g l \sin\theta \tag{2.6}$$

**（3）水銀マノメーター**

正圧でも負圧でも，測定点における圧力の絶対値が大きい場合，$H$ を測定するためには相当長い細管が必要となり，実用上，不都合をきたすことがある．このような場合，より大きな密度をもつ液体を用いれば，式(2.4)からもわかるよう $H$ を小さくすることができる．密度が大きい液体として，水と混ざりにくいなど化学的に安定した特性をもつ水銀がよく用いられてきた．比較的大きな圧力の測定用に水銀を利用したマノメーターを**水銀マノメーター**（mercury manometer）という．（図2.6(c)）

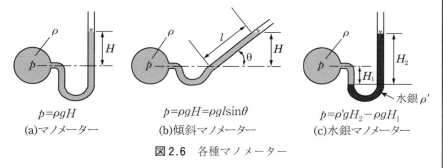

(a)マノメーター　　(b)傾斜マノメーター　　(c)水銀マノメーター

図2.6 各種マノメーター

**（4）差動マノメーター（差圧計）**

これまで紹介したマノメーターはいずれも細管の片側が大気と接する開放端となっていて，細管内の液面は自由表面となっている．したがって，求められる圧力は，測定点と大気圧との圧力差，すなわちゲージ圧となる．一方，実用上，ある2点間での圧力差の測定が必要となる場合も少なくない．このような場合には，**差動マノメーター**（differential manometer）が用いられる．差動マノメーターは，**差圧計**あるいは**示差圧計**などともよばれる．

差動マノメーターの基本構造は，示差部が図2.7(a)のようなU字管型（U-tube type）のものと同図(b)のような逆U字管型（inverted U-tube

---

**用語の解説**

**正圧**（positive pressure）と**負圧**（negative pressure）
式(2.3)をみるとわかるように，絶対圧 $p'$ が大気圧より高い状態にあるとき，ゲージ圧 $p$ は正値をとり，大気圧より低い状態にあるときは負値をとることから，圧力が大気圧より大きいものを正圧，大気圧より小さいものを負圧という．

**水銀**（mercury）
金属元素の一種で，12族（亜鉛族）に属する．原子番号80，元素記号 Hg の元素．常温での密度は約 13.5 g/cm³．元素記号は，ラテン語で水銀を意味する Hydrargentum に由来し，銀と似た白色光沢を有し，常温では凝固せず，水状の液体であることから「水銀」とよばれるようになった．電気や熱を伝えやすいなど，金属的性質をもつ．化学的には比較的安定しており，扱いやすいことから，昔から様々な分野で広く利用されてきた．ただし，現在は，生物への毒性が認められており，使用が制限されつつある．

type）のものの 2 つに大別される。いずれにおいても，水圧差を測定する場合には，水とは密度が異なり，容易に混ざり合わない流体が必要となり，U 字管型では水銀など，密度が水より大きな液体が用いられ，逆 U 字管型では空気やベンゼンなど水より小さな気体あるいは液体が用いられる。

圧力部 A および B の高さが等しい（$l=0$）場合，両者の圧力差の大きさ $|\Delta p|$ はそれぞれ以下のような比較的簡単な式であらわされる。

(a)の場合：　　$|\Delta p|=(\rho'-\rho)gH$ 　　　　　　　(2.7)

(b)の場合：　　$|\Delta p|=(\rho-\rho'')gH$ 　　　　　　　(2.8)

しかし，A と B でどちらの圧力が大きいか分かるように示す（符号も考慮する）場合や，A と B の高さが異なる（$l\neq0$）場合は，圧力の大小関係や差動マノメーターの形状などによって，差圧をあらわす式はその都度異なってくるため，圧力の釣合いの関係から導けるようにしておく必要がある。ここでは，図 2.7(a)に示す U 字管型差動マノメーターを例にして，差圧をあらわす式の導き方を以下に説明する。

**差圧式の導き方：**

① 基準線の設定

差圧式の導出を行うにあたり，差動マノメーター細管内の**「同じ液体でつながった部分においては，高さが同じなら圧力が等しい」**ということを理解しておく必要がある。たとえば，図 2.7(a)なら CC 線より下の斜線部分，同図(b)なら CC 線より上の斜線部分において，任意の高さに水平線を引けば，その線上にある点の圧力は常に等しい。

差圧式を導く際には，まず，図中の CC 線のような，基準となる水平線を定めると良い。通常は，図 2.7 に描かれているように，2 つの流体の境界線上（左右どちらでも良い）に置くようにする。

② 基準線上における圧力の算出

図 2.7(a)の CC 線上における A 側および B 側の管内での圧力 $p_{CA}$, $p_{CB}$ を

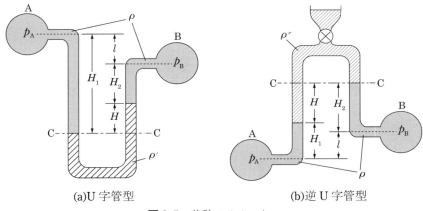

(a) U 字管型　　　　(b) 逆 U 字管型

図 2.7　差動マノメーター

それぞれ求めていく。まず，$p_{CA}$について，基準線は受圧部 A より$H_1$だけ低い位置にあるので，$p_{CA}$は$p_A$より$\rho g H_1$だけ大きくなり，

$$p_{CA} = p_A + \rho g H_1$$

となる。次に，$p_{CB}$についても同様に，$p_{CB}$は$p_B$より$\rho g H_2 + \rho' g H$だけ大きくなるので，

$$p_{CB} = p_B + \rho g H_2 + \rho' g H$$

となる。

なお，**図 2.7**(b)の場合は，基準線は受圧部よりも上にあるので，基準線上での圧力は，$p_A$や$p_B$よりも小さくなるため，各高さに応じた圧力分を両者からそれぞれ差し引いていくことになる（右辺における$p_A$および$p_B$以外の項の符号がマイナスとなる）。

### ③ 圧力の釣合いから式を整理

CC 線上では圧力は等しい，すなわち$p_{CA} = p_{CB}$であるから，

$$p_A + \rho g H_1 = p_B + \rho g H_2 + \rho' g H$$

よって，

$$\Delta p = p_A - p_B = \rho g H_2 + \rho' g H - \rho g H_1$$

$H_1 = l + H_2 + H$より，以下の式が導かれ，これが**図 2.7**(a)に示される U 字管型差動マノメーターの差圧$\Delta p = p_A - p_B$をあらわす式となる。

$$\Delta p = (\rho' - \rho) g H - \rho g l \tag{2.9}$$

同様に，**図 2.7**(b)に示される逆 U 字管型差動マノメーターの差圧$\Delta p = p_A - p_B$をあらわす式を同様にして求めると以下の式(2.10)のようになる。

$$\Delta p = (\rho'' - \rho) g H + \rho g l \tag{2.10}$$

〔例題 2.5〕

**図 2.8**に示す各マノメーター(a)および(b)について，$l = 30$ cm，$\theta = 30°$，$H_1 = 10$ cm，$H_2 = 20$ cm であるとき，それぞれの管内の圧力を求めよ。ただし，水の密度$\rho = 1,000$ kg/m³，水銀の密度$\rho' = 13,600$ kg/m³とする。

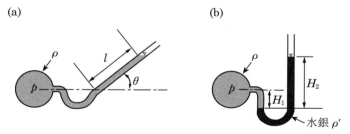

図 2.8　各種マノメーター

〔解〕

図 2.8(a) は傾斜マノメーターである。求める圧力 $p$ は,
$$p = \rho g l \sin\theta = 1000 \times 9.8 \times 0.3 \times \sin 30°$$
$$= 1.47 \times 10^3 \, [\text{N/m}^2] = 1.47 \, [\text{kN/m}^2] = 1.47 \, [\text{kPa}]$$

図 2.8(b) は水銀マノメーターである。求める圧力 $p$ は,
$$p = \rho' g H_2 - \rho g H_1 = 13,600 \times 9.8 \times 0.2 - 1000 \times 9.8 \times 0.1$$
$$= 25.7 \times 10^3 \, [\text{N/m}^2] = 25.7 \, [\text{kN/m}^2] = 25.7 \, [\text{kPa}]$$

〔例題 2.6〕

図 2.9 に示すような,圧力部 A および B が同じ高さの差動マノメーターにおいて,左右の水銀高低差 $H$ が 15 cm であるとき,両管での圧力差 $\varDelta p$ を求めよ。ただし,水の密度 $\rho = 1,000$ kg/m³, 水銀の密度 $\rho' = 13,600$ kg/m³ とする。

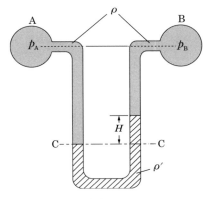

図 2.9 差動マノメーター

〔解〕

この差動マノメーターは,両圧力部の高さが等しいので,式(2.7)が適用できる。したがって,求める圧力差 $\varDelta p$ は,
$$\varDelta p = (\rho' - \rho) g H = (13600 - 1000) \times 9.8 \times 0.15$$
$$= 18.5 \times 10^3 \, [\text{N/m}^2] = 18.5 \, [\text{kN/m}^2] = 18.5 \, [\text{kPa}]$$

## 2.3 平面に作用する全水圧

### 2.3.1 図心，断面一次モーメント，および断面二次モーメント

平面に作用する全水圧を扱うには，図心，断面一次モーメント，および断面二次モーメントの知識が必要となる。ここでは，これらについて説明する。

**図2.10**に示される面積$A$の平面図形を，X軸と平行，すなわち各微小断面内ではX軸と距離が同じとなる微小幅$\Delta y$の微小断面に分割し，各微小断面の面積$\Delta A$と，X軸からその微小断面までの距離$y$との積を，図形全体で総和することによって与えられる$G_X$を**断面一次モーメント**（geometrical moment of area）という。この$G_X$を式であらわすと，次のようになり，

$$G_X = \sum_A y \Delta A \tag{2.11}$$

$\Delta A \to 0$とすれば，

$$G_X = \int_A y dA \tag{2.12}$$

と表現される。また，距離には向きが考慮され，軸と平面図形の位置関係によっては，断面一次モーメントが負値となることもある。なお，上の2式における$\sum_A$および$\int_A$は，いずれも「面積$A$について分割したものを$A$全体で合計すること」を意味し，面積$A$の分割数を$n$とするとき，前者は$n$を有限値として捉え，後者はこれを$n \to \infty$として極限値で捉えているという点で異なるが，両式のあらわす本質的な意味は同じと考えて良い。

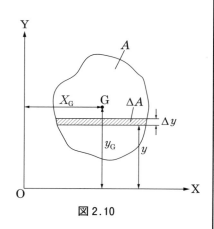

**図2.10**

X軸と同様にY軸に対してもこの平面図形の断面一次モーメント$G_Y$を求め，$G_Y$および$G_X$をそれぞれ面積$A$で割って得られる値，すなわち，

$$x_G = \frac{G_Y}{A}, \quad y_G = \frac{G_X}{A} \tag{2.13}$$

を座標とする点を**図心**（center of figure）という。この定義式より，

$$G_Y = x_G A, \quad G_X = y_G A \tag{2.14}$$

が成り立つ。また，**軸が図心を通るとき，その軸に対する断面一次モーメントは0となる**。

次の式(2.15)に示されるように，**図2.10**における微小断面$\Delta A$と，X軸からその断面までの距離$y$の2乗との積を面積全体で積分することによって

---

**用語の解説**

**全水圧**（total pressure）
水中にある平面に作用する圧力を対象面全体で積分したもの。平面（面積$A$）に作用する圧力$p$が一定であれば，この平面に作用する全水圧$P$は，$P = pA$となる。

**モーメント**（moment）
物理量や関数値など，何らかの数量と，ある基準点からその数量の作用点までの距離の積であらわされたものを**モーメント**という。たとえば，乗じるべき数量が力であれば，"力のモーメント"，確率値であれば，"確率モーメント"とよばれる。もともとは物理学分野の概念であるが，数学分野などでも抽象化させて用いられている。物理学分野においては，力のモーメントのことを単にモーメントという場合も多い。距離には，向きが考慮されるので，基準点との位置関係よって負値を取ることもある。用途により，距離のべき乗と所定の数量との積であらわすものもあり，そのべき乗数$n$に応じて"$n$次モーメント"とよばれる。また，断面のように対応する距離が一意に定まらない場合は，対象を微小部分に分割し，それぞれのモーメントを全体で積分して求められる。

与えられる $I_X$ をこの平面図形の X 軸に対する**断面二次モーメント**（geometrical moment of inertia）という。

$$I_X = \sum_A y^2 \Delta A \quad \text{または} \quad I_X = \int_A y^2 dA \tag{2.15}$$

$y^2$, $\Delta A$（または $dA$）のいずれも負値を取ることはなく，常に $I_X \geq 0$ となる。また，図心 G を通り X 軸に平行な軸を $X_G$ とし，この軸に対する断面二次モーメントを $I_G$ とすると，$I_X$ は，次式であらわされることが定理として知られている。

$$I_X = I_G + y_G^2 A \tag{2.16}$$

断面二次モーメントは，構造力学の分野でも，部材の曲げにくさをあらわす指標などとしてよく用いられる。参考までに，代表的な図形の面積，図心の位置，図心軸に対する断面二次モーメントを**表2.1**に整理しておく。

表2.1 代表的な図形の諸元

| 形状 | 面積 $A$ | 図心から縁端までの距離 $l$ | 図心軸に対する断面二次モーメント $I_G$ |
|---|---|---|---|
| 長方形 | $bh$ | $\dfrac{h}{2}$ | $\dfrac{bh^3}{12}$ |
| 三角形 | $\dfrac{1}{2}bh$ | $l_1 = \dfrac{1}{3}h$<br>$l_2 = \dfrac{2}{3}h$ | $\dfrac{bh^3}{36}$ |
| 台形 | $\dfrac{(b_1+b_2)h}{2}$ | $l_1 = \dfrac{(b_1+2b_2)}{b_1+b_2}\cdot\dfrac{h}{3}$<br>$l_2 = \dfrac{(2b_1+b_2)}{b_1+b_2}\cdot\dfrac{h}{3}$ | $\dfrac{b_1^2+4b_1b_2+b_2^2}{36(b_1+b_2)}\cdot h^3$ |
| 円形 | $\pi r^2 = \dfrac{\pi D^2}{4}$ | $r = \dfrac{D}{2}$ | $\dfrac{\pi r^4}{4} = \dfrac{\pi D^4}{64}$ |
| 楕円形 | $\dfrac{\pi bh}{4}$ | $\dfrac{h}{2}$ | $\dfrac{\pi bh^3}{64}$ |

**用語の解説**

**図心**（center of figure）
面積が $A$ である平面図形を直交座標平面内の任意の位置においたとき，それぞれの座標軸（ここでは $x$ 軸，$y$ 軸）まわりの断面一次モーメントをそれぞれ $G_x$, $G_y$ として，$x_G = G_y/A$, $y_G = G_x/A$ で与えられる座標 $(x_G, x_G)$ がその図形の図心の位置であると定義されている。

座標軸が図心を通るとき，その座標軸まわりの断面一次モーメントはゼロとなる。

高校までの数学で習う"図形の重心"は図心のことであるが，物理学分野において，単に"重心"と言う場合は「質量の中心」のことを意味し，図心とは異なる概念のものとなる。均一密度の素材で厚さも一定の平板では図心と重心は一致するが，そうでない場合，基本的に両者は一致しない。

## 2.3.2 水平な平面に作用する全水圧

静水中で作用する水圧の大きさは，式(2.2)によって求められ，水深が一定であれば，水圧の大きさも一定となる。したがって，ある平面が水中で水平に置かれているとき，その平面上のどの部分にも一定の大きさの圧力が面に対して垂直，すなわち鉛直方向に作用する。

**図2.11**は，水深$H$の水中で水平に置かれた面積$A$の楕円形型の平面が水圧を受けている様子を模式的に示したものである。この図のように，平面の各部に作用する水圧の分布を図であらわしたものを**水圧分布図**（hydrostatic pressure distribution）という。水平に置かれた平面における水圧分布の縦断図は，平面の形状にかかわらず長方形型となる。

また，この平面に作用する全水圧$P$は，式(2.1)および式(2.2)から，次式のようになる。

$$P = pA = \rho g H A \tag{2.17}$$

水中に置かれた平面には，本来，面全体に対して水圧が作用するが，水理学では，その合計に相当する全水圧が平面上のある1点に作用するものとして考える場合がある。全水圧が作用すると考えられるこの点のことを**作用点**（center of pressure）といい，英語では，「水圧の中心」という表現がなされる。平面が水平に置かれているとき，全水圧$P$の作用点の位置Cは，その平面の図心Gの位置と一致する。

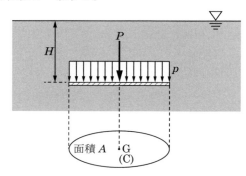

**図2.11** 水平な平面に作用する水圧の分布

〔**例題2.7**〕

縦横5.0 mの水平な正方形型の底面をもつ貯水槽に深さ2.0 mの水が貯まっているとき，底面に作用する全水圧を求めよ。ただし，水の密度$\rho = 1000 \text{ kg/m}^3$とする。

〔**解**〕

式(2.17)より，求める全水圧$P$は，

$$P = \rho g H A = 1000 \times 9.8 \times 2.0 \times 5.0^2 = 490 \times 10^3 \text{ [N]} = 490 \text{ [kN]}$$

## 2.3.3 鉛直な平面に作用する全水圧

たとえば，水の入った水槽やプール，水路などのような構造物では，底面

だけでなく，壁面にも水圧が作用する．水圧を受ける面が深さ方向に広がりを持つ場合，水圧は深さによって異なるため，水圧分布は，水平な平面での場合のような一様分布とはならない．ここでは，鉛直な平面に作用する水圧について，水面が平面の上端より下（または同じ高さ）にある場合と，それより上にある場合に分けて説明する．

**（1）水面が平面の上端より下（または同じ高さ）にある場合**

**図2.12**に示すように，鉛直に置かれた幅$b$の平面に，水深$H$の水が平面の上端を越えることなく接している場合，水圧は平面の水面より下の部分にのみ，平面に垂直，すなわち水平方向に作用し，その大きさは式(2.2)に従い水深に比例する．したがって，この平面に作用する水圧の分布は，この図に示されているように，水面に頂点をもち，底辺と平面が直角をなす**三角形型**となる．

この平面に作用する全水圧$P$は，平面上の各部に作用する水圧を面全体で合計（積分）したものであり，**図2.12**に示される水圧分布図の体積，すなわち底辺の長さが$p_b = \rho g H$，高さが$H$の直角三角形を側面とする奥行き$b$の立体の体積を次式で計算することにより$P$を求めることができる．

$$P = \frac{1}{2} p_b H b = \frac{1}{2} \rho g b H^2 \tag{2.18}$$

ここで，鉛直平面の水と接している部分（長方形）の面積は$A = bH$であり，その図心Gから水面までの距離は，**表2.1**より$H_G = H/2$であるから，全水圧$P$は次の式(2.19)でもあらわされ，平面の面積とその図心の位置さえわかれば，全水圧$P$を求めることができる．また，先に説明した水平な平面の場合は，常に$H_G = H$であるので（**図2.11**を参照），式(2.17)もこれと等価となる．したがって，平面が水平，鉛直のどちらに置かれている場合でも式(2.19)を適用することができる．

$$P = \rho g H_G A \tag{2.19}$$

鉛直な平面に作用する全水圧$P$の作用点Cの位置は，圧力の中心，すなわち圧力分布図の図心となる．したがって，三角形型の圧力分布図の場合，水面から作用点Cまでの距離を$H_C$，平面下端から作用点Cまでの距離を$H_C'$とすると，**表2.1**より，それぞれ次式の通りとなり，作用点の位置は，

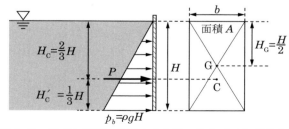

**図2.12** 鉛直な平面に作用する水圧の分布（三角形型分布）

水圧作用面の図心 G の位置より深いところとなる。

$$H_C = \frac{2}{3}H, \quad H_C' = \frac{1}{3}H \tag{2.20}$$

なお，全水圧およびその作用点を求める過程で，「水圧が作用する平面の図心」（全水圧を求める際に必要）と「水圧分布図の図心」（作用点の位置を求める際に必要）という2種類の図心を求めることになるが，水理学の学びはじめの頃は，この部分で混乱を招くことがあるので注意が必要である。

〔例題 2.8〕
　底面が縦横 2.0 m の水平な正方形型で，側面がすべて鉛直な貯水槽に深さ 1.0 m の水が貯まっているとき，1つの側面に作用する全水圧および作用点の位置を求めよ。ただし，水の密度 $\rho = 1{,}000$ kg/m³ とする。

〔解〕
　対象となる側面は幅 2.0 m，高さ 1.0 m の長方形で，三角形型水圧分布となる。

　側面の面積 $A$：　$A = 2.0 \times 1.0 = 2.0$ [m²]
　側面の図心の水深 $H_G$：　$H_G = H/2 = 1.0/2 = 0.50$ [m]
　側面の全水圧 $P$：式(2.19)より，$P = \rho g H_G A = 1000 \times 9.8 \times 0.50 \times 2.0$
　　　　　　　　　　　　　　　　　　$= 9800$ [N] $= 9.8$ [kN]

　全水圧 $P$ の作用点 $H_C$：式(2.20)より，$H_C = \frac{2}{3}H = \frac{2}{3} \times 1.0 = 0.67$ [m]

（2）水面が平面の上端より上にある場合

　図 2.13 に示すように，鉛直な平面の上端が水面より下にある場合，平面の上端部分においても水圧が作用し，その大きさは $p_1 = \rho g H_1$ となる。また，平面の下端に作用する水圧の大きさは $p_2 = \rho g H_2$ となり，平面の上端から下端に至るまで，平面に作用する圧力は式(2.2)に従って直線的に増加していく。したがって，この平面における深さ方向の水圧分布はこの図に示されるような台形型となり，全水圧 $P$ は，これを側面とする奥行き $b$ の立体の体積によって求められ，次式のようになる。

$$P = \frac{p_1 + p_2}{2} H b = \rho g \frac{H_1 + H_2}{2} H b \tag{2.21}$$

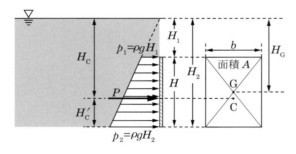

図 2.13　鉛直な平面に作用する水圧の分布（台形型分布）

ここで，図2.13に示す平面において，面積は$A=bH$であり，また図心Gから水面までの距離は

$$H_G = H_1 + \frac{H_2-H_1}{2} = \frac{H_1+H_2}{2} \tag{2.22}$$

であるから，

$$P = \rho g H_G A$$

となり，式(2.21)もまた式(2.19)であらわせることがわかる。

また，全水圧$P$の作用点Cの位置は，水圧分布図，すなわち台形の図心と一致するので，表2.1より，その位置を水面からの距離$H_C$および平面下端からの距離$H_C'$であらわすと，それぞれ以下のようになる。

$$H_C = H_2 - H_C' \tag{2.23}$$

$$H_C' = \frac{2p_1+p_2}{p_1+p_2} \cdot \frac{H}{3} = \frac{2H_1+H_2}{H_1+H_2} \cdot \frac{H}{3} \tag{2.24}$$

なお，式(2.21)〜(2.24)において，$H_1=0$，$H_2=H$とおけば，三角形型水圧分布の場合について求めた全水圧$P$とその作用点Cの位置をあらわす式(2.18)および式(2.20)が得られる。したがって，三角形型水圧分布は，台形型水圧分布の特殊な例と考えることができる。

〔例題 2.9〕

水深5.0 mまで海水を入れた貯水池の水平な底に1辺2.0 mの立方体形状の物体が沈められているとき，側面の1つに作用する全水圧および作用点の位置を求めよ。ただし，海水の密度$\rho_{sea}=1,025$ kg/m³とする。

〔解〕

対象側面は1辺2.0 mの正方形で，台形型水圧分布となる。

この側面の，面積：$A=2.0×2.0=4.0$ m²，高さ：$H=2.0$ m

上端の水深：$H_1=5.0-2.0=3.0$ m，下端の水深：$H_2=5.0$ m

したがって，式(2.21)より，求める全水圧$P$は，

$$P = \rho g \frac{H_1+H_2}{2} Hb = 1025 \times 9.8 \times \frac{3.0+5.0}{2} \times 2.0 \times 2.0$$

$$= 161 \times 10^3 \text{ [N]} = 161 \text{ [kN]}$$

作用点の位置は，式(2.24)および式(2.23)より，

$$H_C' = \frac{2H_1+H_2}{H_1+H_2} \cdot \frac{H}{3} = \frac{2\times3.0+5.0}{3.0+5.0} \times \frac{2.0}{3} = 0.92 \text{ [m]}$$

$$H_C = H_2 - H_C' = 5.0 - 0.92 = 4.1 \text{ [m]}$$

### 2.3.4 傾斜した平面に作用する全水圧

アースダムやロックフィルダム，あるいはため池の堤体などのように，傾斜のある平らな法面に水圧が作用している実例は多い。傾斜した平面に水圧が作用する場合でも，水圧は常に面に対して垂直に作用し，水面が対象平面の上端より低い場合は三角形型水圧分布（図2.14(a)），上端より高い場合

---

**用語の解説**

**アースダム**
(earth dam)
土を堤体の主材料とするダム。世界の大部分のダムがこれに該当する。

**ロックフィルダム**
(rock fill dam)
堤体の主材料の半分以上が岩石となっているダム。

**法面**（slope）
切土や盛土によって人工的に作られた斜面。

は台形型水圧分布（**図2.14**(b)）となり，全水圧やその作用点に関する考え方は，基本的には鉛直な平面の場合と同じである。ただし，計算の際に必要となる各種の距離に，鉛直方向にとるものと平面の傾斜方向にとるものの2種類があるため，注意が必要である。

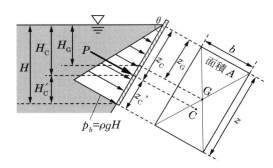

(a)三角形型分布

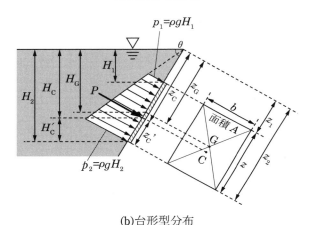

(b)台形型分布

図2.14　傾斜した平面に作用する水圧の分布

まず，**図2.14**(a)のように，傾斜した平面に作用する水圧分布が三角形型の場合について考える。平面下端の水深（鉛直方向）は$H=z\sin\theta$であるので，この平面の下端では，$p_b=\rho gH=\rho gz\sin\theta$の水圧が面に対して垂直に作用する。したがって，この図の平面に作用する全水圧$P$は，水圧分布図の体積，すなわち底辺の長さ$p_b$，高さ$z$の直角三角形を側面とする奥行き$b$の立体の体積を計算することにより求められるので，

$$P=\frac{1}{2}p_b zb=\frac{1}{2}\rho gz\sin\theta\cdot zb \tag{2.25}$$

となる。また，$\frac{1}{2}z\sin\theta=z_G\sin\theta=H_G$，$zb=A$より，式(2.25)は，

$$P=\rho gH_G A$$

となり，式(2.19)と同じ形であらわせることがわかる。

全水圧$P$の作用点Cは，水圧分布図の図心を通るので，

$$z_\mathrm{C} = \frac{2}{3}z, \quad z_\mathrm{C}' = \frac{1}{3}z \tag{2.26}$$

または，

$$H_\mathrm{C} = \frac{2}{3}H, \quad H_\mathrm{C}' = \frac{1}{3}H \tag{2.27}$$

となる。

次に，水圧分布が**図2.14**(b)に示すような台形型の場合について考える。図に示される平面の上端および下端では，それぞれ $p_1 = \rho g H_1 = \rho g z_1 \sin\theta$，$p_2 = \rho g H_2 = \rho g z_2 \sin\theta$ の水圧が平面に対して垂直に作用するので，この平面に作用する全水圧 $P$ は，上辺の長さ $p_1$，下辺の長さ $p_2$，高さ $z$ の台形を側面とする奥行き $b$ の立体の体積を計算することにより求められ，

$$P = \frac{p_1 + p_2}{2} zb = \frac{\rho g (H_1 + H_2)}{2} zb = \frac{\rho g \sin\theta (z_1 + z_2)}{2} zb \tag{2.28}$$

となる。また，式(2.22)より $\dfrac{z_1 + z_2}{2} \sin\theta = z_\mathrm{G} \sin\theta = H_\mathrm{G}$，$zb = A$ であるので，

$$P = \rho g H_\mathrm{G} A$$

となり，ここでの場合も式(2.19)と同じ式が得られる。

全水圧 $P$ の作用点 C は，水圧分布図の図心を通るので，**表2.1**より，

$$z_\mathrm{C} = z_2 - z_\mathrm{C}', \quad z_\mathrm{C}' = \frac{2p_1 + p_2}{p_1 + p_2} \cdot \frac{z}{3} = \frac{2H_1 + H_2}{H_1 + H_2} \cdot \frac{z}{3} \tag{2.29}$$

または，

$$H_\mathrm{C} = H_2 - H_\mathrm{C}', \quad H_\mathrm{C}' = z_\mathrm{C}' \sin\theta = \frac{2H_1 + H_2}{H_1 + H_2} \cdot \frac{z \sin\theta}{3} = \frac{2H_1 + H_2}{H_1 + H_2} \cdot \frac{H_2 - H_1}{3} \tag{2.30}$$

となる。

〔例題 2.10〕

**図2.14**(a)において，水圧を受ける平面の幅 $b = 2.0$ m，長さ $z = 4.0$ m，傾斜角度 $\theta = 60°$ であるとき，平面に作用する全水圧および作用点の位置を求めよ。ただし，水の密度 $\rho = 1{,}000$ kg/m³ とする。

〔解〕

対象平面の面積：$A = 2.0 \times 4.0 = 8.0$ [m²]

下端の水深：$H = z \sin\theta = 4.0 \times \sin 60° = 4.0 \times \dfrac{\sqrt{3}}{2} = 3.46$ [m]

対象平面は長方形であるので，**表2.1**より，$z_\mathrm{G} = z/2 = 4.0/2 = 2.0$ [m]
よって，

$$H_\mathrm{G} = z_\mathrm{G} \sin\theta = 2.0 \times \sin 60° = 2.0 \times \frac{\sqrt{3}}{2} = 1.7 \text{ [m]}$$

式(2.19)より，求める全水圧 $P$ は，

$$P = \rho g H_G A = 1000 \times 9.8 \times 1.73 \times 8.0 = 135.632 \times 10^3 \, [\text{N}] = 136 \, [\text{kN}]$$

式(2.27)より，求める作用点の水深$H_C$は，

$$H_C = \frac{2}{3} H = \frac{2}{3} \times 3.46 = 2.31 \, [\text{m}]$$

〔例題2.11〕

図2.14(b)において，水圧を受ける平面の幅$b = 1.0$ m，長さ$z = 2.0$ m，傾斜角度$\theta = 30°$，水面から平面上端までの斜面方向の距離$z_1 = 2.0$ m であるとき，平面に作用する全水圧および作用点の位置を求めよ。ただし，水の密度$\rho = 1,000$ kg/m$^3$とする。

〔解〕

対象平面の面積：$A = 1.0 \times 2.0 = 2.0 \, [\text{m}^2]$

対象平面は長方形なので，表2.1より，

$$z_G = z_1 + \frac{z}{2} = 2.0 + \frac{2.0}{2} = 3.0 \, [\text{m}]$$

よって，

$$H_G = z_G \sin \theta = 3.0 \times \sin 30° = 3.0 \times \frac{1}{2} = 1.5 \, [\text{m}]$$

式(2.19)より，求める全水圧$P$は，

$$P = \rho g H_G A = 1000 \times 9.8 \times 1.5 \times 2.0 = 29.4 \times 10^3 \, [\text{N}] = 29.4 \, [\text{kN}]$$

また，平面上端の水深：$H_1 = z_1 \sin \theta = 2.0 \times \sin 30° = 2.0 \times \frac{1}{2} = 1.0 \, [\text{m}]$

平面下端の水深：

$$H_2 = z_2 \sin \theta = (z_1 + z) \sin \theta = (2.0 + 2.0) \times \sin 30° = 4.0 \times \frac{1}{2} = 2.0 \, [\text{m}]$$

式(2.30)より，求める作用点の深さ$H_C$は，

$$H_C' = \frac{H_2 - H_1}{3} \cdot \frac{2H_1 + H_2}{H_1 + H_2} = \frac{2.0 - 1.0}{3} \times \frac{2 \times 1.0 + 2.0}{1.0 + 2.0} = 0.44 \, [\text{m}]$$

$$H_C = H_2 - H_C' = 2.0 - 0.444 = 1.56 \, [\text{m}]$$

### 2.3.5 平面に作用する全水圧の一般式

これまで，平面に作用する全水圧について，対象平面の面積や全水圧が比較的簡単に計算できる場合を例に挙げながら説明してきた。ここでは，水中で傾斜し，形状がより複雑な平面に作用する全水圧およびその作用点の考え方について説明する。

図2.15に示すように，水面から$\theta$だけ傾斜した任意の平面に対し，その傾斜方向にZ軸をおき，さらにこの平面に平行でかつZ軸と直交する方向にX軸をおく。この平面をX軸と平行に面積$\Delta A$の微小断面に分割すると，各微小断面内では水深$z \sin \theta$が一定となり，水圧$p = \rho g z \sin \theta$が一様に作用するので，微小断面の全水圧$\Delta P$は，

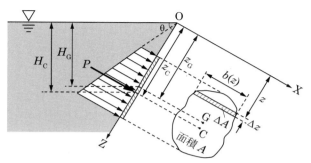

**図 2.15** 任意形状の平面に作用する全水圧

$$\Delta P = p\Delta A = \rho g z \sin\theta \Delta A \tag{2.31}$$

となる。平面全体に対する全水圧 $P$ は，各微小断面における全水圧 $\Delta P$ を面積全体で合計（積分）することにより求められるので，

$$P = \sum_A \Delta P = \rho g \sin\theta \sum_A z\Delta A \tag{2.32}$$

ここで，$\sum_A z\Delta A$ は，各微小断面の面積 $\Delta A$ と X 軸からの距離 $z$ との積を面積全体で合計したもの，すなわちこの平面図形の X 軸に対する断面一次モーメント $G_X$ をあらわす。したがって，図心の定義から導かれた式(2.14)および $H_G = z_G \sin\theta$ より，

$$P = \rho g z_G A \sin\theta = \rho g H_G A \tag{2.33}$$

となる。この式(2.33)は，既に説明した各平面に対して適用できることを確認してきたものと同じ形であり，傾斜や形状にかかわらず任意の平面に対して適用されることが改めて示されたことになる。つまり，この式が平面に作用する全水圧の一般式であり，**任意の平面に作用する全水圧 $P$ は，対象平面の面積 $A$ とその図心での水圧 $\rho g H_G$ の積によって求めることができる。**

全水圧 $P$ の作用点 C の位置は，任意の軸に対する $P$ のモーメントと，微小断面に作用する微小全水圧 $\Delta P$ のモーメントの平面全体での総和が等しくなるところとなる。**図 2.15** において，X 軸から作用点 C までの距離を $z_C$ とすると，$P$ の X 軸に対するモーメントは，$Pz_C$ であらわされ，これと X 軸から距離 $z$ のところにある微小断面における全水圧 $\Delta P$ のモーメント $z\Delta P$ の平面全体での総和が等しいとすれば，

$$Pz_C = \sum_A z\Delta P \tag{2.34}$$

が成り立つ。この式を変形し，式(2.31)および式(2.33)を代入すると，

$$z_C = \frac{\sum_A z\Delta P}{P} = \frac{\sum_A \rho g z^2 \sin\theta \cdot \Delta A}{\rho g z_G A \sin\theta} = \frac{\rho g \sin\theta \sum_A z^2 \Delta A}{\rho g z_G A \sin\theta} = \frac{\sum_A z^2 \Delta A}{z_G A} \tag{2.35}$$

ここで，$\sum_A z^2 \Delta A$ は，各微小断面の面積 $\Delta A$ と，X 軸からの距離 $z$ の 2 乗との積を面積全体で合計したもの，すなわちこの平面図形の X 軸まわりの断面二次モーメント $I_X$ をあらわす。また，断面二次モーメントに関する定理

(式(2.16))より，平面の図心Gを通る軸まわりの断面二次モーメントを$I_G$とすると，$I_X = I_G + z_G^2 A$が成り立つので，

$$z_C = \frac{I_X}{z_G A} = \frac{I_G + z_G^2 A}{z_G A} = z_G + \frac{I_G}{z_G A} \tag{2.36}$$

となり，$A > 0$のとき，$I_G > 0$であるので，全水圧$P$の作用点Cは，必ず図心Gより深い位置にあることがわかる。この式はまた，平面図形の作用点の位置をあらわす一般式であり，その平面図形の面積，図心の位置，断面二次モーメントさえわかれば，作用点の位置を求められることをあらわしている。

〔例題 2.12〕

河川堤防の斜面に，**図 2.16**に示されるような楕円型の取水口門扉が設置されているとき，この門扉に作用する全水圧と作用点の位置を求めよ。ただし，水の密度$\rho = 1,000 \text{ kg/m}^3$とする。

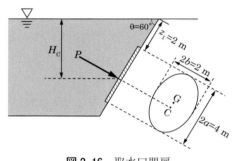

**図 2.16** 取水口門扉

〔解〕

表2.1 より，門扉の面積：$A = \dfrac{\pi b h}{4} = \dfrac{3.14 \times 2 \times 4}{4} = 6.28 \text{ [m}^2\text{]}$

図心の水深：$H_G = z_G \sin\theta = (2+2) \times \sin 60° = 4 \times \dfrac{\sqrt{3}}{2} = 3.46 \text{ [m]}$

断面二次モーメント：$I_G = \dfrac{\pi}{4} a^3 b = \dfrac{3.14 \times 2^3 \times 1}{4} = 6.28 \text{ [m}^4\text{]}$

よって，求める全水圧$P$は，式(2.33)より，

$P = \rho g H_G A = 1,000 \times 9.8 \times 3.46 \times 6.28 = 213 \times 10^3 \text{ [N]} = 213 \text{ [kN]}$

また，水面から作用点までの斜面方向の距離$z_C$は，式(2.36)より，

$z_C = z_G + \dfrac{I_G}{z_G A} = (2+2) + \dfrac{6.28}{(2+2) \times 6.28} = 4.25 \text{ [m]}$

よって，求める作用点の深さは，

$H_C = z_C \sin\theta = 4.25 \times \sin 60° = 4.25 \times \dfrac{\sqrt{3}}{2} = 3.7 \text{ [m]}$

## 2.4 曲面に作用する全水圧

比較的大きな水圧を受ける大規模な貯水ダムや取水堰には，ラジアルゲートやローリングゲートなど，水と接する部分が曲面となった可動式ゲートが設けられているものがある。この節では，曲面に作用する全水圧を求める際の考え方や計算方法について説明する。

**ラジアルゲート**
(radial gate)
テンターゲートともよばれる。水と接する部分が円弧状の曲面となっており，その円弧の中心を軸として回転することによって開閉する仕組みとなっているゲート。作用する水圧が全て回転軸に向く構造となっている。ダムの洪水吐など，高い水圧が作用する場所でよく用いられる。

**ローリングゲート**
(rolling gate)
扉体が円筒状となっており，開閉時には扉体全体が転がるように動くもの。ラジアルゲートと同様に，高い水圧が作用する場所でよく用いられる。

**図2.17**は，水中に置かれた半径$r$の円弧状の曲面と，その曲面に作用する水圧分布を示したものである。水圧の大きさは，水深に比例し，面に対して垂直に作用する。したがって，曲面の場合は，場所によって水圧の作用方向が異なり，平面の場合のように各微小断面$\Delta A$に作用する全水圧の大きさ$\Delta P$を単純に総和するだけでは曲面全体に作用する全水圧$P$の大きさを求めることができない。

曲面に作用する全水圧$P$については，その水平成分$P_x$と鉛直成分$P_z$をそれぞれ独立に求め，次の式(2.37)によって$P$を算出する。

$$P=\sqrt{P_x^2+P_z^2} \tag{2.37}$$

各成分の基本的な求め方は以下の通りである。

## ①全水圧の水平成分$P_x$

曲面に作用する全水圧の水平成分$P_x$の大きさは，曲面の形状にかかわらず，曲面を水平方向に投影した鉛直平面に作用する全水圧の大きさに相当し，以下の式によって求められる。

$$P_x=\rho g H_G A_x \tag{2.38}$$

ここに，$\rho$：水の密度，$g$：重力加速度，$H_G$：曲面の水平投影面の図心までの深さ，$A_x$：曲面の水平投影面の面積

たとえば，**図2.17**の場合，$H_G=H/2$，$A_x=BH$より，

$$P_x=\rho g B H^2/2$$

となる。

## ②全水圧の鉛直成分$P_z$

曲面に作用する全水圧の鉛直成分$P_z$の大きさは，対象曲面を底面とする水面高さまでの空間部分の体積$V$と同体積の水の重量に相当し，次式によって求められる。

$$P_z=\rho g V \tag{2.39}$$

**図2.17**の場合，扇形Oadから三角形Ocdを差し引いた部分の面積に曲面の幅（奥行き）$B$を乗じて得られる立体部分の体積が$V$となり，

$$P_z=\rho g B\left(\pi r^2\frac{\theta}{360}-\frac{r\cos\theta\cdot H}{2}\right)=\rho g B r^2\left(\pi\frac{\theta}{360}-\frac{\cos\theta\cdot\sin\theta}{2}\right)$$

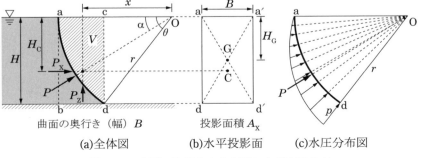

(a)全体図　　(b)水平投影面　　(c)水圧分布図

**図2.17**　曲面に作用する全水圧および水圧分布

となる。

　ここで,「対象曲面を底面とする水面高さまでの空間部分の体積$V$と同体積の水の重量」について，たとえば，対象となる曲面が**図2.18**に示すように置かれている場合であれば，$V$は図中の斜線部分（図形abcの面積$×B$）によって得られる空間部分となり，そこには水が存在しているので，直感的に「その部分の水の重量が$P_z$に相当する」ということを理解しやすく，$V$の取り方を誤ることは比較的少ないかもしれない。しかし，**図2.17**の場合，水の存在しない空間部分（adcの面積$×B$）が$V$に該当し，しかもその体積分の水の重量を求めることになるため，初めのうちは混乱し，あるいは「$P_z$は水の重量に相当する」ということに意識を置くあまり，誤って，水中の空間部分の方の体積（図形abdの面積$×B$）を$V$としてしまう人も少なくないので注意が必要である。

　なお，全水圧の鉛直成分$P_z$の向きについて，全水圧は水のある側から作用するので，**図2.17**の場合は上向き，**図2.18**の場合は下向きとなる。

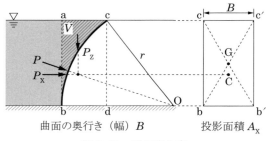

**図2.18**　$V$の取り方

### ③全水圧の方向

　全水圧$P$が水平面となす角を$\alpha$とすると，$P_x$および$P_z$を用いて以下の式が成り立つ。

$$\tan\alpha = \frac{P_z}{P_x}, \quad \alpha = \tan^{-1}\frac{P_z}{P_x} \tag{2.40}$$

### ④全水圧の作用点の位置

　水平成分$P_x$の作用点の位置は，平面に作用する全水圧の考え方に基づき，鉛直な投影平面に作用する水圧分布の中心，すなわち水圧分布図の図心位置となる。したがって，**図2.17**の場合，水面から$P_x$の作用点までの深さを$H_C$とすると，

$$H_C = \frac{2}{3}H \tag{2.41}$$

となる。

　また，鉛直成分$P_z$の作用点の位置は，$V$を与える空間部分の重心を通る鉛直線上にあるが，水平成分の位置のように容易には求められないことが多い。ただし，**図2.17**のように，曲面が特定の点Oを中心とする円弧状であ

る場合は，全水圧 $P$ は必ず O に向かって作用することになるので，$P$ の点 O に関するモーメントは 0 となり，このとき，$P_x$ および $P_z$ の点 O に関するモーメントの和も 0 となることから，点 O から $P_z$ までの水平距離を $x$ とすると，以下の式が成り立ち，$x$ を求めることができる。

$$-P_x H_C + P_z x = 0 \tag{2.42}$$

よって，

$$x = \frac{P_x}{P_z} H_C \tag{2.43}$$

〔解説〕

曲面に作用する全水圧 $P$ の水平成分 $P_x$ および鉛直成分 $P_z$ が，それぞれ式(2.38)および式(2.39)で得られる理由について，以下に説明する。

・水平成分 $P_x$

**図 2.19** は，円弧状の曲面 ad（奥行き B）を，微小間隔 $\Delta z$ の無数の"水平面"によって微小曲面に分割し，そのうちの 1 つを微小平面で近似している様子を示したものである。微小平面の傾斜方向の長さを $\Delta l$，図心の水深を $z$ とすると，この微小断面に作用する全水圧 $\Delta P$ は，

$$\Delta P = \rho g z B \Delta l$$

となり，微小平面が水平となす角を $\theta$ とすると，$\Delta P$ の水平成分 $\Delta P_x$ は，

$$\Delta P_x = \Delta P \sin \theta = \rho g z B \Delta l \sin \theta$$

となる。ここで，$\Delta l \sin \theta = \Delta z$ であるから，

$$\Delta P_x = \rho g z B \Delta z \tag{2.44}$$

となり，これは面積 $B \Delta z$ の鉛直な微小平面に作用する全水圧にほかならない。式(2.44)は任意の水深 $z$ について成り立ち，また，水面から水深 $H$ の間での微小面積 $B \Delta z$ の総和は，曲面 ab の水平投影面積 $A_x$ となる。したがって，曲面 ad 全体に作用する $P$ の水平成分 $P_x$ は，各深さにおける $\Delta P_x$ の総和によって求めることができ，$\Delta A_x = B \Delta z$ とおくと，

$$P_x = \sum_{A_x} \Delta P_x = \sum_{A_x} \rho g z \Delta A_x = \rho g \sum_{A_x} z \Delta A_x \tag{2.45}$$

となり，水平投影面の図心の水深を $H_G$ とすると，式(2.11)および式(2.14)より，

$$P_x = \rho g H_G A_x$$

となる。

・鉛直成分 $P_z$

**図 2.19** に示した曲面 ad を，今度はそれぞれ微小幅 $\Delta x$ だけ離れた無数の鉛直面によって微小曲面に分割し，それぞれ微小平面で近似した場合を考えてみる。基本的には水平面で分割したときの考え方とほぼ同様に，微小平面の傾斜方向の長さを $\Delta l$，図心の水深を $z$，水平となす角を $\theta$ とすると，$\Delta P$ の鉛直成分 $\Delta P_z$ は，

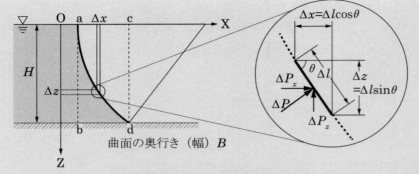

**図 2.19** 微小曲面の平面近似

$$\Delta P_z = \Delta P \cos\theta = \rho g z B \Delta l \cos\theta$$

となる。ここで、$\Delta l \cos\theta = \Delta x$ であるから、

$$\Delta P_z = \rho g z B \Delta x \tag{2.46}$$

となる。式(2.46)の右辺における $zB\Delta x$ は、$B\Delta x$ を底面とする水面までの高さ $z$ の直方体の体積に相当する。したがって、曲面 ad に沿って各微小平面の $zB\Delta x$ を積分（総和）すると、曲面 ad を底面とする水面までの水柱の体積となる。この体積を $V$ とすれば、曲面 ad 全体に作用する $P$ の鉛直成分 $P_z$ は、

$$P_z = \rho g V$$

となる。ちなみに、**図 2.19** の例では、どの微小曲面においても、全水圧の鉛直成分は上向きとなっており、それらの総和である $P_z$ も上向きとなる。

〔例題 2.13〕

**図 2.20** に示されるラジアルゲートに作用する全水圧と作用点の位置を求めよ。ただし、水の密度 $\rho = 1,000$ kg/m$^3$ とする。

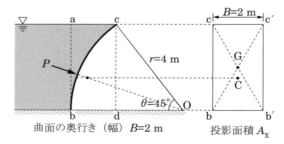

**図 2.20** ラジアルゲート

〔解〕

①**全水圧の水平成分 $P_x$**

曲面 bc の水平投影面の高さ：$H = r \sin\theta = 4 \times \sin 45° = 4 \times \dfrac{\sqrt{2}}{2} = 2.83$ [m]

水平投影面積：$A_x = BH = 2 \times 2.83 = 5.66$ [m]

投影面の図心：$H_G = H/2 = 2.83/2 = 1.42$ [m]

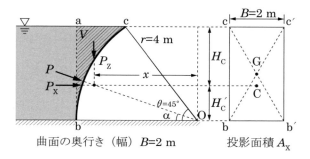

**図 2.21** 例題 2.13 の解説図

水平成分：式 (2.38) より，$P_x = \rho g H_G A = 1000 \times 9.8 \times 1.42 \times 5.66$
$$= 78.8 \times 10^3 \text{ [N]} = 78.8 \text{ [kN]}$$

### ② 全水圧の鉛直成分 $P_z$

対象曲面を底面とする水面高さまでの空間部分の体積：

$V =$ 図形 $\times B = \{$長方形 abdc $-$ (扇形 Obc $-$ 三角形 Ocd)$\} \times B$

$$= \left[ r \sin\theta \times (r - r\cos\theta) - \left\{ \pi \times r^2 \times \frac{\theta}{360°} - \frac{(r \sin\theta \cdot r \cos\theta)}{2} \right\} \right] \times B$$

$$= \left[ 4 \sin 45° \times (4 - 4\cos 45°) - \left\{ 3.14 \times 4^2 \times \frac{45°}{360°} - \frac{(4^2 \sin 45° \cos 45°)}{2} \right\} \right] \times 2$$

$$= \left[ 4 \times \frac{\sqrt{2}}{2} \times \left( 4 - 4\frac{\sqrt{2}}{2} \right) - \left\{ 3.14 \times 16 \times \frac{1}{8} - \frac{\left( 16 \times \frac{\sqrt{2}}{2} \times \frac{\sqrt{2}}{2} \right)}{2} \right\} \right] \times 2$$

$$= 2.07 \text{ [m}^3\text{]}$$

鉛直成分：式 (2.39) より，

$$P_z = \rho g V = 1000 \times 9.8 \times 2.07 = 20.3 \times 10^3 \text{ [N]} = 20.3 \text{ [kN]}$$

### ③ 全水圧 $P$

求める全水圧は，式 (2.37) より，

$$P = \sqrt{P_x^2 + P_z^2} = \sqrt{78.8^2 + 20.3^2} = 81.4 \text{ [kN]}$$

### ④ 全水圧の方向

全水圧 $P$ が水平面となす角を $\alpha$ とすると，式 (2.40) より，

$$\alpha = \tan^{-1}\frac{P_z}{P_x} = \tan^{-1}\frac{20.3}{78.8} = 14.446° = 14°27'$$

### ⑤ 作用点の位置

水平成分 $P_x$ の作用点の位置は，鉛直平面 cc'b'b に作用する全水圧の作用点の位置と等しいので，

$$H_C = \frac{2}{3}H = \frac{2}{3} \times 2.83 = 1.89 \text{ [m]}, \quad H_C' = \frac{1}{3}H = \frac{1}{3} \times 2.83 = 0.943 \text{ [m]}$$

一方，鉛直成分 $P_z$ の作用点の位置については，点 O からその位置までの水平距離を $x$ とすると，点 O に関する $P_x$ および $P_z$ のモーメントの和が 0 になることを利用し，式 (2.43) から，

$$x = \frac{P_\mathrm{X}}{P_\mathrm{Z}} H_\mathrm{C}' = \frac{78.8}{20.3} \times 0.943 = 3.66 \,[\mathrm{m}]$$

※ここではOが底面にあるので，$P_\mathrm{X}$の距離が$H_\mathrm{C}'$となることに注意。

## 2.5 浮力と浮体

ここまでで学んできたように，物体の全体または一部が水中にあるとき，水と接している全ての面に水圧が作用する。水圧は常に面に対して垂直に作用するため，曲面をもつ物体の場合には，面の場所によって水圧の作用方向が異なるが，それぞれ水平成分と鉛直成分に分解して扱うと，簡単な演算で全水圧などを求めていくことができる。

ある物体の全体またはその一部が水中にある状態で静止しているとき，その物体に作用する全水圧の水平成分$P_\mathrm{X}$は，水平投影面に作用する全水圧に相当するが，常に相反する方向から同じ大きさの全水圧が作用するため，互いに打ち消し合い，水と接している面全体でみれば，$P_\mathrm{X}=0$となる。

一方，鉛直成分$P_\mathrm{Z}$については，**図2.22**を例に説明すると，物体の上面，すなわち曲面 abc に対して，この曲面を底面とする水面までの水柱と同体積（$V_1$）の水の重量に相当する全水圧$P_{\mathrm{Z}1}$（$=\rho g V_1$）が下向きに作用し，同時に，物体の下面，すなわち曲面 adc に対して，この曲面を底面とする水面までの水柱と同体積（$V_2$）の水の重量に相当する全水圧$P_{\mathrm{Z}2}$（$=\rho g V_2$）が上向きに作用する。したがって，水と接している面全体として，全水圧の鉛直成分$P_\mathrm{Z}$は，

$$P_\mathrm{Z} = P_{\mathrm{Z}2} - P_{\mathrm{Z}1} = \rho g V_2 - \rho g V_1 = \rho g (V_2 - V_1) \tag{2.47}$$

となり，その向きは$V_2 > V_1$，すなわち$P_{\mathrm{Z}2} > P_{\mathrm{Z}1}$であるので，<u>常に上向き</u>となる。ここで，$V_2 - V_1$は物体の水中部分の体積に相当し，これを$V$として，物体に作用する全水圧について改めて整理すると，

$$B = \rho g V \tag{2.48}$$

となる。

式(2.48)によってあらわされる上向きの全水圧$B$を**浮力**（ふりょく）（buoyancy）と

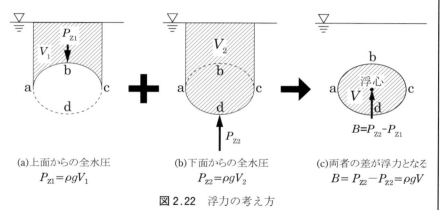

(a) 上面からの全水圧　　　　(b) 下面からの全水圧　　　　(c) 両者の差が浮力となる
$P_{\mathrm{Z}1} = \rho g V_1$ 　　　　　　　$P_{\mathrm{Z}2} = \rho g V_2$ 　　　　　　$B = P_{\mathrm{Z}2} - P_{\mathrm{Z}1} = \rho g V$

**図2.22** 浮力の考え方

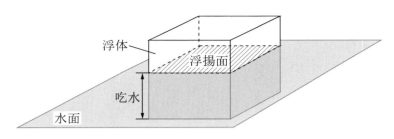

**図 2.23** 浮体における吃水と浮揚面

いう。また，このように，「**液体中にある物体が，その物体が排除した体積の液体の重量に等しい上向きの力を受ける**」ことを**アルキメデスの原理**（Archimedes' Principle）という。

なお，静水圧の性質より，物体が水中のより深くにあるほど，それに比例してより大きな水圧が作用するが，物体の上面と下面のそれぞれに作用する全水圧がともに同じ大きさだけ変化するので，結局，両者の差は水深によらず一定となる。すなわち，$B$ の大きさは物体の水中部分の体積 $V$ が変化しないかぎり，水深にかかわらず一定となる。

ある物体が完全に水中にあるときに作用する浮力 $B$ の大きさが，その物体に作用する重力の大きさ $W$ よりも大きくなる場合，**図 2.23** に示すようにその物体は $B=W$ となるところまで水中に浸かり，一部分が液面より上に出た状態で静止する。このような状態にある物体を**浮体**（floating body）という。また，浮体を水面によって切った断面を**浮揚面**といい，浮揚面から浮体の最深点までの水深を**吃水**（**喫水**とも書く）（draft）という。

浮力 $B$ の作用点を**浮心**または**浮力中心**（center of buoyancy）といい，その位置は，物体の水中部分，すなわち浮揚面より下の部分における重心と一致する。

〔例題 2.14〕

断面が 1 辺 10 cm の正方形で，長さ 2.0 m の角柱が，側面を水平にして横向きに海水に浮かんで静止しているとき，この角柱の吃水を求めよ。ただし，角柱の密度 $\rho_s = 700$ kg/m³，海水の密度 $\rho_{sea} = 1,025$ kg/m³ とする。

〔解〕

角柱の体積：

$$V_s = 0.10 \times 0.10 \times 2.0 = 0.020 \ [\text{m}^3]$$

角柱に作用する重力の大きさ：

$$W = \rho_s g V_s = 700 \times 9.8 \times 0.020 = 137.2 \ [\text{N}]$$

吃水を $d$ m とすると，

角柱の浮揚面より下の部分の体積：

$$V = 0.10 \times 2.0 \times d = 0.2d \ [\text{m}^3]$$

角材に作用する浮力の大きさ：$B = \rho_{\text{sea}} g V = 1025 \times 9.8 \times 0.2 d = 2009 d$ [N]
ここで，$B = W$ であるので，$2009 d = 137.2$
よって，求める吃水 $d$ は，$d = 0.068$ [m] $= 6.8$ [cm]

## 2.6 浮体の安定

水面で重力と浮力が釣り合って静止した状態にある浮体が，外力を受けて少し傾き，その後その外力が解放されると，その傾いた浮体は，

①**元の静止していたときの状態に戻る方向に動く**
②**傾きがさらに大きくなる方向に動く**
③**外力が解放されたときの傾きの状態をそのまま維持する**

のいずれかとなる。

①の状態となる浮体は，釣合い状態から多少傾いても元の状態に回復させようとする力が作用し，釣合いの状態が維持されやすい。このような状態にある浮体を "**安定** (stable) である" という。とくに，安定である浮体に作用する，傾きを元に戻そうとする力のことを**復元力**（ふくげんりょく）（righting moment）という。

一方，②の状態となる浮体は，釣合いの状態から少しでも傾くと，さらに傾きが大きくなる方向に力が作用し，元の釣合い状態は維持されにくい。このような状態にある浮体を "**不安定** (unstable) である" という。

また，③の状態となる浮体は，傾けられた後も釣合いを維持しており，このような状態にある浮体を "**中立** (neutral) である" という。

ある浮体が上の①～③のいずれになるかは，浮体の形状や重心の位置によって決まる。

**図2.24** は，形状の異なる浮体が，釣合いの状態から「重力 $W =$ 浮力 $B$」を維持したまま少し傾けられている様子を示したものである。各浮体の G は浮体の重心の位置，C は傾く前の状態での浮心の位置を示す。浮体が釣り合って静止した状態にあるとき，浮体の重心 G と浮心 C は必ず同一鉛直線（直線 CG）上にある。浮体が傾くと，浮体の水面下部分の位置や形状が変化するので，浮心の位置が C′ へと移る。

**図2.24**(a)や(b)のような形状の場合，重心 G と浮心 C′ が同一鉛直線上にはなく，そのため，重力 $W$ と浮力 $B$ によって**偶力**（ぐうりょく）が生じる。この偶力は，上で述べたように，**図2.24**(a)では復元力として，(b)では傾きを増大させる方向に作用する力として働き，その結果，前者では浮体は安定となり，後者では不安定となる。一方，**図2.24**(c)のような形状の場合，浮体が傾いても G と C′ は同一鉛直線上に位置したままであり，このとき偶力，すなわち浮体を回転させようとする力が発生せず，浮体は中立，すなわち傾いたまま

---

**用語の解説**

**偶力**（ぐうりょく）（coupled forces または a couple）
互いに大きさが等しく，向きが正反対で平行な2つの力を**偶力**という。ある物体に対して，大きさ $F$，両者の距離 $l$ である偶力が生じると，$M = Fl$ という大きさで回転させようとする力のモーメントが作用する。

なお，互いに大きさが等しく，向きが正反対の2つの力が同一直線上にある場合には，偶力は生じない。

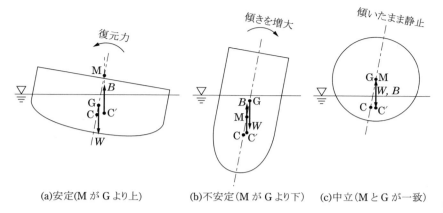

図 2.24 浮体の安定

の状態で静止する。

浮体が傾いた状態での浮心 C′ を通る鉛直線と直線 CG との交点 M を**傾心**または**メタセンター**（metacenter）という。浮体が安定であるとき，M の位置は必ず G より上となり，とくに浮心 C が G よりも上にあるときは，M も必ず G より上となる。一方，浮体が不安定であるときは，M は必ず G より下となる。また，浮体が中立であるとき，M は G と必ず一致する。

したがって，浮体のメタセンター M と重心 G の位置関係を調べることによって，浮体の安定性を判定することができる。M と G の距離 $\overline{\mathrm{MG}}$ を**傾心高**または**メタセンター高**（metacentric height）という。$\overline{\mathrm{MG}}$ は，次の式(2.49)によって求めることができる。

$$\overline{\mathrm{MG}} = \frac{I_z}{V} - \overline{\mathrm{GC}} \tag{2.49}$$

ここで，$I_z$：浮体の浮揚面上の軸回りの断面二次モーメント
$V$：浮体の浮揚面下部分の体積
$\overline{\mathrm{GC}}$：浮体が静止状態にあるときの重心 G と浮心 C の距離

であり，また，$\overline{\mathrm{MG}}$ および $\overline{\mathrm{GC}}$ については，前の方の文字記号（それぞれ M, G）が上にあるときに正の値をとるものとする。

$\overline{\mathrm{MG}}$ と浮体の安定性との関係は以下の通りである。

$\overline{\mathrm{MG}} > 0$ のとき，安定

$\overline{\mathrm{MG}} < 0$ のとき，不安定

$\overline{\mathrm{MG}} = 0$ のとき，中立

〔例題 2.15〕

図 2.25 に示すような，縦 4 m× 横 3 m× 高さ 4 m の直方体が水に浮かんでいるとき，この浮体の安定性を判定せよ。ただし，浮体の比重 $\sigma=0.8$，水の密度 $\rho=1,000$ kg/m³ とする。

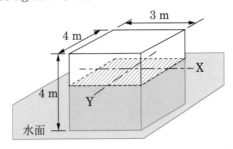

**図 2.25　浮体**

〔解〕

① 吃水の算出

浮体の全体の体積を $V_0$，浮揚面下の体積を $V$，吃水を $d$ とすると，

浮体に作用する重力 W および浮力 B の大きさ：　$W=\sigma\rho g V_0$, $B=\rho g V$

$W=B$ であり，また $V_0=4\times3\times4$, $V=4\times3\times d$ であるので，

$$\sigma\rho g V_0=\rho g V$$

よって，　$d=4\sigma=4\times0.8=3.2$ [m]

② 浮揚面の断面二次モーメント

浮揚面について，図 2.25 の X 軸回りおよび Y 軸回りの断面二次 $I$ モーメントは，表 2.1 より，

$$I_X=\frac{3\times4^3}{12}=16\,[\text{m}^4],\quad I_Y=\frac{4\times3^3}{12}=9\,[\text{m}^4]$$

③ $\overline{\text{MG}}$ の算出

式(2.49)において，$V$ と $\overline{\text{GC}}$ が同じであれば，断面二次モーメントが小さい方が負値となりやすいので，$I_Y<I_X$ より，Y 軸回りの安定性について検討する。

$$\overline{\text{GC}}=4/2-d/2=2-1.6=0.4\,[\text{m}]$$
$$V=4\times3\times d=4\times3\times3.2=38.4\,[\text{m}^3]$$

よって，

$$\overline{\text{MG}}=\frac{I_Y}{V}-\overline{\text{GC}}=\frac{9}{38.4}-0.4=-0.166\,[\text{m}]$$

したがって，$\overline{\text{MG}}<0$ であるので，この浮体は不安定である。

---

**用語の解説**

**比重**（specific gravity）
ある物質の密度と水の密度との比。無次元数。温度によって水の密度は変化するため，同じ物質に対する比重も厳密には温度によって変化するが，土木分野では，実用上，水の密度を 1.0 g/cm³ とし，比重 = その物体の密度として扱われることが多い。水の比重が 1 となるため，比重が 1 より大きいか小さいかでその物体の浮き沈みの判断が容易にできる。

## 〔演習問題〕

〔問題 2.1〕 図 2.26 に示す水の入った容器内の各点における水圧を求めよ。ただし，水の密度 $\rho=1,000$ kg/m³ とする。

〔問題 2.2〕 日本では，上水道の配水管の水圧は 150 kPa 以上 740 kPa 以下と規定されている。配水管の分岐口に図 2.6(c)の水銀マノメータを $H_1=20$ cm となるように取り付けたとき，その配水管の水圧が規定内であれば，$H_2$ はいくらの範囲となるか求めよ。ただし，水の密度 $\rho=1,000$ kg/m³，水銀の密度 $\rho'=13,600$ kg/m³ とする。

〔問題 2.3〕 図 2.27 の差動マノメーターにおいて，$l=20$ cm，$H=10$ cm のとき，圧力差 $\Delta p$ を求めよ。

ただし，水の密度 $\rho=1,000$ kg/m³，水銀の密度 $\rho'=13,600$ kg/m³ とする。

〔問題 2.4〕 幅 2 m の水路において，図 2.28 のように淡水と海水が仕切板で仕切られている。$H_1=90$ cm，$H_2=30$ cm のとき，この仕切板の両側から作用する全水圧の合力とその作用点の位置を求めよ。ただし，水の密度 $\rho=1,000$ kg/m³，海水の密度 $\rho_{sea}=1,025$ kg/m³ とする。

〔問題 2.5〕 図 2.29 に示すラジアルゲート（曲面 ab）に作用する全水圧と作用点の位置を求めよ。ただし，水の密度 $\rho=1,000$ kg/m³ とする。

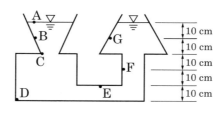

図 2.26

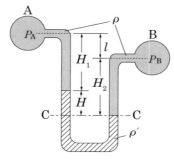

図 2.27

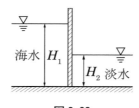

図 2.28

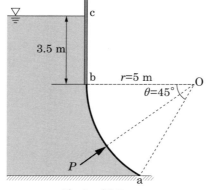

ゲートの幅 $B=4$ m

図 2.29

〔問題 2.6〕 ある物体が水に浮かんでおり，物体の水面より上に出ている部分の体積は，浮揚面より下にある部分の体積の1/4であった。この物体の密度を求めよ。ただし，水の密度$\rho=1,000$ kg/m³とする。

〔問題 2.7〕 図 2.30 に示すような中空のコンクリート製ケーソンが海水に浮かんでいるとき，その安定性を判定せよ。ただし，コンクリートの比重$\sigma_s$＝1.8，海水の密度$\rho_{sea}$＝1,025 kg/m³とする。

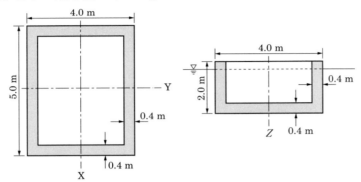

図 2.30

## 演習問題の解答

〔問題 2.1〕 点 A：0 kPa，点 B：0.98 kPa，点 C：1.96 kPa，点 D：4.9 kPa，点 E：3.92 kPa，点 F：2.94 kPa，点 G：0.98 kPa

〔問題 2.2〕 1.14 m 以上 5.57 m 以下

《解説》

図 2.6(c)において，水銀の左側の水面に基準線 C を引き，基準線における左側の圧力を$p_{CL}$，右側の圧力を$p_{CR}$とすると，

$$p_{CL}=p+\rho g H_1, \quad p_{CR}=\rho' g H_2$$

$p_{CL}=p_{CR}$より，$p+\rho g H_1=\rho' g H_2$

よって，$H_2=(p+\rho g H_1)/\rho' g$

$p_{min}$＝150 kPa のとき，

$$H_{2min}=(150\times 10^3+1000\times 9.8\times 0.2)/(13,600\times 9.8)=1.14 \text{ [m]}$$

$p_{max}$＝740 kPa のとき，

$$H_{2max}=(740\times 10^3+1000\times 9.8\times 0.2)/(13,600\times 9.8)=5.57 \text{ [m]}$$

〔問題 2.3〕 14.3 kPa

《解説》

図 2.27 における基準線 C 上での左側の圧力を$p_{CL}$，右側の圧力を$p_{CR}$とすると，

$$p_{CL}=p_A+\rho g H_1+\rho' g H, \quad p_{CR}=p_B+\rho g H_2$$

$p_{CL}=p_{CR}$より，$p_A+\rho g H_1+\rho' g H = p_B+\rho g H_2$

よって，$\Delta p=p_B-p_A=\rho g H_1+\rho' g H-\rho g H_2=\rho g(H_1-H_2)+\rho' g H$

ここで，$H_1+H=H_2+l$ より，$H_1-H_2=l-H$ なので，

$$\Delta p = \rho g(l-H) + \rho' g H = \rho g l + (\rho' - \rho) g H$$

よって，

$$\Delta p = 1000 \times 9.8 \times 0.2 + (13600-1000) \times 9.8 \times 0.1$$
$$= 14.308 \times 10^3 \,[\text{Pa}] = 14.3 \,[\text{kPa}]$$

〔問題2.4〕 全水圧：7.25 kN，作用点の位置：水路床から0.32 m上の地点

《解説》

左側（海水側）の全水圧：

$$P_1 = \rho' g H_{G1} A_1 = 1025 \times 9.8 \times 0.9/2 \times (0.9 \times 2)$$
$$= 8.13645 \times 10^3 \,[\text{N}] = 8.13 \,[\text{kN}]$$

右側（淡水側）の全水圧：

$$P_2 = \rho g H_{G2} A_2 = 1000 \times 9.8 \times 0.3/2 \times (0.3 \times 2)$$
$$= 882 \,[\text{N}] = 0.88 \,[\text{kN}]$$

全水圧の合力： $P = P_1 - P_2 = 8.13 - 0.88 = 7.25 \,[\text{kN}]$

$P_1$の作用点の位置：$H_{C1}' = H_1/3 = 0.9/3 = 0.3 \,[\text{m}]$

$P_2$の作用点の位置：$H_{C2}' = H_2/3 = 0.3/3 = 0.1 \,[\text{m}]$

水路床から全水圧の合力$P$の作用点までの高さを$H_C'$とすると，

$$P \times H_C' = P_1 \times H_{C1}' - P_2 \times H_{C2}'$$

が成り立つので，

$$7.25 \times H_C' = 8.13 \times 0.3 - 0.88 \times 0.1$$

よって，$H_C' = 0.32 \,[\text{m}]$

〔問題2.5〕 全水圧：806.7 kN，水平となす角：24°58′，作用点の位置：底から上に1.57 m，回転軸Oから左水平に4.23 mの地点

《解説》

まず，図2.31のように各種記号を与えておく。

①**全水圧の水平成分$P_X$**

円弧部分の鉛直高さ：$H = r \sin 45° = 5 \times \sqrt{2}/2 = 3.54 \,[\text{m}]$

曲面（水面から底まで）の水平投影面積：

$$A_X = 長方形 aa'e'e の面積 = BH = 4 \times 3.54 = 14.16 \,[\text{m}^2]$$

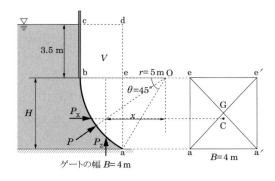

図2.31 問題2.5 解説図

水平投影面の図心の位置：
$$H_G = 3.5 + \frac{H}{2} = 3.5 + \frac{3.54}{2} = 5.27 \text{ [m]}$$

全水圧の水平成分：
$$P_x = \rho g H_G A_x = 1000 \times 9.8 \times 5.27 \times 14.16 = 731.3 \times 10^3 \text{ [N]}$$
$$= 731.3 \text{ [kN]}$$

② 全水圧の鉛直成分 $P_z$

曲面 ab を底面とする水面までの水中の体積：
$$V = \text{図形 abcde} \times B$$
$$= (\text{長方形 bcde} + (\text{扇形 Oab} - \text{三角形 Oae})) \times B$$
$$= \left\{3.5 \times (r - r\cos 45°) + \pi r^2 \cdot \frac{45°}{360°} - \frac{1}{2} \cdot r\cos 45° \cdot r\sin 45°\right\} \times B$$
$$= \left\{3.5 \times \left(5 - 5 \times \frac{\sqrt{2}}{2}\right) + 3.14 \times 5^2 \times \frac{1}{8} - \frac{1}{2} \times 5 \times \frac{\sqrt{2}}{2} \times 5 \times \frac{\sqrt{2}}{2}\right\} \times 4$$
$$= 34.75 \text{ [m}^3\text{]}$$

全水圧の鉛直成分：
$$P_z = \rho g V = 1000 \times 9.8 \times 34.75 = 340.6 \times 10^3 \text{ [N]} = 340.6 \text{ [kN]}$$

③ 全水圧 $P$

全水圧：$P = \sqrt{P_x^2 + P_z^2} = \sqrt{731.3^2 + 340.6^2} = 806.7 \text{ [kN]}$

④ 全水圧の方向

全水圧 $P$ が水平面となす角を $\alpha$ とすると，
$$\alpha = \tan^{-1} \frac{P_z}{P_x} = \tan^{-1} \frac{340.6}{731.3} = 24.974° = 24°58'$$

⑤ 作用点の位置

水平成分 $P_x$ の作用点の位置：
$$H_C' = \frac{H}{3} \cdot \frac{2H_1 + H_2}{H_1 + H_2} = \frac{3.54}{3} \times \frac{2 \times 3.5 + (3.5 + 3.54)}{3.5 + (3.5 + 3.54)} = 1.57 \text{ [m]}$$

$H_C = (3.5 + H) - H_C' = (3.5 + 3.54) - 1.57 = 5.47 \text{ [m]}$

鉛直成分 $P_z$ の作用点の位置：

点 O からその位置までの水平距離を $x$ とすると，点 O に関する $P_x$ および $P_z$ のモーメントの和が 0 になるから，時計回りのモーメントを正にとると，
$$-P_x \cdot (H - H_C') + P_z \cdot x = 0$$

よって，
$$x = \frac{P_x}{P_z}(H - H_C') = \frac{731.3}{340.6} \times (3.54 - 1.57) = 4.23 \text{ [m]}$$

〔問題 2.6〕 800 kg/m³

《解説》

この物体の全体の体積を $V$，水面より上の部分および下の部分の体積をそれぞれ $V_U$，$V_D$ とすると，$V_U/V_D = 1/4$ であるので，$V_D = 4V_U$

よって，$V = V_U + V_D = V_U + 4V_U = 5V_U$

また，この物体の密度を $\rho_s$ とすると，この物体に作用する重力 $W$ および浮力 $B$ の大きさはそれぞれ，$W = \rho_s g V$，$B = \rho g V_D$ であり，$W = B$ であるので，$\rho_s g V = \rho g V_D$ となるから，$\rho_s g \cdot 5V_U = \rho g \cdot 4V_U$

よって，$\rho_s = 0.8\rho = 0.8 \times 1000 = 800$ [kg/m³]

〔問題 2.7〕 安定である。

《解説》

① 吃水および浮心の位置

ケーソンの体積： $V_C = 4 \times 5 \times 2 - 3.2 \times 4.2 \times 1.6 = 18.496$ [m³]

ケーソンの吃水を $d$ とすると，ケーソンの浮揚面下部分の体積：
$$V = 4 \times 5 \times d = 20d$$

ケーソンに作用する重力 $W$ および浮力 $B$：
$$W = \sigma_s \rho g V_C = 1.8 \times 1000 \times 9.8 \times 18.496 = 326.3 \times 10^3 \text{ [N]}$$
$$= 326.3 \text{ [kN]}$$
$$B = \rho_{sea} g V = 1025 \times 9.8 \times 20d = 200.9d \times 10^3 \text{ N} = 200.9d \text{ [kN]}$$

$W = B$ より，$d = 326.3/200.9 = 1.62$ [m]

ケーソンの底面から浮心 C の高さ： $h_C' = d/2 = 1.62/2 = 0.81$ [m]

② 重心の位置

ケーソンの重心を求めるために，ケーソンを床板と互いに向かいあう 2 組の側壁の 3 つの部材に分けて考える。

・**側壁 1**（5 m × 1.6 m × 0.4 m × 2 枚）

体積： $V_1 = 5 \times 1.6 \times 0.4 \times 2 = 6.4$ [m³]

重量： $W_1 = \sigma_s \rho g V_1 = 1.8 \times 1000 \times 9.8 \times 6.4 = 112.896 \times 10^3$ [N]
$= 112.9$ [kN]

底面から重心までの距離： $l_1 = 0.4 + 1.6/2 = 1.2$ [m]

底面に関するモーメント： $M_1 = W_1 l_1 = 112.9 \times 1.2 = 135.48$ [kN·m]

・**側壁 2**（3.2 m × 1.6 m × 0.4 m × 2 枚）

体積： $V_2 = 3.2 \times 1.6 \times 0.4 \times 2 = 4.096$ [m³]

重量： $W_2 = \sigma_s \rho g V_2 = 1.8 \times 1000 \times 9.8 \times 4.096 = 72.25344 \times 10^3$ [N]
$= 72.3$ [kN]

底面から重心までの距離： $l_2 = 0.4 + 1.6/2 = 1.2$ [m]

底面に関するモーメント： $M_2 = W_2 l_2 = 72.3 \times 1.2 = 86.76$ [kN·m]

・**床板**（5 m × 4 m × 0.4 m）

体積： $V_3 = 4 \times 5 \times 0.4 = 8.0$ [m³]

重量： $W_3 = \sigma_s \rho g V_1 = 1.8 \times 1000 \times 9.8 \times 8.0 = 141.120 \times 10^3$ [N]
$= 141.1$ [kN]

底面から重心までの距離： $l_3 = 0.40/2 = 0.20$ [m]

底面に関するモーメント： $M_3 = W_3 l_3 = 141.1 \times 0.2 = 28.22$ [kN·m]

ケーソン全体の重心 G の底面からの距離を $l$ とすると，各部材のモーメントの和は，全体のモーメントと等しいはずであるから，

$$Wl = W_1 l_1 + W_2 l_2 + W_3 l_3$$

が成り立つ。したがって，

$l = (W_1 l_2 + W_2 l_2 + W_3 l_3)/W = (135.48 + 86.76 + 28.22)/326.3$
$= 0.77$ [m]

### ③安定性の判定

浮揚面上の軸回りの断面二次モーメントには，X 軸回りと Y 軸回りの 2 つあるが，長軸，すなわち図 2.30 では X 軸に対する断面二次モーメント $I_X$ について考えれば良い。

したがって，

$$\overline{\mathrm{MG}} = \frac{I_X}{V} - \overline{\mathrm{GC}} = \frac{\frac{5 \times 4^3}{12}}{4 \times 5 \times 1.62} - (0.77 - 0.81) = 0.86 \ [\mathrm{m}] > 0$$

よって，このケーソンは安定である。

### 引用・参考文献

1）岡澤　宏・小島信彦・嶋　栄吉・竹下伸一・長坂貞郎・細川吉晴：わかりやすい水理学，理工図書，2013
2）近畿高校土木会（編）：解いてわかる！水理，オーム社，2012
3）林　泰造：基礎水理学，鹿島出版社，1996
4）有田正光：水理学の基礎，東京電機大学出版局，2013
5）有田正光・中井正則：水理学演習，東京電機大学出版局，2011
6）玉井信行・有田正光（共編）：大学土木　水理学，オーム社，2001

# 第3章　水の運動

　水が運動している，すなわち流れているとき，水中における力の作用の仕方は静水のときとは異なったものとなり，さらに水の流れ方によっても大きく異なる。本章では，水の流れに関する事項の中で最も基本となる，流れの種類，ベルヌーイの定理とその応用，運動量の法則などについて学ぶ。

## 3.1　水路の種類と流れ

　水をある場所からある場所へと流すために作られた人工的な構造物を**水路**（channel）という。水理学で扱う水路は，形状的観点から，**開水路**（open channel）と**管水路**（pipe line）の2種類に分けられる。開水路は，水が流れるときに水面が大気と接するような形状となっているものであり（**図3.1**(a)），大気と接する水面を**自由水面**（free surface）という。水路内を流れる水を目視できる場合は開水路であり，たとえば，河川や道路の縁に設置された側溝などがこれに該当する。また，自由水面を有する水の流れを**開水路流れ**（open channel flow）という。

　一方，管水路は，**図3.1**(b)に示すように水路断面が環状となった形状のものである。管水路を，**満流**、すなわち水路断面内が完全に流体で満たされた状態で流れるとき，自由水面が無く，壁面が常に圧力を受けている状態となる。このような流れを**管水路流れ**（pipe flow）という。たとえば，上水道の配水管や水力発電の水圧管における水の流れがこれに該当する。なお，水路の形状が管水路であっても，**図3.1**(a)の右の水路のように，満流状態ではなく自由水面を有する流れとなっている場合には，開水路流れとして扱う。

**メモの欄**

(a) 開水路　　　　　　　　(b) 管水路（満流）

図3.1　管水路と開水路

## 3.2 水路の断面形状に関する基本用語

流れに対して垂直に切った水路の横断面を**水路断面**（cross section of channel）といい，その断面に占める流水部分を**通水断面**（cross section of flow）という。通水断面の面積を通水断面積または**流積**（flow area, cross sectional area of flow）という。通水断面のうち，水が水路断面と接している部分の長さを**潤辺**（wetted perimeter）といい，流積を潤辺で除したものを**径深**（hydraulic radius）または水理学的平均水深という。**図3.2**に示した，水理学でよく用いられる円形断面，長方形断面，台形断面の流積，潤辺，径深と関係を**表3.1**に示す。なお，**図3.2**のなかで，台形断面の傾斜した側面を法面といい，そのこう配（**のり面こう配**）は，一般的に鉛直方向の単位変位量（高さ）に対する水平方向の変位量（距離）$m$の比（$1:m$）としてあらわされる。

### 用語の解説

**流　積**（flow area, cross sectional area of flow）液体の流れ方向に対して垂直な断面積。通水断面積ともいう。

**潤　辺**（wetted perimeter）流体の通水断面のうち水路面（壁面および底面）と接している部分の長さ。水流と水路壁面の摩擦を考えるときに重要となる。

**径深**（hydraulic radius）流積を潤辺で割ったもの。水理学的平均水深ということもある。

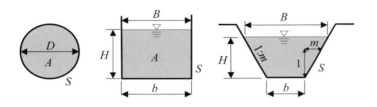

(a) 円形断面（満流）　　(b) 長方形断面　　(c) 台形断面

**図3.2**　主な水路断面

**のり面こう配**（gradient slope）水路壁面のこう配をあらわし，鉛直方向の長さを1としたときの水平方向の長さ$m$を用いて，$1:m$とあらわす。

**表3.1**　主な水路断面の水理諸元

| 断面形状 | 円形（満流） | 長方形 | 台形 |
|---|---|---|---|
| 水面幅 $B$ | — | $b$ | $b+2mH$ |
| 流積 $A$ | $\dfrac{\pi D^2}{4}$ | $bH$ | $(b+mH)H$ |
| 潤辺 $S$ | $\pi D$ | $b+2H$ | $b+2H\sqrt{1+m^2}$ |
| 径深 $R=\dfrac{A}{S}$ | $\dfrac{D}{4}$ | $\dfrac{bH}{b+2H}$ | $\dfrac{H(b+mH)}{b+2H\sqrt{1+m^2}}$ |

## 3.3 流速と流量

流体粒子が単位時間に移動する距離のことを**流速** $v$（velocity）という。**図 3.3** に示すような，断面積 $A$ が一様な管水路において一様な流速をもつ水塊が満流状態で $\Delta t$ の時間内に断面 I から断面 I′ まで移動したとすると，$\Delta t$ 時間内に断面 I を通過した水の体積 $V$ は式 (3.1) であらわされる。

$$V = A v \Delta t \tag{3.1}$$

したがって，単位時間内に流積 $A$ を通過する水の体積，すなわち**流量** $Q$（rate of discharge）は，式 (3.2) であらわされる。

$$Q = \frac{V}{\Delta t} = A v \tag{3.2}$$

また，この式を変形すると式 (3.3) が得られ，流量 $Q$ と流積 $A$ から，流速 $v$ を求めることができる。

$$v = \frac{Q}{A} \tag{3.3}$$

ところで，実際の水路を流れる水は**粘性流体**（viscous fluid）であり，水分子同士の間に働く分子間力に起因する粘性や，水分子と水路壁面分子との間に働く分子間力に起因する摩擦力が作用する。このため，**図 3.4** に例示されるように，通水断面上の水粒子の流速は一様でなく，水路壁面付近ではほとんど 0 とみなすことができるほど小さく，水路壁面から遠ざかるにしたがい大きくなるという分布形状となるのが一般的である。

このような流れに対し，式 (3.3) によって得られる流速 $v$ はその流積における流速の平均値，すなわち**平均流速**（mean velocity）となる。土木工学など実用的な分野では，平均流速が用いられるのが一般的であり，また，

### 用語の解説

**粘性流体**（viscous fluid） 力が加わると，その力に抵抗する力（せん断応力）が作用する性質（粘性）をもつ流体。実在する流体は粘性流体である。粘性流体が流れるとき，摩擦等によりエネルギー損失が生じる。一方，粘性がない仮想的な流体のことを完全流体という。

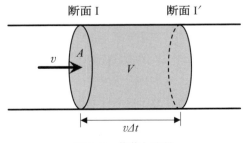

図 3.3 体積と流量

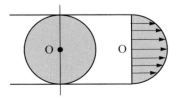

図 3.4 円形管水路の流速分布

平均流速のことを単に流速と表現されることが多い。

〔例題 3.1〕
図 3.5 に示す長方形水路の潤辺および径深はいくらか。また，平均流速 $v$ が 1.8 m/s のとき，流量はいくらか。

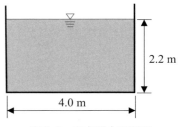

図 3.5　長方形水路断面

〔解〕
潤辺　$S = b + 2H = 4.0 + 2 \times 2.2 = 8.4$ [m]

流積　$A = bH = 4.0 \times 2.2 = 8.8$ [m²]

径深　$R = \dfrac{A}{S} = 1.0$ [m]

流量　$Q = Av = 8.8 \times 1.8 = 16$ [m³/s]

## 3.4　流れの種類

### 3.4.1　定常流と非定常流

任意の地点において，流積と流速が時間経過とともに変化せず一定である流れを**定常流**（steady flow）という。一方，流積と流速が時間とともに変化するものを**非定常流**（unsteady flow または transient flow）という。環境を制御した水路において人工的に一定の流積と流速の流れを作り出す場合には定常流が実現するが，一般的な水路の流れは基本的に非定常流となる。ただし，晴天が続いた時の河川の流れのように，各地点での流積および流速，つまり流量が比較的長時間にわたってほとんど変化しない場合や，着目する時間が非常に短く，流量や流速に変化がないものとして扱っても差し支えないときは，水路の流れを定常流とみなすことができる。なお，非定常流は流積と流速が時間によって変化するため，定常流に比べて，流れの状態の把握（解析）が難しい。このため，非定常流であっても流れを定常とみなすことができる場合は定常流の解析方法を適用することが多い。

### 3.4.2　等流と不等流

水路内を流れる水が定常流であるとき，どの地点の断面においても流量および流速は時間的に変化しないが，全ての地点において流積と流速が同一で

---

**用語の解説**

**定常流と非定常流**（steady flow/unsteady flow）
河川や水路で流れ（流積，流速，流量）を定点観測した場合，時間経過にともなって流れが変化しないものを定常流，流れが刻一刻と変化するものを非定常流という。

**等流と不等流**（uniform flow/ non uniform flow）
水路のある区間において，区間内のどの地点でも流れ（流積，流速，流量）が同じ流れを等流，地点に応じて流れが異なる流れを不等流という。実際の水路で等流をみることはほとんどないが，直線でこう配が一様な水路では流れを等流とみなすことがある。

あるとは限らない．定常流のうち，水路内のどの断面においても流積と流速が等しい流れを**等流**（uniform flow）といい，断面をとる場所によって流積と流速が異なるものを**不等流**（non uniform flow）いう．実際の流れにおいて厳密に等流となることは非常にまれであるが，人工的に作られた内径が均一な円形管水路や，水路断面およびこう配が一定で直線的に配置されたコンクリート水路などでは流積や流速の場所的変化が小さくなる場合も多く，こうした流れについては，実用上，等流として扱われるのが一般的である．

### 3.4.3 層流と乱流

1983 年に**レイノルズ**（Osborne Reynolds，イギリス）は**図 3.6** に示すような装置を用いた実験により，水の流れには流体粒子同士が互いの位置関係を変えずに整然と層状に流れる**層流**（laminar flow）（**図 3.7**(a)）と，粒子同士が不規則に入り交じりながら流れる**乱流**（turbulent flow）（**図 3.7**(b)）の 2 つの状態があることを発見した．**図 3.6** において，水槽内の水はガラス管を通って流出し，ガラス管内の流量は末端に取り付けたバルブの開閉によって調整できるようになっている．ここに細管を用いてガラス管の上流部から水の密度とほぼ等しい着色液を流入させ，バルブを閉じた状態から少しずつ開いていったときの流れの状態を観察すると，最初バルブの開きがわずかなとき（ガラス管内の流速が小さいとき）は，ガラス管に流れ込んだ着色液は管に平行でまっすぐな層状に流れるが（**図 3.7**(a)），バルブの開きをだんだん大きくする（ガラス管内の流速を大きくする）と着色液の流れは乱れ始め不規則に波を打つようになり（**図 3.7**(b)），さらにバルブを開いていくと渦を巻くような流れとなる．

これら 2 種類の流れは流速の大小だけでなく，水路の形状や水の粘性にも影響を受け，慣性力（ある流速の流体が動き続けようとする力）と粘性力（流体が元の形を保とうとする力）の比として定義される**レイノルズ数** $R_e$

#### 用語の解説

**層流**（lamimar flow）・
**乱流**（turbulent flow）
流水を水粒子のスケールでみたとき，水粒子が列をなして規則正しく流れている状態を層流という．一方，水粒子が入り乱れて流れている状態を乱流という．

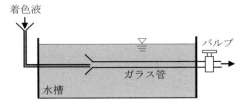

図 3.6　レイノルズの実験

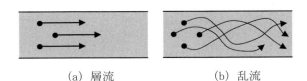

(a) 層流　　　(b) 乱流

図 3.7　ガラス管の中の流れ

(Reynolds number)の値によって区別できることが明らかにされている。レイノルズ数$R_e$は**無次元量**であり，円形管水路の流れでは，管内の平均流速$v$，管径$D$，動粘性係数$\nu$を用いて

$$R_e = \frac{vD}{\nu} \tag{3.4}$$

であらわされ，具体的には以下の数値が判別の目安とされている。

$R_e \leq 2{,}000$　層流

$2{,}000 < R_e < 4{,}000$　過渡状態（層流にも乱流にもなる）

$4{,}000 \leq R_e$　乱流

層流に対する$R_e$の値は相対的に小さく，乱流に対するそれは大きくなっていることと，式（3.4）における各パラメーターの関係から，流体の粘性が大きく管径が小さいほど層流を生じさせやすく，粘性が小さく管径が大きいほど乱流となりやすいことがわかる。また，層流から乱流へ，あるいは乱流から層流へ移るときの$R_e$は**限界レイノルズ数**（critical Reynolds number）とよばれ，これまでに様々な条件下でその値について調べられてきた。限界レイノルズ数の値は一定ではなく，実験条件によって異なる不確定なものであるが，円形管水路の流れに対しては$2{,}000 < R_e < 4{,}000$の範囲内の値とされている。なお，$R_e$の値がこの範囲内となるような流れにおいては，過渡状態，すなわち層流と乱流が不安定に出現するような状態となる。

水路や河川における流れはほとんどの場合が乱流であり，土の中の水の流れは一般的に流速が小さく自然状態でも層流が観察できる。

ところで，乱流の状態から流速を小さくすると層流へと移行するが，このときの流速$v$の大きさ（またはレイノルズ数$R_e$の値）は，層流から流速が大きくなり乱流へと移行するときよりも小さくなることが知られている。このように，同じ状態を表現する指標が，経路（行きと帰り）によって異なる値を示す性質を**ヒステリシス**（hysteresis）という。

なお，乱流については，流速や圧力などの物理特性が時間や位置で不規則に変動し，さらには流れの中に渦が存在することなどから，流れの解析が難しい。

### 3.4.4　常流と射流

第5章で詳述するが，開水路において，流れている水の水面を波立たせたとき，その波面が下流側だけでなく上流側へも流れに逆らって伝わって行く場合と，下流側にしか伝わらない場合がある。前者のように，水面変動の影響が上流側にも下流側にも伝わっていくときの流れを**常流**（subcritical flow）といい，後者のように下流側にしか伝わらないときの流れを**射流**（supercritical flow）という。これらは，自由水面をもつ開水路特有の流れである。

---

## 用語の解説

**レイノルズ数**
(Reynolds number)
慣性力と粘性力の比として定義される，粘性に関する無次元量。
長さ$L$，流速$v$，動粘性係数$\nu$とおくときの$R_e = vL/\nu$をいう。

**無次元**
(dimensionless number)
物理量は一般に，長さ$L$，時間$T$，質量$M$の3つの基本単位から構成される次元をもつ。しかし，物理量をいくつか適当に組み合わせると，$L$，$T$，$M$がすべて消え次元が1となる量があらわれる。これを無次元量（もしくは無次元）という。

**動粘性係数**
(coefficient of kinematic viscosity) 流体の粘性係数を密度で除した値であり，単位は$m^2/s$などである。

**ヒステリシス**

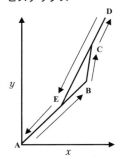

AとDの間の状態変化に対してA→Dの場合とD→Aの場合で同じ$x$でも$y$が異なる状態が生じる

図　ヒステリシス

常流と射流の違いは，流速 $v$ と波が水面を伝わる速さ（**長波の伝播速度**）$c$ の大小関係によるものである。水深 $H$ の水における長波の伝播速度は，

$$c = \sqrt{gH} \tag{3.5}$$

で与えられ，流速 $v$ が $c$ よりも小さいとき，波は上流側へも伝わり，一方，$c$ よりも大きいとき，上流側へは伝わらない。したがって，以下の式 (3.6) で示される流速と長波の伝播速度の比の値 $Fr$ が，$Fr < 1$ となるときその流れは常流となり，$Fr > 1$ のとき射流となる。この $Fr$ は**フルード数**（Froude number）とよばれ，常流と射流の判別指標として用いられる。また，$Fr = 1$ となるときの流れを**限界流**（critical flow）といい，そのときの，水深 $H_c$ および流速 $v_c$ をそれぞれ**限界水深**（critical depth）および**限界流速**（critical velocity）という。$Fr$ は，慣性力と重力の比であり，無次元量である。

$$Fr = \frac{v}{\sqrt{gH}} \tag{3.6}$$

〔例題 3.2〕
内径 300 mm の管内を流速 2.8 m/s で水が流れるとき，この流れは層流，乱流のどちらか。ただし，水の動粘性係数 $\nu = 1.2 \times 10^{-6}$ m²/s とする。

〔解〕
それぞれのパラメーターの単位に注意し，式 (3.4) にそれぞれの数値を代入してレイノルズ数 $R_e$ を求め，目安の数値と比較する。

$$R_e = \frac{vD}{\nu} = \frac{2.8 \times 300 \times 10^{-3}}{1.2 \times 10^{-6}} = 700{,}000 \quad (4{,}000 \text{ より大きいので乱流})$$

## 3.5 流線，流跡線，および流管

流体内で水の流れを表現する場合，流線と流跡線が用いられる（**図 3.8**）。**流線**（stream line）とは，ある瞬間における水粒子の速度ベクトルを連ねた線をいう。流れる水の軌跡を曲線であらわしたとき，各地点における流線（速度ベクトル）の方向はその曲線の接線方向と一致する。一方，ある 1 つの水粒子に注目してその移動を考えると，移動した軌跡は流線の始点（ベクトルの始点）を連ねることで表現できる。これを**流跡線**（path line）という。定常流であれば水の粒子は流線上を移動し（流れ），その移動の軌跡（流跡線）が流線と一致する。

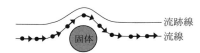

**図 3.8** 流線（速度ベクトルを連ねた線）と流跡線

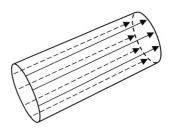

**図 3.9** 流線（矢印線）と流管

次に，**図 3.9** のように流れの中に 1 つの輪（閉曲線）を考え，その中を通過する全ての流線を描くと，流線で包まれた管が表現できる。これを**流管**（stream tube）という。また，流管の中心線を**流心**（centerline of stream tube）という。定常流では 1 つの流管は常に同じ形を保ち，管壁を通じて水の出入りがないので 1 つの固定した管水路として考えることができる。

## 3.6 連続の式

**図 3.10** のように定常流の中の 1 つの流管に断面 I，II を考え，その流積をそれぞれ $A_I$，$A_{II}$，流速をそれぞれ $v_I$，$v_{II}$ とすると，
断面 I に流入する流量 $Q_I$ は

$Q_I = A_I v_I$

断面 II に流入する流量 $Q_{II}$ は

$Q_{II} = A_{II} v_{II}$

流管の管壁を通じて水の出入りはないから，流管を流れる流量 $Q$ は，

$Q = Q_I = Q_{II} = A_I v_I = A_{II} v_{II}$ (3.7)

となる。これを**定常流の連続性**といい，式（3.7）を**連続の式**（equation of continuity）という。なお，流れの中に想定する閉曲線は水路内における任意の場所に任意の大きさで取ることができる。一般的には管全体の流れを考えるため，流積を断面として扱うことが多い。

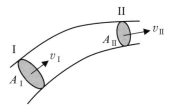

**図 3.10** 定常流の連続性

## 3.7 ベルヌーイの定理

### 3.7.1 水のエネルギーと水頭

水理学では，流れる水がもつエネルギーは，**運動エネルギー**（kinetic energy），**位置エネルギー**（potential energy），**圧力エネルギー**（pressure energy）の3種類から構成されるものとして考える。質量 $m$ の水が，ある基準点から $z$ の高さの地点を大きさ $p$ の圧力を受けながら流れるとき，これらのエネルギーはそれぞれ $\dfrac{mv^2}{2}$，$mgz$，$\dfrac{mp}{\rho}$ で与えられ，これら3つの総和を**全エネルギー**（total energy）という。

また，各エネルギーを水の重量 $mg$ で割ると，単位重量あたりの水におけるエネルギーとして，$\dfrac{v^2}{2g}$，$z$，$\dfrac{p}{\rho g}$ が得られ，いずれも長さの次元[L]となり，エネルギーの大きさを水柱高さとしてあらわしたものとなる。このように，エネルギーの大きさを水柱高さであらわしたものを**水頭**（head）といい，運動，位置，圧力の各エネルギーを水頭であらわしたものをそれぞれ**速度水頭**（velocity head），**位置水頭**（elevation head または potential head），**圧力水頭**（pressure head），これら3つの水頭の総和 $E$ を**全水頭**（total head）という。また，粘性流体では，流れる過程で摩擦や渦によるエネルギー損失が発生し，その大きさを水頭であらわしたものを**損失水頭**（head loss）という。

### 3.7.2 完全流体におけるベルヌーイの定理

水路を流れる流体が完全流体であるとき，**エネルギー保存の法則**（law of conservation of energy）に従って，速度水頭，位置水頭，圧力水頭の和，すなわち全水頭 $E$ は常に一定となり，次の式が成り立つ。

$$\frac{v^2}{2g}+z+\frac{p}{\rho g}=E \quad (一定) \tag{3.8}$$

この式（3.8）を**ベルヌーイの定理**（Bernoulli's theorem）という。

**図3.11**に示すような完全流体の流管における断面Ⅰ，Ⅱについて着目すると，これらの断面における速度水頭はそれぞれ $\dfrac{v_{\mathrm{I}}^2}{2g}$，$\dfrac{v_{\mathrm{II}}^2}{2g}$，圧力水頭はそれぞれ $\dfrac{p_{\mathrm{I}}}{\rho g}$，$\dfrac{p_{\mathrm{II}}}{\rho g}$，位置水頭は基準面から各断面の中心までの高さをとりそれぞれ $z_{\mathrm{I}}$，$z_{\mathrm{II}}$ であり，ベルヌーイの定理に従い，両断面の間に次の式が成り立つ。

$$\frac{v_{\mathrm{I}}^2}{2g}+z_{\mathrm{I}}+\frac{p_{\mathrm{I}}}{\rho g}=\frac{v_{\mathrm{II}}^2}{2g}+z_{\mathrm{II}}+\frac{p_{\mathrm{II}}}{\rho g}=E \tag{3.9}$$

ここで，$v_{\mathrm{I}}$，$v_{\mathrm{II}}$：平均流速（m/s），$g$：重力加速度（9.8 m/s²），$\rho$：水の密度（1,000 kg/m³），$p_{\mathrm{I}}$，$p_{\mathrm{II}}$：流心での圧力（Pa），$z_{\mathrm{I}}$，$z_{\mathrm{II}}$：基準面からの流心の高さ（m）である。

---

**用語の解説**

**エネルギー保存の法則**（law of conservation of energy）
ある系内において，系外へのエネルギーの出入りがない限り，エネルギーの形態は変化したとしても，系全体でのエネルギーの総量は不変で一定であるという法則。

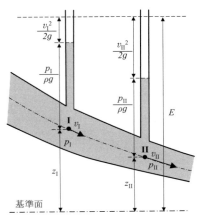

**図 3.11** 完全流体のベルヌーイの定理

また，2つの断面地点にピエゾメーター（細管）を立てると，ピエゾメーター内の水面（自由水面）はそれぞれ各断面の中心から圧力水頭に相当する $\dfrac{p_\mathrm{I}}{\rho g}$，$\dfrac{p_\mathrm{II}}{\rho g}$ だけ上昇する。とくに，開水路流れの場合，その位置は流体の水面と一致する。

基準面からピエゾメーター内の水面までの高さは，その地点における位置水頭と圧力水頭の和 $\left(z+\dfrac{p}{\rho g}\right)$ に等しく，これを**ピエゾ水頭**（piezometric head）という。基準面から，各ピエゾメーター内の水面上に $\dfrac{v_\mathrm{I}^2}{2g}$，$\dfrac{v_\mathrm{II}^2}{2g}$ に等しい値を加えた位置までの高さがそれぞれの地点における全水頭であり，完全流体においてはどの位置においても常に一定となる。

〔解説〕

ベルヌーイの定理は，エネルギーの保存則に基づいて導出されたものであり，ここではそれについて解説する。

**図3.12**のように完全流体の中に1つの流管をとり，ある瞬間にその断面ⅠとⅡの区間にあった流体が微小時間 $\Delta t$ の間に I′ と II′ の区間に移動したときの移動前後のエネルギーの変化を考える。

微小時間 $\Delta t$ の間にある断面に流入する流体の質量を $m$，密度を $\rho$，体積を $V$ とすると

$$m = \rho V = \rho A v \Delta t$$

とあらわせる。したがって，連続の式（式（3.7））に代入すると，$\Delta t$ における運動エネルギーの変化量は

$$\frac{1}{2}mv_\mathrm{II}^2 - \frac{1}{2}mv_\mathrm{I}^2 = \frac{1}{2}\rho A_\mathrm{II} v_\mathrm{II} \Delta t \times v_\mathrm{II}^2 - \frac{1}{2}\rho A_\mathrm{I} v_\mathrm{I} \Delta t \times v_\mathrm{I}^2$$

$$= \frac{1}{2}\rho(v_\mathrm{II}^2 - v_\mathrm{I}^2)Q\Delta t \tag{3.10}$$

となり，また位置エネルギーの変化量は

$$mgz_\mathrm{II} - mgz_\mathrm{I} = \rho A_\mathrm{II} v_\mathrm{II} \Delta t \times g \times z_\mathrm{II} - \rho A_\mathrm{I} v_\mathrm{I} \Delta t \times g \times z_\mathrm{I}$$

$$= \rho g Q(z_\mathrm{II} - z_\mathrm{I})\Delta t \tag{3.11}$$

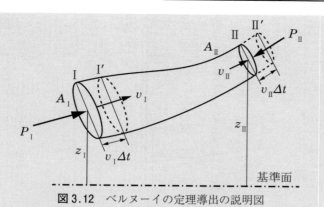

**図 3.12** ベルヌーイの定理導出の説明図

となる。ここで，エネルギーの保存則に基づいて考えると，上記のエネルギーの変化量は，$\Delta t$ の間に断面 I と II の区間の両側から作用する水圧によってなされた**仕事**（work），すなわち力と移動距離の積の合計に等しくなる。それぞれの断面全体に働く全水圧を $P_I$, $P_{II}$，全水圧を流積で割って求めた水圧をそれぞれ $p_I$, $p_{II}$ とおくと，ここでの仕事は次のようにあらわされる。なお，流れ方向を正としているので，$P_{II}$ と $p_{II}$ の符号は負となる。

$$P_I \times v_I \Delta t + (-P_{II} \times v_{II} \Delta t) = p_I A_I \times v_I \Delta t - p_{II} A_{II} \times v_{II} \Delta t$$
$$= Q(p_I - p_{II})\Delta t \tag{3.12}$$

したがって，式 (3.10)，(3.11)，(3.12) をまとめると

$$\frac{1}{2}\rho(v_{II}^2 - v_I^2)Q\Delta t + \rho g Q(z_{II} - z_I)\Delta t = Q(p_I - p_{II})\Delta t \tag{3.13}$$

となり，両辺を $\rho g Q \Delta t$ で割って整理すると

$$\frac{1}{2g}(v_{II}^2 - v_I^2) + (z_{II} - z_I) = \frac{1}{\rho g}(p_I - p_{II})$$

よって

$$\frac{v_I^2}{2g} + z_I + \frac{p_I}{\rho g} = \frac{v_{II}^2}{2g} + z_{II} + \frac{p_{II}}{\rho g} \tag{3.14}$$

が得られる。この関係は断面の大きさには関係なく，また，流管のどの場所の通水断面においても成り立つことから，

$$\frac{v^2}{2g} + z + \frac{p}{\rho g} = E \text{（一定）} \tag{3.15}$$

が成立する。式 (3.15) における左辺の第 1 項は単位重量あたりの流体がもつ運動エネルギー，第 2 項は位置エネルギー，第 3 項は圧力に関するエネルギーをあらわし，完全流体においては，これらのエネルギーの和は，流管内で常に一定となる。

この式 (3.15) であらわされる流体の流れに関するエネルギー保存の法則は，1783 年に**ベルヌーイ**（Daniel Bernoulli，スイス）によって導かれ，その名にちなんで**ベルヌーイの定理**（Bernoulli's theorem）とよばれる。

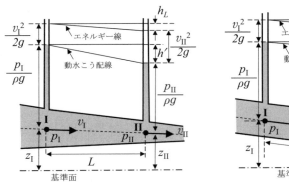
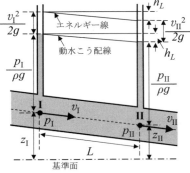

(a) 損失を考慮した場合　　　(b) 等流の場合

**図 3.13** 粘性流体におけるベルヌーイの定理

### 3.7.3 粘性流体におけるベルヌーイの定理

粘性流体では，流れる過程で摩擦や渦によって流体のもつエネルギー損失，すなわち**損失水頭**（head loss）が発生し，任意の上下流 2 地点間で全水頭を比較すると，下流側での全水頭は，上流側に比べ小さくなり，完全流体のときとは異なり一致しない。しかし，2 地点間で失われたエネルギーを考慮すれば，粘性流体においてもベルヌーイの定理が成り立つ。

**図 3.13**(a)に示す流管を例に考えると，粘性流体が断面Ⅰから断面Ⅱまで流れる間に失われたエネルギー，すなわち損失水頭を $h_L$ とすると，ベルヌーイの定理は次の式のようになる。

$$\frac{v_\mathrm{I}^2}{2g} + z_\mathrm{I} + \frac{p_\mathrm{I}}{\rho g} = \frac{v_\mathrm{II}^2}{2g} + z_\mathrm{II} + \frac{p_\mathrm{II}}{\rho g} + h_L \tag{3.16}$$

粘性流体において，流れ方向に異なる 2 地点におけるピエゾ水頭（基準面から $z + \frac{p}{\rho g}$ の高さの位置）を直線で結ぶと，**図 3.13** に示されるように，必ず傾きが生じる。この傾きを示す直線を**動水こう配線**（hydraulic grade line）といい，その直線が水平となす傾き $I$ を**動水こう配**（hydraulic gradient）という。2 地点間の距離を $L$，ピエゾ水頭差を $h'$ とすると，動水こう配 $I$ は，次式で与えられる。

$$I = \tan \theta = \frac{h'}{L} \tag{3.17}$$

水の流れは必ず動水こう配に従い，そのこう配，つまりピエゾ水頭の高低差によって流れの方向が決まる。なお，自由水面を有する開水路流れでは，基準面からのピエゾ水頭の高さは水面の位置と一致し，動水こう配は水面こう配と等しくなる。

また，2 地点における全水頭（基準面から $\frac{v^2}{2g} + z + \frac{p}{\rho g}$ の高さの位置）を直線で結んだ線を**エネルギー線**（energy line）といい，そのこう配を**エネルギーこう配**（energy gradient）という。流れのある粘性流体では，エネル

ギー線にも必ず傾きが生じる。とくに，図 3.13(b)に示すように，管内の流れが等流のとき，どの地点の流速も一定なので速度水頭も一定となるため，ピエゾ水頭差 $h'$ と全水頭差 $h_L$ が等しくなり，したがって，動水こう配線とエネルギーこう配線は平行となる。

〔例題 3.3〕
図 3.14 のように水平に置かれた管水路において，断面 A の流積を 2.0 m$^2$，断面 B の流積を 0.80 m$^2$ とする。A の流速が 1.2 m/s，圧力水頭が 50 cm のとき，B の流速と圧力水頭はそれぞれいくらか。ただし，すべての損失を無視できるものとする。

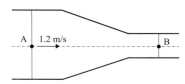

図 3.14 水平に置かれた菅水路

〔解〕
断面 A の流積を $A_I$，流速を $v_I$，断面 B の流積を $A_{II}$，流速を $v_{II}$ とすると，連続の式より

$A_I v_I = A_{II} v_{II}$ が成り立つので，

$$v_{II} = \frac{A_I}{A_{II}} v_I = \frac{2.0}{0.80} \times 1.2 = 3.0 \, [\text{m/s}]$$

流心に基準面をとり，断面 A, B にベルヌーイの定理を適用すると，$z_I = z_{II} = 0$ なので

$$\frac{v_I^2}{2g} + 0 + \frac{p_I}{\rho g} = \frac{v_{II}^2}{2g} + 0 + \frac{p_{II}}{\rho g}$$

$$\frac{p_{II}}{\rho g} = \frac{v_I^2 - v_{II}^2}{2g} + \frac{p_I}{\rho g} = \frac{1.2^2 - 3.0^2}{2 \times 9.8} + 0.50 = 0.11 \, [\text{m}]$$

〔例題 3.4〕
管径が一定な管水路の 2 点 A, B について，A は B より 9.0 m 高い位置にあり，A における水圧が $p_I = 137.2 \times 10^3$ Pa，B における水圧が $p_{II} = 274.4 \times 10^3$ Pa であるとき，水はどちらの方向へ流れるか。ただし，水の密度 $\rho = 1.0 \times 10^3$ kg/m$^3$ とし，すべての損失を無視できるものとする。

〔解〕

A の圧力水頭　　$\dfrac{p_I}{\rho g} = \dfrac{137.2 \times 10^3}{1.0 \times 10^3 \times 9.8} = 14 \, [\text{m}]$

B の圧力水頭　　$\dfrac{p_{II}}{\rho g} = \dfrac{274.4 \times 10^3}{1.0 \times 10^3 \times 9.8} = 28 \, [\text{m}]$

B を通る水平面を基準面とすると，

Aにおける動水こう配線（ピエゾ水頭）の高さは

$$z_\mathrm{I} + \frac{p_\mathrm{I}}{\rho g} = 9.0 + 14 = 23\,[\mathrm{m}]$$

Bにおける動水こう配線（ピエゾ水頭）の高さは

$$z_\mathrm{II} + \frac{p_\mathrm{II}}{\rho g} = 0 + 28 = 28\,[\mathrm{m}]$$

となり，したがって，水はBからAに向かって流れる。

〔例題 3.5〕

図 3.15 に示すように，直径 $D=1.0$ m の円筒水槽の底面に直径 $d=150$ mm，長さ $H=3.0$ m の円筒管が鉛直に取り付けてある。水槽の上部から $0.15$ m³/s の水を供給したところ，水深 $h$ で水面が安定した。このとき，水深 $h$ はいくらになるか。また，管内の水圧分布についても求めよ。ただし，水の密度 $\rho=1.0\times10^3$ kg/m³ とする。

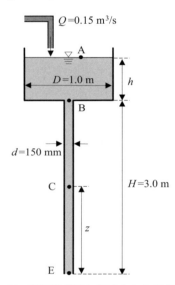

図 3.15　円筒管が取り付けられた円筒水槽

〔解〕

水面に点A，円管内の放水口から高さ $z$ の位置に点C，放水口に点Eを設置し，点Eを基準面として，各点にベルヌーイの定理を適用すると，

$$\frac{v_\mathrm{A}^2}{2g} + z_\mathrm{A} + \frac{p_\mathrm{A}}{\rho g} = \frac{v_\mathrm{C}^2}{2g} + z_\mathrm{C} + \frac{p_\mathrm{C}}{\rho g} = \frac{v_\mathrm{E}^2}{2g} + z_\mathrm{E} + \frac{p_\mathrm{E}}{\rho g}$$

大気に接している自由水面（点A）および放水口（点E）における水圧は0と考えることができ，それぞれの値を代入すると，

$$\frac{v_\mathrm{A}^2}{2g} + (H+h) + 0 = \frac{v_\mathrm{C}^2}{2g} + z + \frac{p_\mathrm{C}}{\rho g} = \frac{v_\mathrm{E}^2}{2g} + 0 + 0 \qquad \text{(a)}$$

まず，式 (a) の左辺と右辺から $h$ を求めると，

$$h = \frac{(v_\mathrm{E}^2 - v_\mathrm{A}^2)}{2g} - H$$

水槽および円管の断面積をそれぞれ $A_1$, $A_2$, 円管内の流量を $Q$ とすると，連続の式より $Q = A_1 v_A = A_2 v_E$

$$v_A{}^2 = \left(\frac{Q}{A_1}\right)^2 = \left(\frac{Q}{\frac{\pi D^2}{4}}\right)^2 = \left(\frac{4Q}{\pi D^2}\right)^2 = \left(\frac{4 \times 0.15}{3.14 \times 1.0^2}\right)^2 = 0.0365$$

$$v_E{}^2 = \left(\frac{Q}{A_2}\right)^2 = \left(\frac{Q}{\frac{\pi d^2}{4}}\right)^2 = \left(\frac{4Q}{\pi d^2}\right)^2 = \left(\frac{4 \times 0.15}{3.14 \times 0.15^2}\right)^2 = 72.1$$

よって，水槽の水深 $h$ は，

$$h = \frac{(v_E{}^2 - v_A{}^2)}{2g} - H = \frac{(72.1 - 0.0365)}{2 \times 9.8} - 3.0 = 0.68 \,[\text{m}]$$

となる。

次に，円管内の水圧分布は式 (a) の中央の辺と右辺から

$$\frac{v_C{}^2}{2g} + z + \frac{p_C}{\rho g} = \frac{v_E{}^2}{2g}$$

であり，また，点 C と点 E の間の管の太さが一定，すなわち断面積が一定なので連続式から $v_C = v_E$ であるから

$$z + \frac{p_C}{\rho g} = 0 \quad \therefore \quad p_C = -\rho g z$$

よって，円管内の水圧は $z$ に対して直線的に変化し，負の値をとる。また水槽底面（$z = 3.0\,\text{m}$）の円管内の水圧 $p_B$ を求めると，

$$p_B = -\rho g z = -1.0 \times 10^3 \times 9.8 \times 3.0 = -29.4 \times 10^3 \,[\text{Pa}] = -29.4 \,[\text{kPa}]$$

となる。一方，水槽内では水圧は水深に比例し，正の値をとる。水槽の底の水圧 $p_B$ を求めると

$$p_B = \rho g h = 1.0 \times 10^3 \times 9.8 \times 0.68 = 6.7 \times 10^3 \,[\text{Pa}] = 6.7 \,[\text{kPa}]$$

となる。したがって，圧力分布は**図 3.16** のようになる。この図に示すように，水槽から円管への接続点 B で，水圧が正から負の値に不連続に変化す

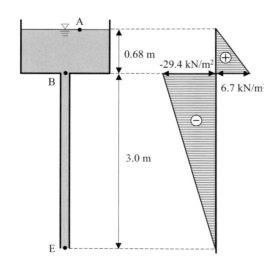

**図 3.16** 円筒管が取り付けられた円筒水槽の圧力分布

ることに注意が必要である。

## 3.8 ベルヌーイの定理の応用

ベルヌーイの定理は，流速や流量を計測するための装置の基本原理として実際に様々な場面で応用されている。ここでは，その代表例のいくつかを紹介する。

### 3.8.1 トリチェリーの定理

**図 3.17** のように，側壁に直径 $d$ の小さな円形**オリフィス**（orifice）を設けた直径 $D$ の大きな水槽において，水面からオリフィスの中心までの深さが $H$ であるときにオリフィスから大気中に流出する水の速度 $v$ について考える。

水槽の直径 $D$ に対して，オリフィスの直径 $d$ が十分に小さいとき，水面における流速（水位の低下速度）は無視できるほど小さく，0 と考えてよい。また，水面およびオリフィスからの流出部はいずれも大気と接しており，両地点における水圧は 0 と考えることができる。

1 つの流線上にある点 A（水面上）および点 B（オリフィス部の中心点）について，点 B を通る位置に基準面をとり（高さ0），ベルヌーイを適用すると，

$$\frac{v_A^2}{2g}+H+\frac{p_A}{\rho g}=\frac{v_B^2}{2g}+0+\frac{p_B}{\rho g}$$

となり，上記より，$v_A ≒ 0$，また $p_A = p_B = 0$ であるから，オリフィスから流出する水の速度 $v$ は，

$$0+H+0=\frac{v^2}{2g}+0+0$$

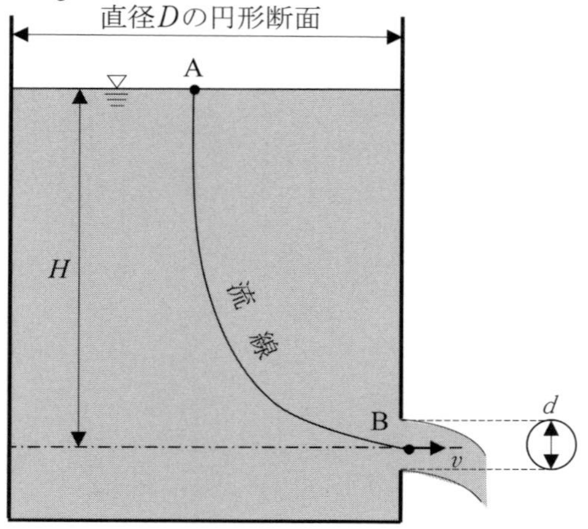

**図 3.17** トリチェリーの定理

---

**用語の解説**

**オリフィス**（orifice）
水槽や貯水施設の側面や底面に設けられた水を流出するための小孔をいう。小オリフィスを設ける位置によって**鉛直オリフィス**（vertical orifice）や**水平オリフィス**（horizontal orifice）とよび，小孔の縁が刃形のものを**標準オリフィス**（standard orifice）という。

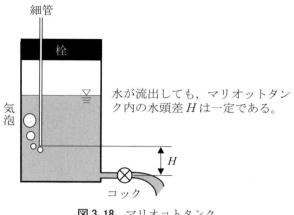

**図 3.18** マリオットタンク

$$\therefore v = \sqrt{2gH} \tag{3.18}$$

となる。この式 (3.18) は，オリフィスから大気中に流出する水の速度はオリフィス部から水面までの高さによって決まり，その大きさは水面の高さで静止していた物体が流出部までの鉛直距離 $H$ だけ自由落下したときに生じる速さに相当することを意味している。これは，イタリアの物理学者である**トリチェリー**（Evangelista Torricelli，イタリア）によって導かれたものであり，その名にちなんで**トリチェリーの定理**（Torricelli's theorem）と呼ばれる。

粘性流体では，粘性の影響によってエネルギー損失が生じるため，実際の流速は式 (3.18) で得られる値 (理論値) よりも小さくなる。このため，実用の際には，理論値に所定の係数 $C$ を乗じて補正を行う。この補正係数を**流速係数**（coefficient of velocity）という。

なお，参考までに，**図 3.18** のような仕組み（マリオットタンク）を用いれば，水槽内の水位（水量）にかかわらず，水槽から流出する水の流速を一定に保つことができる。

### 3.8.2 ピトー管

**図 3.19** (a) のように，両端が開いている L 字管の片方の先端を上流に向けて流水に入れると，先端（点 B）から入った水は行き止まり速度を失うとともに，流水の圧力を受け続けることによって管内の水位は押し上げられ管外の流水面よりも上昇した状態となる。L 字管の先端部における流速が 0 となる点 B を**よどみ点**（stagnation point）という。

L 字管の先端口の中心（点 B）に基準面をとり，L 字管の外側で基準面上にある点 A と点 B についてベルヌーイの定理を適用すると，

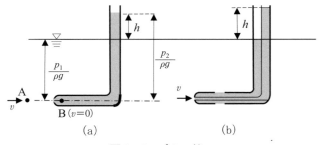

図 3.19　ピトー管

$$\frac{v_A{}^2}{2g}+z_A+\frac{p_A}{\rho g}=\frac{v_B{}^2}{2g}+z_B+\frac{p_B}{\rho g}$$

ここで $z_A=z_B=0$, $v_B=0$ であるから,

$$\frac{v_A{}^2}{2g}+0+\frac{p_A}{\rho g}=0+0+\frac{p_B}{\rho g}$$

となり, 管に入る前の流速 $v_A$ を $v$ と置き換えると,

$$\frac{v^2}{2g}=\frac{p_B}{\rho g}-\frac{p_A}{\rho g}=h$$

$$\therefore\quad v=\sqrt{2gh} \tag{3.19}$$

が得られる。つまり式 (3.19) より, 管内の水の上昇高さ $h$ を測定することによって流速 $v$ を算定できることがわかる。

この原理を利用して作られた, 流速を測定するための装置を**ピトー管** (pitot tube) といい, 1732 年に**ピトー** (Henride de Pitot, フランス) によって考案されたものである。実際のピトー管は**図 3.19**(b)のように 2 つの管を組み合わせて作られている。内側の管は速度水頭（動圧）と圧力水頭（静水圧）を加えた総圧を測定するので総圧管と呼ばれ, 外側の管は側面に開けた小孔により静圧のみを測定するので静圧管と呼ばれる。正確に圧力差 $h$ を測定するために, この 2 つの管を**差動マノメーター** (differential manometer) につないで読み取ることが多い。

なお, ピトー管は小孔の位置や管径の大きさによって性能（高さと流速の関係）が変わり, 実際の流速 $v$ は, 理論値から補正を行うためのピトー管係数 $C$ を用いて,

$$v=C\sqrt{2gh} \tag{3.20}$$

となる。ピトー管係数 $C$ の値は, 予め検定により把握しておく必要があるが, 一般には, 0.98～1.03 とされている。

### 3.8.3　ベンチュリーメーター

**ベンチュリーメーター** (venturi meter) は, 管内の流量を測るために用いられる装置であり, **ベンチュリー** (Giovanni Battista Venturi, イタリア) によって開発された。一様断面（本管の断面）の管水路上に収縮断面部を設

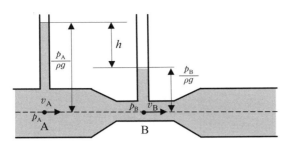

**図3.20** ベンチュリーメーター

け，両者の間で生じる圧力水頭差 $h$ を，マノメーターにより計測することによって，流量を算出することができる。

**図3.20** に示すように，管水路を水平に設置し，点 A（一様断面内）と点 B（収縮断面内）の流積，流速をそれぞれ $A_A$，$v_A$ および $A_B$，$v_B$ とし，基準面を点 A，B を結ぶ水平面にとって，点 A，B にベルヌーイの定理を適用すると，

$$\frac{v_A{}^2}{2g}+z_A+\frac{p_A}{\rho g}=\frac{v_B{}^2}{2g}+z_B+\frac{p_B}{\rho g}$$

管を水平に設置しているので位置水頭は $z_A=z_B=0$ であり，式を変形すると，

$$\frac{v_B{}^2}{2g}-\frac{v_A{}^2}{2g}=\frac{p_A}{\rho g}-\frac{p_B}{\rho g}=h \tag{3.21}$$

連続の式より $Q=A_A v_A=A_B v_B$ が成り立つので，

$$v_A=\frac{Q}{A_A},\quad v_B=\frac{Q}{A_B}$$

となる。これらを式（3.21）に代入すると，

$$\frac{1}{2g}\left[\left(\frac{Q}{A_B}\right)^2-\left(\frac{Q}{A_A}\right)^2\right]=h$$

$$\therefore\quad Q=\frac{A_A A_B}{\sqrt{A_A{}^2-A_B{}^2}}\sqrt{2gh} \tag{3.22}$$

となる。粘性流体では摩擦などの影響を考慮し，補正係数 $C$ を用いて，

$$Q=C\frac{A_A A_B}{\sqrt{A_A{}^2-A_B{}^2}}\sqrt{2gh} \tag{3.23}$$

とする。この補正係数 $C$ を **流量係数**（coefficient of discharge）といい，あらかじめ検定しておくと，圧力水頭差 $h$ を測定することにより，流量 $Q$ を計算することができる。また，水頭差 $h$ が大きくなるような場合は，密度が水（$\rho$）よりも大きな水銀（$\rho'$）を用いた水銀差動マノメーターを用い，水銀面の差 $h'$ を測定し次式で求める。

$$Q=C\frac{A_A A_B}{\sqrt{A_A{}^2-A_B{}^2}}\sqrt{2gh'\left(\frac{\rho'}{\rho}-1\right)} \tag{3.24}$$

なお，実際のベンチュリーメーターではマノメーターの目盛りとして，$h$ の代わりに $Q$ に変換した値を直接読めるようにしているものも多い。

ピトー管が流れの中のある特定の位置の流速を測定する装置であるのに対して、ベンチュリーメーターは水路全体の流量を測定する装置といえる。

〔例題 3.6〕

管径 200 mm の本管に管径 120 mm の収縮管が取り付けられているベンチュリーメーターがある。本管と収縮管の水頭差が 1.00 m のときの流量を求めよ。ただし、流量係数 $C=0.98$ とする。

〔解〕

$$Q = C\frac{A_A A_B}{\sqrt{A_A{}^2 - A_B{}^2}}\sqrt{2gh} = C\frac{\frac{\pi D_A{}^2}{4} \times \frac{\pi D_B{}^2}{4}}{\sqrt{\left(\frac{\pi D_A{}^2}{4}\right)^2 - \left(\frac{\pi D_B{}^2}{4}\right)^2}}\sqrt{2gh}$$

$$= 0.98 \times \frac{\frac{3.14 \times 0.2^2}{4} \times \frac{3.14 \times 0.12^2}{4}}{\sqrt{\left(\frac{3.14 \times 0.2^2}{4}\right)^2 - \left(\frac{3.14 \times 0.12^2}{4}\right)^2}}\sqrt{2 \times 9.8 \times 1.00} = 0.053 \ [\text{m}^3/\text{s}]$$

## 3.9 運動量の法則

水の流れが構造物に与える力を定量的に評価することは、水理構造物の設計においてとても重要である。ニュートンの第二法則（運動量の法則）を適用することにより、その評価を行うことができる。ここでは、その基本的な考え方について説明する。

質量 $m$ の物体に力 $\boldsymbol{F}$ が作用し、その物体に $\boldsymbol{a}$ の加速度が生じたとすると、ニュートンの運動の法則より

$$\boldsymbol{F} = m\boldsymbol{a} \tag{3.25}$$

という関係が成立している。力 $\boldsymbol{F}$ が $\Delta t$ 時間作用して物体の速度が $\boldsymbol{v}_1$ から $\boldsymbol{v}_2$ に変化したとすると、その間における加速度 $\boldsymbol{a}$ は、

$$\boldsymbol{a} = \frac{\boldsymbol{v}_2 - \boldsymbol{v}_1}{\Delta t} \tag{3.26}$$

であるから、

$$\boldsymbol{F} = m\boldsymbol{a} = m\frac{\boldsymbol{v}_2 - \boldsymbol{v}_1}{\Delta t} \tag{3.27}$$

または

$$\boldsymbol{F}\Delta t = m\boldsymbol{v}_2 - m\boldsymbol{v}_1 \tag{3.28}$$

となる。なお、力 $\boldsymbol{F}$、加速度 $\boldsymbol{a}$、速度 $\boldsymbol{v}$ は、いずれも方向の要素も含むベクトル量であり、演算の際には注意が必要である。

式（3.28）において、左辺で示される力 $\boldsymbol{F}$ とそれが作用した時間 $\Delta t$ の積を**力積**（impulse）といい、右辺で示される質量 $m$ とその速度 $\boldsymbol{v}$ との積を**運動量**（momentum）という。この式は外力 $\boldsymbol{F}$ による力積と物体の運動量の

メモの欄

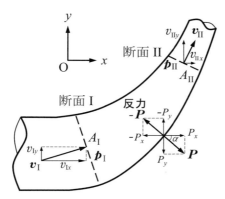

**図 3.21** 流体が管路のわん曲部に与える力

変化が等しいことをあらわしており，これを**運動量の法則**（momentum theorem）という．とくに，単位時間（$\Delta t=1$）で考えると，

$$F = mv_2 - mv_1 \tag{3.29}$$

となり，物体の運動量の変化から，それに働く外力の大きさを知ることができる．

この考え方は流体に対しても適用することができる．定常状態にある流水のような連続体に運動量の法則を適用するにあたっては，流れている連続体のうち，対象とする部分を2つの断面で仕切られた1つの領域（検査領域）で囲み，その領域両端の断面における，単位時間での運動量の変化が外力と等しいと考えベクトル方程式を作成する．ここでは，**図 3.21**のような断面と方向が変化する管路のわん曲部に流体が流れるときに，流体が管路壁面に与える力 $P$ を求める場合を例に考えてみる．

**図 3.21**における断面Ⅰと断面Ⅱの間の流体部分を検査領域とする．各断面における圧力を $p_Ⅰ$, $p_Ⅱ$，断面積を $A_Ⅰ$, $A_Ⅱ$ とすると，検査領域の外側から受ける力（外力）は，両端から作用する全水圧 $A_Ⅰp_Ⅰ$ および $A_Ⅱp_Ⅱ$ と，領域区間内の管路壁面から作用する反力 $-P$ である．ここで，運動しているのは流体の方なので，本来，流体が静止している管路壁面に力 $P$ を与えることになるが，流体から見ると，管路壁面からそれと<u>同じ大きさで逆向きの力 $-P$</u>を受けることになり，これを**反力**（reaction force）という．

時間 $\Delta t$ の間に断面Ⅰを通過した流体がこれらの力を受けたことによって，その流体の運動は断面Ⅰでの状態から断面Ⅱでの状態に変化したと考えると，運動量の法則（式(3.28)）より，

$$(A_Ⅰp_Ⅰ - A_Ⅱp_Ⅱ - P)\Delta t = mv_Ⅱ - mv_Ⅰ \tag{3.30}$$

となる．ここに，$m$ は $\Delta t$ の間に断面Ⅰまたは断面Ⅱを通過する流体の質量（定常流の場合どちらも同じ）．なお，断面Ⅱ側からの全水圧 $A_Ⅱp_Ⅱ$ については，流れに逆らう向きに作用することになるので，符号はマイナスとする．式

(3.30) を変形し，$P$ について整理すると，

$$P = (A_{\mathrm{I}} p_{\mathrm{I}} - A_{\mathrm{II}} p_{\mathrm{II}}) - \frac{m}{\Delta t}(v_{\mathrm{II}} - v_{\mathrm{I}}) \tag{3.31}$$

ここで，流体の密度を $\rho$，質量 $m$ に相当する体積を $V$ とすると，$m = \rho V$ であり，また，式 (3.2) より，$\frac{V}{\Delta t}$ は流量 $Q$ のことなので，したがって式 (3.31) は，

$$P = (A_{\mathrm{I}} p_{\mathrm{I}} - A_{\mathrm{II}} p_{\mathrm{II}}) - \rho Q(v_{\mathrm{II}} - v_{\mathrm{I}}) \tag{3.32}$$

となる。各ベクトルの成分をそれぞれ

$$P = (P_x,\ P_y),\quad v_{\mathrm{I}} = (v_{\mathrm{I}x},\ v_{\mathrm{I}y}),\quad v_{\mathrm{II}} = (v_{\mathrm{II}x},\ v_{\mathrm{II}y}),$$
$$p_{\mathrm{I}} = (p_{\mathrm{I}x},\ p_{\mathrm{I}y}),\quad p_{\mathrm{II}} = (p_{\mathrm{II}x},\ p_{\mathrm{II}y})$$

で表現し，式 (3.32) を $x$ と $y$ の方向成分に分離して整理し直すと，

$$\left.\begin{array}{l} P\ \text{の}\ x\ \text{成分}: P_x = (A_{\mathrm{I}} p_{\mathrm{I}x} - A_{\mathrm{II}} p_{\mathrm{II}x}) - \rho Q(v_{\mathrm{II}x} - v_{\mathrm{I}x}) \\ P\ \text{の}\ y\ \text{成分}: P_y = (A_{\mathrm{I}} p_{\mathrm{I}y} - A_{\mathrm{II}} p_{\mathrm{II}y}) - \rho Q(v_{\mathrm{II}y} - v_{\mathrm{I}y}) \end{array}\right\} \tag{3.33}$$

したがって，流体が管路壁面に与える力 $P$ の大きさは，

$$|P| = \sqrt{P_x^2 + P_y^2} \tag{3.34}$$

によって求められる。また，$P$ が $x$ 方向となす角を $\alpha$ とすると，

$$\alpha = \tan^{-1}\!\left(\frac{P_y}{P_x}\right) \tag{3.35}$$

となる。なお，反力 $-P$ の成分について求める場合は，式 (3.33) によって得られる $P_x$ および $P_y$ の値の符号を逆にすればよい。

参考までに，衝突時に音や熱，変形としてエネルギーが消費されるため，衝突後の状態を衝突前後の状態のエネルギー保存則から解析するのは難しい（反対に運動量保存則から求めた流速を用いれば，衝突時に消費されたエネルギーを推測することが可能である）。

〔例題 3.7〕

図 3.22 は，ノズル（nozzle）から大気中に噴出した水（**噴流**（jet））が羽根のような曲面に衝突し，曲面に沿って流れが変化している様子を示したも

メモの欄

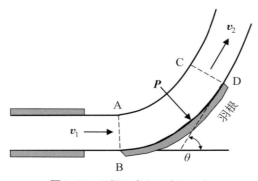

**図 3.22** 羽根に当たる水流の力

のである。噴流水の断面積が $0.01\,\mathrm{m}^2$, $v_1 = v_2 = 35\,\mathrm{m/s}$ とすると，噴流が曲面に与える力 $P$ の大きさはいくらか。ただし，$\theta = 60°$，水の密度 $\rho = 1.0 \times 10^3\,\mathrm{kg/m}^3$ とし，噴流水は水平に飛んでいるものとする。

〔解〕
　図 3.22 中の ABCD で囲まれた流管を検査領域とする。検査領域の両断面での流量 $Q$ は，
$$Q = 35 \times 0.01 = 0.35\,\mathrm{m}^3/\mathrm{s}$$
　$P$ の $x$, $y$ 方向の成分の大きさをそれぞれ $P_x$, $P_y$ とおく（図 3.23）。噴流は大気に接しているので検査領域両端での水圧は 0 とすると，式 (3.33) における第 1 項は 0 となり，また，両断面における流速の $x$, $y$ 方向成分は図 3.24 のようになるので，

$$P_x = -\rho Q(v_{x2} - v_{x1}) = -\rho Q(v_2 \cos\theta - v_1)$$
$$= -1.0 \times 10^3 \times 0.35 \times (35 \times \tfrac{1}{2} - 35) = 6125\,[\mathrm{N}] = 6.12\,[\mathrm{kN}]$$

$$P_y = -\rho Q(v_{y2} - v_{y1}) = -\rho Q(v_2 \sin\theta - 0)$$
$$= -1.0 \times 10^3 \times 0.35 \times (35 \times \tfrac{\sqrt{3}}{2} - 0) = -10608.81\,[\mathrm{N}]$$
$$= -10.6\,[\mathrm{kN}]$$

よって，
$$|P| = \sqrt{P_x^2 + P_y^2} = \sqrt{6.12^2 + (-10.6)^2} = 12.2\,[\mathrm{kN}]$$

なお，$P_y$ の符号がマイナスとなっているのは，$y$ 座標については図の上方向を正にとっているのに対し，$P$ の $y$ 方向における作用成分が下向きであることを示す。

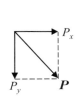
　図 3.23　$P$ の分力

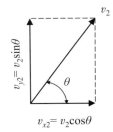
　図 3.24　$v_2$ の分力

〔例題 3.8〕
　図 3.25 において $Q = 0.20\,\mathrm{m}^3/\mathrm{s}$, $v = 40\,\mathrm{m/s}$ の噴流が板に直角に衝突するとき，次の 2 つの場合について水が板から受ける反力を求めよ。ただし，水の密度 $\rho = 1.0 \times 10^3\,\mathrm{kg/m}^3$ とし，摩擦等によるエネルギー損失は無視できるものとする。
(1) 噴流が (a) のように，固定された板にあたって直角に曲がる場合

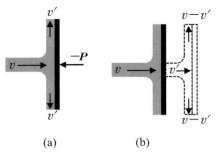

(a)　　　(b)

**図 3.25** 板への噴流の衝突

(2) 噴流が (b) のように，$v'=20$ m/s の速度で噴流の方向（右方向）に移動している板にあたって直角に曲がる場合

〔解〕

**図 3.25** において，衝突前の噴流の流れの向きを $x$ 方向，それと直交する向き（図の上向き）を $y$ 方向とする．いずれの場合も噴流は板に対して垂直に衝突しており，噴流が板から受ける反力 $-P$ は，衝突前の流れの向き（$x$ 方向）にのみ作用する（つまり $-P_y=0$）．したがって，ここでは $-P_x$ のみを考慮すればよい．

(1) 噴流は大気と接しているので水圧は 0 であり，また衝突後の流れの $x$ 方向の速度も 0 と考えられるので，式 (3.33) より，

$$-P_x=\rho Q(0-v)=1.0\times 10^3\times 0.2\times(0-40)=-8{,}000\,[\mathrm{N}]=-8.0\,[\mathrm{kN}]$$

ただし，負の符号は外力が流れと逆向きであることを示す．

(2) 噴流の断面積を $a$ とすると，

$$a=\frac{Q}{v}=\frac{0.20}{40}=5.0\times 10^{-3}\,[\mathrm{m}^2]$$

板と水との相対速度を考慮すると，板から見たとき，衝突前の噴流の速度 $v_r$ および流量 $Q_r$ はそれぞれ，$v_r=v-v'$

$$Q_r=a(v-v')$$

となる．上の (1) における衝突前の速度 $v$ および流量 $Q$ をこれらに置き換えて考えれば良い．したがって，式 (3.33) より，

$$\begin{aligned}-P_x&=\rho Q_r(0-v_r)=\rho\times a(v-v')\times(v'-v)\\&=1.0\times 10^3\times 5.0\times 10^{-3}\times(40-20)\times(20-40)\\&=-2{,}000\,[\mathrm{N}]=-2.0\,[\mathrm{kN}]\end{aligned}$$

〔演習問題〕

〔問題 3.1〕

水が内径 300 mm の管路の中を流速 1.8 m/s で流れているとき，流量はいくらか．

**メモの欄**

〔問題 3.2〕
　水路幅 3.2 m の長方形断面の開水路がある。流速が 1.5 m/s，流量が 12 m³/s のとき水深および径深はいくらか。

〔問題 3.3〕
　図 3.26 に示す台形断面の水路において，流速が 1.2 m/s のとき，その径深および流量はいくらか。

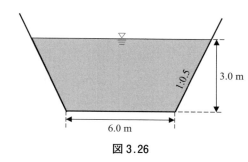

図 3.26

〔問題 3.4〕
　管径 $D_1=180$ mm，流速 $v_1=1.6$ m/s で流れている管水路がある。径深はいくらか。また，この流れは層流と乱流のどちらか。さらに，この管水路が途中で管径 $D_2=120$ mm に変化するとき，この断面の流速 $v_2$ はいくらか。ただし，水の動粘性係数は $\nu=1.15\times10^{-6}$ m²/s とする。

〔問題 3.5〕
　図 3.27 に示すように，$D_1=400$ mm，$D_2=200$ mm，$D_3=100$ mm の 3 つの異なる管径の管をつなぎ合わせた水路がある。断面Ⅰの流速が 0.5 m/s であるとき，断面Ⅱおよび Ⅲの流速はいくらか。

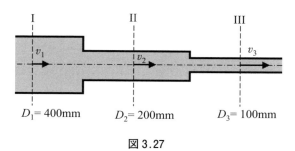

図 3.27

〔問題 3.6〕
　水路幅 3.0 m，水深 0.36 m の長方形断面の水路に流速 0.70 m/s で水が流れている。いま，この水路を円形断面の管路へと改修するとき，その内径はいくらにすればよいか。ただし，管路の流速を 1.5 m/s とする。

〔問題 3.7〕
　図 3.28 において，断面Ⅰ，Ⅱの管径がそれぞれ 1.0 m，0.50 m であり，断面Ⅰの流速 $v_1=0.80$ m/s，水圧 $p_1=3.92\times10^5$ Pa のとき，断面Ⅱの流速および水圧を求めよ。ただし，水の密度 $\rho=1.0\times10^3$ kg/m³ とする。

88　第3章　水の運動

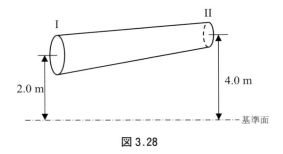

図3.28

〔問題3.8〕

図3.29において，各点A，B，Cでの流速および点Bでの圧力はいくらか。ただし，水槽の断面積は各点A，B，Cでの水路の断面積より十分に大きいものとする。また，水の密度$\rho=1.0\times10^3\,\mathrm{kg/m^3}$とする。

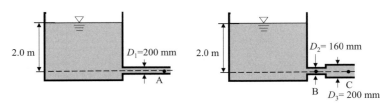

図3.29

〔問題3.9〕

本管の管径600 mm，収縮管の管径200 mmのベンチュリーメーターがある。水銀差動マノメーターの水頭差が0.15 mのとき，この管路の流量はいくらか。ただし，補正係数$C=1.0$，水の密度$\rho=1.0\times10^3\,\mathrm{kg/m^3}$，水銀の密度$\rho'=13.6\times10^3\,\mathrm{kg/m^3}$とする。

〔問題3.10〕

図3.30に示すような直径$D_1=4.0\,\mathrm{m}$の円筒水槽の水を管径$D_2=100\,\mathrm{mm}$の管で排水している。このとき，点Cから排水される流量はいくらか。また点Aの円筒水槽側と管側およびBにおける水圧はいくらか。

## 演習問題の解答

〔問題3.1〕　$0.13\,\mathrm{m^3/s}$

〔問題3.2〕　水深：2.5 m，径深：0.98 m

〔問題3.3〕　径深：1.8 m，流量：27 m³/s

《解説》

表3.1より，流積$A$は

$A=(b+mH)H=(6.0+0.5\times3.0)\times3.0=22.5\,[\mathrm{m^2}]$

また潤辺$S$は

$S=b+2H\sqrt{1+m^2}=6.0+2\times3.0\sqrt{1+0.5^2}=12.7\,[\mathrm{m}]$

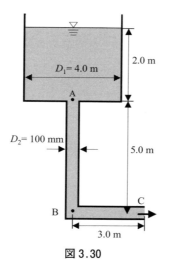

図 3.30

よって径深 $R$ は
$$R = \frac{A}{S} = \frac{22.5}{12.7} = 1.77 \text{ [m]}$$

流量 $Q$ は
$$Q = Av = 22.5 \times 1.2 = 27 \text{ [m}^3\text{/s]}$$

〔問題 3.4〕 径深：0.045 m，乱流，$v_2 = 3.6$ m/s

《解説》

表 3.1 より，円形水路の径深 $R$ は
$$R = \frac{D_1}{4} = \frac{180 \times 10^{-3}}{4} = 0.045 \text{ [m]}$$

この流れのレイノルズ数は
$$R_e = \frac{v_1 D_1}{\nu} = \frac{1.6 \times 180 \times 10^{-3}}{1.15 \times 10^{-6}} = 2.5 \times 10^5 > 4000 \text{ なので乱流}$$

連続の式より
$$Q = v_1 \times A_1 = v_2 \times A_2$$

よって
$$v_2 = v_1 \times \frac{A_1}{A_2} = v_1 \times \frac{D_1^2}{D_2^2} = 1.6 \times \left(\frac{180 \times 10^{-3}}{120 \times 10^{-3}}\right)^2 = 3.6 \text{ [m/s]}$$

〔問題 3.5〕 断面Ⅱの流速：2.0 m/s，断面Ⅲの流速：8.0 m/s

《解説》

断面ⅡおよびⅢの流速をそれぞれ $v_2$，$v_3$ とすると，連続の式より
$$Q = v_1\left(\frac{\pi D_1^2}{4}\right) = v_2\left(\frac{\pi D_2^2}{4}\right) = v_3\left(\frac{\pi D_3^2}{4}\right)$$

が成り立つので
$$v_2 = v_1 \frac{D_1^2}{D_2^2} = 0.5 \times \left(\frac{400 \times 10^{-3}}{200 \times 10^{-3}}\right)^2 = 2.0 \text{ [m/s]}$$

$$v_3 = v_1 \frac{D_1^2}{D_3^2} = 0.5 \times \left(\frac{400 \times 10^{-3}}{100 \times 10^{-3}}\right)^2 = 8.0 \text{ [m/s]}$$

〔問題3.6〕 0.81 m

《解説》

水路に流れている水の流量 $Q$ は
$$Q = v_1 A_1 = 0.7 \times (3.0 \times 0.36) = 0.756 \ [\text{m}^3/\text{s}]$$
この流量を流速 1.5 m/s で流すために必要な断面積 $A_2$ は
$$A_2 = \frac{Q}{v_2} = \frac{0.756}{1.5} = 0.504 \ [\text{m}^2]$$
よって求める管径 $D_2$ は
$$D_2 = 2\sqrt{\frac{A_2}{\pi}} = 2\sqrt{\frac{0.504}{3.14}} = 0.801 \ [\text{m}]$$
設計上は数値を切り上げないと断面が不足するため、答えは 0.81 m とする。

〔問題3.7〕 流速：3.2 m/s, 水圧力：$3.7 \times 10^5$ Pa

《解説》

断面 II における流速を $v_{II}$, 水圧を $p_{II}$ とすると、連続の式より
$$Q = v_I \left(\frac{\pi D_I^2}{4}\right) = v_{II}\left(\frac{\pi D_{II}^2}{4}\right)$$
よって
$$v_{II} = v_I \frac{D_I^2}{D_{II}^2} = 0.80 \times \left(\frac{1.0}{0.50}\right)^2 = 3.2 \ [\text{m/s}]$$
断面 I と II においてベルヌーイの定理より
$$\frac{v_I^2}{2g} + z_I + \frac{p_I}{\rho g} = \frac{v_{II}^2}{2g} + z_{II} + \frac{p_{II}}{\rho g}$$
$$\frac{0.80^2}{2 \times 9.8} + 2.0 + \frac{3.92 \times 10^5}{1.0 \times 10^3 \times 9.8} = \frac{3.2^2}{2 \times 9.8} + 4.0 + \frac{p_{II}}{1.0 \times 10^3 \times 9.8}$$
$$p_{II} = 1.0 \times 10^3 \times 9.8 \times (0.0327 + 2.0 + 40 - 0.522 - 4.0)$$
$$= 3.68 \times 10^5 \ [\text{Pa}]$$

〔問題3.8〕 点 A の流速：6.3 m/s, 点 B の流速：9.8 m/s,
点 C の流速：6.3 m/s, 点 B の圧力：$-2.8 \times 10^4$ Pa

《解説》

トリチェリーの定理より、水面から $H$ の深さに中心をもつ小さな孔から大気中に流出する水の速度 $v$ は、式 (3.18) より
$$v = \sqrt{2gH}$$
であらわされるので、点 A における流速 $v_A$ は
$$v_A = \sqrt{2 \times 9.8 \times 2.0} = 6.26 \ [\text{m/s}]$$
続いて、点 B における流速 $v_B$, 点 C における流速 $v_C$ について考える。トリチェリーの定理は、大気中に流出する場合に適用できるので、
$$v_C = \sqrt{2 \times 9.8 \times 2.0} = 6.26 \ [\text{m/s}]$$
連続の式より

$$Q = v_B\left(\frac{\pi D_2^2}{4}\right) = v_C\left(\frac{\pi D_3^2}{4}\right)$$

よって

$$v_B = v_C \frac{D_3^2}{D_2^2} = 6.26 \times \left(\frac{200 \times 10^{-3}}{160 \times 10^{-3}}\right)^2 = 9.78 \text{ [m/s]}$$

任意の基準面について，点Bと点Cでベルヌーイの定理を適用すると

$$\frac{v_B^2}{2g} + z_B + \frac{p_B}{\rho g} = \frac{v_C^2}{2g} + z_C + \frac{p_C}{\rho g}$$

孔の中心高さが一定なので $z_B = z_C$，点Cは大気に開放されているので $p_C = 0$ を代入して

$$\frac{9.78^2}{2 \times 9.8} + z_B + \frac{p_B}{1.0 \times 10^3 \times 9.8} = \frac{6.26^2}{2 \times 9.8} + z_B + \frac{0}{1.0 \times 10^3 \times 9.8}$$

$$p_B = \left(\frac{6.26^2}{2 \times 9.8} - \frac{9.78^2}{2 \times 9.8}\right) \times 1.0 \times 10^3 \times 9.8 = -2.82 \times 10^4 \text{ [Pa]}$$

〔問題 3.9〕 流量：0.192 m³/s

《解説》

本管の流積を $A_A$，収縮管の流積を $A_B$ とすると，

$$A_A = \pi \times \left(\frac{600 \times 10^{-3}}{2}\right)^2 = 0.283 \text{ [m}^2\text{]}$$

$$A_B = \pi \times \left(\frac{200 \times 10^{-3}}{2}\right)^2 = 0.0314 \text{ [m}^2\text{]}$$

本管の流速を $v_A$，収縮管の流速を $v_B$ とすると，式 (3.24) より

$$Q = C \frac{A_A A_B}{\sqrt{A_A^2 - A_B^2}} \sqrt{2gh\left(\frac{\rho'}{\rho} - 1\right)}$$

$$= 1.0 \times \frac{0.283 \times 0.0314}{\sqrt{0.283^2 - 0.0314^2}} \sqrt{2 \times 9.8 \times 0.15 \times \left(\frac{13.6 \times 10^3}{1.0 \times 10^3} - 1\right)}$$

$$= 0.192 \text{ [m}^3\text{/s]}$$

〔問題 3.10〕 流量：0.092 m³/s

点A（円筒水槽側）の水圧：20 kPa

点A（管側）の水圧：−49 kPa

点Bの水圧：0 Pa

《解説》

水面から $H$ の深さに中心をもつ小さな孔から大気に流出する水の速度 $v$ は，式 (3.18) より

$$v = \sqrt{2gH}$$

であらわされる。したがって，C点における流速 $v_C$ は

$$v_C = \sqrt{2 \times 9.8 \times (2.0 + 5.0)} = \sqrt{137.2} = 11.7 \text{ [m/s]}$$

流量 $Q_C$ は

$$Q_C = A_C v_C = 3.14 \times \left(\frac{100 \times 10^{-3}}{2}\right)^2 \times \sqrt{137.2} = 0.092 \text{ [m}^3\text{/s]}$$

また，点 A，B の流速をそれぞれ $v_{A1}$（円筒水槽側），$v_{A2}$（管側），$v_B$ とすると，連続の式より

$$v_{A1} = v_C \frac{D_2^2}{D_1^2} = \sqrt{137.2} \times \left(\frac{100 \times 10^{-3}}{4.0}\right)^2 = 7.32 \times 10^{-3} \text{ [m/s]}$$

$$v_{A2} = v_B = v_C = \sqrt{137.2} = 11.7 \text{ [m/s]}$$

さらに，点 A，B の圧力をそれぞれ $p_{A1}$（円筒水槽側），$p_{A2}$（管側），$p_B$，として，点 A，点 B，点 C にベルヌーイの定理を適用すると

$$\frac{v_{A1}^2}{2g} + z_A + \frac{p_{A1}}{\rho g} = \frac{v_{A2}^2}{2g} + z_A + \frac{p_{A2}}{\rho g} = \frac{v_B^2}{2g} + z_B + \frac{p_B}{\rho g} = \frac{v_C^2}{2g} + z_C + \frac{p_C}{2g}$$

放水口（点 C）における水圧は 0 と考えることができ，点 C を基準面（$z_C = 0$）とすると

$$\frac{v_C^2}{2g} + z_C + \frac{p_C}{\rho g} = \frac{\sqrt{137.2}^2}{2 \times 9.8} + 0 + 0 = 7.0 \text{ [m]}$$

よって

$$p_{A1} = \rho g \left(7.0 - \frac{v_{A1}^2}{2g} - z_A\right) = 1.0 \times 10^3 \times 9.8 \times \left(7.0 - \frac{(7.32 \times 10^{-3})^2}{2 \times 9.8} - 5.0\right)$$
$$= 1.96 \times 10^4 \text{ [Pa]} = 20 \text{ [kPa]}$$

$$p_{A2} = \rho g \left(7.0 - \frac{v_{A2}^2}{2g} - z_A\right) = 1.0 \times 10^3 \times 9.8 \times \left(7.0 - \frac{\sqrt{137.2}^2}{2 \times 9.8} - 5.0\right)$$
$$= -4.90 \times 10^4 \text{ [Pa]} = -49 \text{ [kPa]}$$

$$p_B = \rho g \left(7.0 - \frac{v_B^2}{2g} - z_B\right) = 1.0 \times 10^3 \times 9.8 \times \left(7.0 - \frac{\sqrt{137.2}^2}{2 \times 9.8} - 0\right)$$
$$= 0 \text{ [Pa]}$$

**引用・参考文献**

1）丹羽健蔵：水理学詳説，理工図書，1971
2）岡澤　宏・小島信彦・嶋　栄吉・竹下伸一・長坂貞郎・細川吉晴：わかりやすい水理学，理工図書，2013
3）有田正光：水理学の基礎，東京電機大学出版局，2013
4）玉井信行・有田正光（共編）：大学土木　水理学，オーム社，2001
5）大西外明：最新　水理学Ⅰ，森北出版，2009

# 第4章 管水路の流れ

水理学上の流れの分類のうち，実用的観点から理解しておくべき最も重要なものとして，管水路流れと開水路流れの区分がある。本章では，これらのうち管水路流れについて，とくにエネルギー損失（損失水頭）の基本的な考え方を中心に学ぶ。

## 4.1 管水路

### 4.1.1 管水路の定義

**管水路**（pipe line）は管路ともいい，断面が環状となった，中空の構造物である管（pipe）によってつくられた水路のことである。

管水路内を水が満流状態，すなわち自由水面の無い状態で壁面から圧力を受けながら流れているものを**管水路流れ**（pipe flow）という。たとえば，水道の**配水管**（distributing pipe）における水の流れなどがこれに該当する。管水路の断面は，円形またはそれに近い形状であるものが多い。なお，形状的には管水路であっても，満流ではなく，自由水面をもった状態で流れている場合は**開水路流れ**（open channel flow）になる。

### 4.1.2 潤辺と径深

流れに直角な水路断面において，水に接する周辺の長さを**潤辺**（wetted perimeter）といい，潤辺でその**流水断面積**（流積ともいう）を割ったものを**径深**（hydraulic radius）という。図4.1のような内径（管径）$D$ の円管では，潤辺 $S$，流水断面積 $A$，径深 $R$ はそれぞれ，次のようにあらわされる。

$$S = \pi D \qquad (4.1)$$

$$A = \frac{\pi D^2}{4} \qquad (4.2)$$

$$R = \frac{A}{S} = \frac{\pi D^2}{4} \cdot \frac{1}{\pi D} = \frac{D}{4} \qquad (4.3)$$

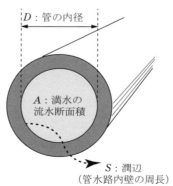

図 4.1 管の直径，流水断面積，潤辺

### 用語の解説

**管水路**（pipe line）
断面が環状となった，中空の構造物である管（pipe）によってつくられた水路のこと。

**管水路流れ**（pipe flow）
管水路内を水が満流状態で流れているもの。自由水面の無い状態で壁面から圧力を受けながら流れているもの。

**配水管**（distributing pipe）
水を目的地まで導くための水路のうち，配水機能に着目した小規模な水路のこと。

**開水路**（open channel）
大気に接する自由水面をもつ流れの水路。

**潤辺**(wetted perimeter)
管水路，開水路の通水断面において水と接している周辺の長さ。

**流水断面積，流積**
(crosssectional area of flow)
流れの方向に直角な横断面またはその面積。

### 4.1.3 損失水頭

管水路の流れには水の**粘性**や水粒子の運動の乱れによる摩擦抵抗がはたらく。したがって，水はこれらの抵抗に逆らって流れるために，持っているエネルギーを流れる間に消費する。これは管水路の全長にわたって生じるため，消費するエネルギーの量は大きなものとなる。このほかにも，いろいろな要因によってエネルギーを消費する。これらの消費エネルギーを**水頭**（head）であらわしたものを**損失水頭**（head loss）という。

摩擦抵抗がはたらく流れに**ベルヌーイの定理**を適用するには，この損失水頭を考慮する必要がある。すなわち，**図 4.2** において，損失水頭を $h_L$ とするとベルヌーイの定理は次のようにあらわされる。

$$\frac{v_1^2}{2g} + z_1 + \frac{p_1}{\rho g} = \frac{v_2^2}{2g} + z_2 + \frac{p_2}{\rho g} + h_L \tag{4.4}$$

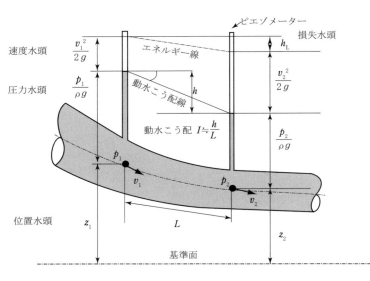

**図 4.2** 管水路の流れ

### 4.1.4 動水こう配線とエネルギー線

管水路に**ピエゾメーター**（piezometer）を立てると，水はその位置の圧力水頭分だけ上昇する。その水面を管水路に沿ってつなげた線を動水こう配線といい，そのこう配を**動水こう配**（hydraulic gradient）という。

圧力水頭の上に，その位置での速度水頭を加えた高さは，全エネルギーをあらわす。これを管水路に沿ってつなげた線をエネルギー線といい，そのこう配を**エネルギーこう配**（energy gradient）という。ある位置を基点とし，それより下流側の任意の地点における全エネルギーに，基点からその位置までに生じた損失水頭を加えた基準面からの高さは常に一定で，エネルギー線は基準面に平行となる。

---

**用語の解説**

**径深**（hydraulic mean depth）
管水路，開水路の流れにおいて流積を潤辺で割った値。

**粘性**（viscosity）
ねばりけ。流体の流れには，流れに対する抵抗が発生する。こういう流体の性質または発生する抵抗のこと。

**水頭**（head）
単位重量の水がもっている様々なエネルギーの大きさを水柱の高さであらわしたもの。

**損失水頭**（head loss）
流れにおいて，摩擦による抵抗や水路の形状が変化することによって生じる抵抗などによって失われるエネルギーの損失を水頭であらわしたもの。

**ベルヌーイの定理**（Bernoulli's theorem）
非圧縮性で粘性のない完全流体を考えるとき，定常流の速度，位置，圧力の各水頭（エネルギー）の和（全水頭）は流れに沿って一定であるという定理。

**ピエゾメーター**（piezometer）
流体の圧力を測定する器具。

**ピエゾ水頭**（piezometric head）
全水頭から速度水頭を除いた，圧力水頭と位置水頭の和のこと。

## 4.2 摩擦損失水頭と平均流速公式

### 4.2.1 摩擦損失水頭

損失水頭のうち，流れる水と管の壁面との間に発生する摩擦によるものを**摩擦損失水頭**（friction head loss）という。摩擦は管水路の全長にわたって発生するので，延長距離が長くなると，これが損失水頭の大部分を占めることになる。

摩擦損失水頭の大きさ $h_f$ は，管水路の長さ $L$ に比例し，管の内径 $D$ に反比例する。また水の持つエネルギーの大きさ（速度水頭, $\frac{v^2}{2g}$）に比例する。したがって，$h_f$ は次のようにあらわされる。

$$h_f = f \frac{L}{D} \cdot \frac{v^2}{2g} \tag{4.5}$$

これを**ダルシー・ワイスバッハの式**（Darcy-Weisbach equation）という。ここに，$f$ は**摩擦損失係数**（coefficient of friction loss）と呼ばれる無次元の係数である。

この $f$ は**レイノルズ数**（Reynolds number）や管の**粗度**（roughness）によって固有の値をとり，一般的には，実験によって定められる。

ダルシー・ワイスバッハの式は，円管のみならず任意の断面形状についても適用可能である。この場合，内径 $D$ の代わりに断面の径深 $R$ が用いられ，次のようにあらわされる。

$$h_f = f' \frac{L}{R} \cdot \frac{v^2}{2g} \tag{4.6}$$

ここに $f'$ は任意の断面形状の場合の摩擦損失係数である。

円形管水路の場合，$f$ と $f'$ の関係は，径深を式（4.3）より $R = \frac{D}{4}$ としてあらわすと，次のようになる。

$$f' = \frac{f}{4} \tag{4.7}$$

### 4.2.2 平均流速公式

水路の流れの平均流速をあらわす式を**平均流速公式**（mean velocity formula）という。平均流速公式は管水路の流れの流量計算や，**管径**（pipe diameter）の算定によく用いられ，古くから多くの公式がつくられている。ここでは，まずその中でもとくに使用頻度が高いシェジーの公式とマニングの公式という2つの代表的なものを紹介し，これら2式から導き出される関係についても整理する。また，水道や灌漑用水などの配管システムの設計でよく用いられるヘーゼン・ウィリアムスの公式についても紹介する。なお，これらの公式では，流れは時間や場所によって変化しない，**等流**であることが前提とされている。

---

**用語の解説**

**摩擦損失水頭**
（friction loss head）
水の流れと管の壁面との間に発生する摩擦による損失水頭。

**動水こう配**
（hydraulic gradient）
管水路の1点にガラス管（マノメーター，ピエゾメーター）を立てると，水はその点の圧力水頭に相当する高さまで上昇する。この水位を，管水路に沿ってつらねた線をピエゾ水頭線，または**動水こう配線**（hydraulic grade line）といい，そのこう配を動水こう配という。

**エネルギー線**
（energy line）
管水路，開水路において位置水頭，圧力水頭，速度水頭を加えた高さは1つの基準面から測った有効水頭の総和を示す。これを連ねた線をエネルギー線といい，そのこう配を**エネルギーこう配**（energy grade line）という。

**平均流速公式**
（mean velocity formula）
等流の平均流速を求める公式。

**ダルシー・ワイスバッハの式**（Darcy–Weisbach equation）
流れが十分に発達した円管内定常流の摩擦損失を求めるための式。

### (1) シェジーの公式

式（4.5）について流速をあらわす式に変形すると

$$v = \sqrt{\frac{2g}{f}} \sqrt{\frac{h_f}{L} D} \tag{4.8}$$

となる。ここに $\dfrac{h_f}{L}$ は動水こう配をあらわし，これを $I$ とおき，また円管の径深を $R = \dfrac{D}{4}$ としてあらわすと，次のように整理できる。

$$v = \sqrt{\frac{8g}{f}} \sqrt{RI} = C\sqrt{RI} \tag{4.9}$$

ここに $C = \sqrt{\dfrac{8g}{f}}$ である。

式（4.9）は1775年に**シェジー**（Antone Chèzy，フランス）が発表した平均流速公式で，**シェジーの公式**（Chèzy formula）とよばれ，最も古く，しかも，最も基本的な平均流速公式として知られている。$C$ は**シェジーの係数**（Chèzy coefficient）とよばれ，$C$ の値を求めるために多くの研究がなされてきた。

### (2) マニングの公式

**マニングの公式**（Manning formula）は，次のようにあらわされ，現在，実用公式として最もよく用いられている。

$$v = \frac{1}{n} R^{\frac{2}{3}} I^{\frac{1}{2}} \tag{4.10}$$

この式の $n$ は**マニングの粗度係数**（Manning coefficient）と呼ばれ，管水路の内壁面の粗さの程度をあらわす定数である。壁面の材質や形状に応じてそれぞれ標準的な粗度係数が**表4.1**に示すように定められている。

なお，これらの公式は，式の形が簡単で計算しやすいことから，管水路だけでなく，第5章で述べる開水路の流れの実用公式としても広く用いられている。

**表4.1** マニングの粗度係数 $n$ とヘーゼン・ウィリアムスの公式の流速係数 $C_H$

| 管の材料と状態 | $n$ | $C_H$ |
|---|---|---|
| 新しい塩化ビニル管，黄銅・すず・鉛・ガラス | 0.009～0.012 | 145～155 |
| 溶接された鋼表面 | 0.010～0.014 | 140 |
| リベットまたはねじのある鋼表面 | 0.013～0.017 | 95～110 |
| 鋳鉄（新） | 0.012～0.014 | 130 |
| 鋳鉄（旧） | 0.014～0.018 | 100 |
| 鋳鉄（きわめて古い） | 0.018 | 60～80 |
| 木材 | 0.010～0.018 | ― |
| コンクリート（滑らか） | 0.011～0.014 | 120～140 |
| コンクリート（粗い） | 0.012～0.018 | 120～140 |

（近畿高校土木会（2012），解いてわかる水理，オーム社より引用）

---

**用語の解説**

**粗度**（roughness）
壁面の凹凸の程度。

**等流**（uniform flow）
流れの状態が時間的に変化しない（定常流）流れにおいて，場所によって流水面積や流速が変わらない流れのこと。

**管径**（pipe diameter）
円管の内部の直径。

**シェジーの公式**
（Chèzy formula）
水路の平均流速を求める公式。1775年にフランスのシェジーによって提案された実験式である。

**マニングの公式**
（Manning formula）
水路の平均流速を求める公式。シェジーによって提案された実験式をアイルランドの技術者であった**マニング**（Robert Manning，イギリス）が改訂したもの。

**粗度係数**
（coefficient of roughness）
管水路，開水路の平均流速公式にて，壁が流れに対して作用する抵抗を表す係数で，一般に $n$ を用いてあらわす。粗度係数 $n$ の値は，粗度のみで決定されるものではなく，流れの状態によっても変わるので，水路の状態に応じて経験的な数値が決められている。本来は次元を持つが通常は単位を付けないで表記される。

**（3） マニングの粗度係数と摩擦損失係数との関係**

式（4.10）のマニングの公式を次のように，式（4.9）のシェジーの公式の形に整理すると，シェジーの係数 $C$ を得ることができる。

$$v = \frac{1}{n} R^{\frac{2}{3}} I^{\frac{1}{2}}$$
$$= \frac{1}{n} R^{\frac{1}{6}} R^{\frac{1}{2}} I^{\frac{1}{2}} = \frac{1}{n} R^{\frac{1}{6}} \sqrt{RI} \tag{4.11}$$

$$C = \frac{1}{n} R^{\frac{1}{6}} \tag{4.12}$$

式（4.10）の両辺を2乗して，動水こう配 $I$ を $I = \frac{h_f}{L}$ とおくと

$$v^2 = \frac{1}{n^2} R^{\frac{4}{3}} \frac{h_f}{L} \tag{4.13}$$

これを摩擦損失水頭 $h_f$ について整理し，変形すると

$$h_f = \frac{n^2 L v^2}{R^{\frac{4}{3}}} = \frac{2gn^2}{R^{\frac{1}{3}}} \cdot \frac{L}{R} \cdot \frac{v^2}{2g} \tag{4.14}$$

この式と式（4.5）のダルシー・ワイスバッハの式を比較すると，円管（$R = D/4$）の場合の摩擦損失係数 $f$ は次のようになる。

$$f = \frac{8\sqrt[3]{4} gn^2}{D^{\frac{1}{3}}} = \frac{124.5 n^2}{D^{\frac{1}{3}}} \tag{4.15}$$

このようにマニングの公式を利用することによって，円管の摩擦損失係数 $f$ の値を得ることができる。

また，円管以外については，次のようになる。

$$f' = \frac{f}{4} = \frac{8\sqrt[3]{4} gn^2}{4(4R)^{\frac{1}{3}}} = \frac{19.6 n^2}{R^{\frac{1}{3}}} \tag{4.16}$$

**（4） ヘーゼン・ウィリアムスの公式**

**ヘーゼン・ウィリアムスの公式**（Hazen-Wiliams fomula）は，水道管に対する実験資料に基づいて整理された実用公式であり，次のようにあらわされる。

$$v = 0.84935 \, C_H R^{0.63} I^{0.54} \tag{4.17}$$

上式は一般式であり，円管に対しては内径を $D$ とすると次のようになる。

$$v = 0.35464 \, C_H D^{0.63} I^{0.54} \tag{4.18}$$

ここに $C_H$ は流速係数であり，**表 4.1** に示すように管の材料によって異なる値が用いられる。

ヘーゼン・ウィリアムスの公式は，管径の比較的大きな水道の送水管や配水管の設計によく用いられ，$v > 1.5$ m/s がその適用範囲とされている。

**〔例題 4.1〕**

内径 $D$ が 0.50 m の鋳鉄製の円管水路を用いて水を流すことを考える。この管水路では 100 m の流下につき 0.50 m の割合でエネルギー損失が生じ

---

**用語の解説**

**ヘーゼン・ウィリアムスの公式**
(Hazen-Williams formula)
内径の大きい管水路の水の流れについての経験式。アレン・ヘーゼンとガードナー・スチュワート・ウィリアムスの名を取って付けられた式である。

**鋳鉄**（cast iron）
鋳鉄とは，2～3% の炭素を含んだ鉄の合金のこと。通俗的には，鉄を使った鋳物製品全般のことをいう。

ることがわかっている。このとき，この管水路を流れる水の流量を求めよ。ただし，粗度係数 $n=0.012$ とする。

〔解〕

マニングの公式を利用する。まず動水こう配 $I$ は

$$I=\frac{h_f}{L}=\frac{0.50}{100}=0.0050$$

となる。さらに $n=0.012$，径深 $R=\frac{D}{4}=\frac{0.50}{4}=0.1250$ m をマニングの公式に代入すると次のように解が得られる。

$$v=\frac{1}{n}R^{\frac{2}{3}}I^{\frac{1}{2}}=\frac{1}{0.012}\times 0.125^{\frac{2}{3}}\times 0.005^{\frac{1}{2}}=1.47\;[\text{m/s}]$$

$$Q=vA=v\left(\frac{\pi D^2}{4}\right)=1.47\times\left(\frac{3.14\times 0.50^2}{4}\right)=0.288\;[\text{m}^3/\text{s}]$$

〔例題 4.2〕

内径 $D=400$ mm，管長 $L=2,000$ m の鋳鉄管を用いて，流速 $v=0.80$ m/s で水を流すときの摩擦損失水頭 $h_f$ を求めよ。ただし粗度係数 $n=0.013$ とする。

〔解〕

式（4.15）より摩擦損失係数 $f$ を求める。

$$f=\frac{124.5n^2}{D^{\frac{1}{3}}}=\frac{124.5\times 0.013^2}{0.400^{\frac{1}{3}}}=0.0286$$

式（4.5）のダルシー・ワイスバッハの式より，摩擦損失水頭 $h_f$ は次のようになる。

$$h_f=f\frac{L}{D}\frac{v^2}{2g}=0.0286\times\frac{2000}{0.400}\times\frac{0.80^2}{2\times 9.8}=4.67\;[\text{m}]$$

## 4.3　摩擦以外の要因による損失水頭

管水路の流れでは摩擦による損失水頭のほかに，管の断面形状や方向が急変するところ，バルブなどの障害物があるところ，その他いろいろな要因によって流速が急変し渦を巻くところで，エネルギーを消費して水頭の損失が生じる。これらの水頭損失は，摩擦損失のように管水路の全長にわたって生じるものではなく，局部的に生じるものである。ここでは，それらの代表的なものについて説明する。

損失水頭 $h$ は流速と密接な関係を持ち，次の式のように速度水頭に係数を乗じた形であらわされる。

$$h=f\frac{v^2}{2g} \tag{4.19}$$

ここに $f$ を損失係数といい，一般的にはその値は実験によって定められる。

**損失水頭の定義に用いる流速の代表値**
急拡損失水頭や急縮損失水頭などの摩擦以外の管路の形状による損失水頭を求めるときには，流速が速い方，すなわち管径が小さい方の流速を用いる。

### 4.3.1 流入による損失水頭

広い水槽から,これに接続された管水路へと水が流れ込むと,流れはいったん収縮し,その後すぐ拡がって管全体に充満して流れる。そのとき水の粘性抵抗によってエネルギーは損失し,**図4.3**に示すように全水頭が損失水頭分だけ減少する。ただし,管水路が長い場合は,摩擦損失水頭が圧倒的に大きくなり,流入による損失量は,全体からみると,きわめてわずかなものとなるので,考慮しなくても良い場合がある。

**流入による損失水頭** $h_e$ は,次のようにあらわされる。

$$h_e = f_e \frac{v^2}{2g} \tag{4.20}$$

ここに,$f_e$ を**流入損失係数**といい,その値は管水路の入口の形状によって異なる。実験に基づく $f_e$ の代表的な値は**図4.4**のようになる。

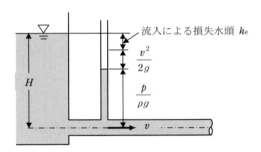

図4.3 流入による損失水頭

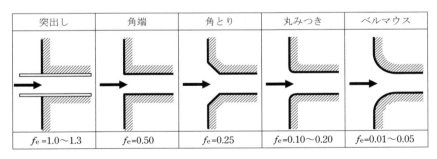

図4.4 流入口の形状による流入損失係数の値
（土木学会,水理公式集（1971）を参照）

### 4.3.2 方向変化による損失水頭

方向変化による損失水頭には,**屈折による損失水頭** $h_{be}$ と**曲がりによる損失水頭** $h_b$ の2種類がある。

#### （1） 屈折による損失水頭

**図4.5**のように管水路が急に屈折して方向が変わる場合,屈折の内側の水は屈折した後も直線運動をしようとするため,屈折部の内側で渦が発生し,水頭の損失が生じる。この屈折による損失水頭 $h_{be}$ は次のようにあらわされる。

$$h_{be} = f_{be} \frac{v^2}{2g} \tag{4.21}$$

ここに，$f_{be}$を**屈折損失係数**（coefficient of loss due to angular bend）といい，屈折角が大きいほど，その値は大きくなる．**表 4.2** に $f_{be}$ の実験値を示す．

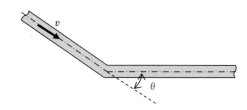

**図 4.5** 管の屈折

**表 4.2** 屈折損失係数 $f_{be}$ の値

| $\theta$ | 15° | 30° | 45° | 60° | 90° | 120° |
|---|---|---|---|---|---|---|
| $f_{be}$ | 0.022 | 0.073 | 0.183 | 0.365 | 0.986 | 1.863 |

（土木学会，水理公式集（1971）を参考）

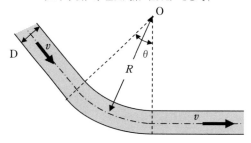

**図 4.6** 管の曲がり

### （2） 曲がりによる損失水頭

**図 4.6** のように管水路が湾曲して方向を変えるとき損失水頭が発生する．この曲がりによる損失水頭 $h_b$ は次のようにあらわされる．

$$h_b = f_b \frac{v^2}{2g} \tag{4.22}$$

ここに，$f_b$ を**曲がり損失係数**（coefficient of loss due to curved bend）といい，その値は，曲がりの角度 $\theta$ や，**曲率半径** $R$，管径 $D$ によって決まり，次のようになる．

$$f_b = f_{b1} \cdot f_{b2} \tag{4.23}$$

ここに $f_{b1}$ は $\theta = 90°$ のとき $R/D$ によって決まる係数，$f_{b2}$ は $\theta$ によって決まる係数で，**図 4.7** のような実験値が示されている．

管径 $D$ に対して曲率半径 $R$ が十分に大きい場合（およそ5倍以上）は，曲がりによる損失水頭はきわめて小さく，ほとんど考慮する必要はない．

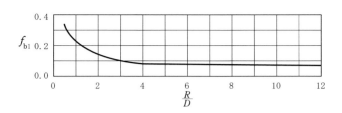

(a) $f_{b1}$の値（$\theta = 90°$）

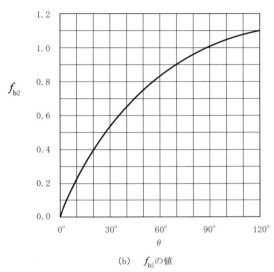

(b) $f_{b2}$の値

**図 4.7** $f_{b1}$と$f_{b2}$の値

（土木学会，水理公式集（1971）を参考）

### 4.3.3 断面の変化による損失水頭

管水路の断面が途中で変化するときの損失水頭について考える。この断面の変化による損失水頭には，断面が急に拡大する場合（**急拡** $h_{se}$：sudden expansion），断面が急に縮小する場合（**急縮** $h_{sc}$：sudden contraction），断面が徐々に拡大する場合（**漸拡** $h_{ge}$：gradual expansion），断面が徐々に縮小する場合（**漸縮** $h_{gc}$：gradual contraction）の4種類がある。

**（1）急拡による損失水頭**

管径の小さい管水路が急に大きい管水路に接続する場所では，図 4.8 に示すように，流れが拡大する外側で渦を生じ，エネルギーが失われる。この**急拡による損失水頭** $h_{se}$は，拡大前の小さい管水路の平均流速を$v_1$として，次のようにあらわされる。

$$h_{se} = f_{se} \frac{v_1^2}{2g} \tag{4.24}$$

ここに，$f_{se}$を**急拡損失係数**といい，次の式で計算できる。

$$f_{se} = \left(1 - \frac{A_1}{A_2}\right)^2 = \left\{1 - \left(\frac{D_1}{D_2}\right)^2\right\}^2 \tag{4.25}$$

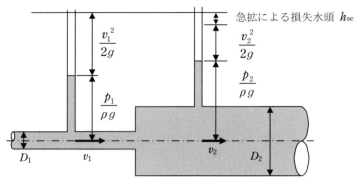

図4.8 急拡による損失水頭

### （2） 急縮による損失水頭

図4.9に示すように，管径の大きい管水路が急に小さい管水路に接続する場所では，流れはいったん収縮するが，その後すぐに拡大して小さい管水路と同じ断面になる。この場所に生じる急縮による損失水頭 $h_{sc}$ は，収縮後の小さい管水路の平均流速を $v_2$ として，次のようにあらわされる。

$$h_{sc} = f_{sc} \frac{v_2^2}{2g} \tag{4.26}$$

ここに，$f_{sc}$ を**急縮損失係数**といい，実験に基づく値が**表4.3**のように得られている。

4.3.1で述べた水槽から管水路に流入する場合に生ずる流入損失水頭も急縮損失水頭の一つと考えて良い。

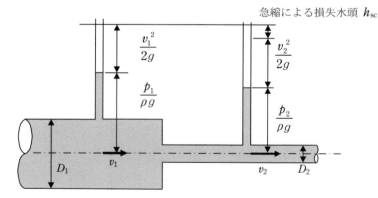

図4.9 急縮による損失水頭

表4.3 急縮損失係数 $f_{sc}$ の値

| $D_2/D_1$ | 0 | 0.1 | 0.2 | 0.3 | 0.4 | 0.5 | 0.6 | 0.7 | 0.8 | 0.9 | 1.0 |
|---|---|---|---|---|---|---|---|---|---|---|---|
| $f_{sc}$ | 0.50 | 0.50 | 0.49 | 0.49 | 0.46 | 0.43 | 0.38 | 0.29 | 0.18 | 0.07 | 0 |

（土木学会，水理公式集（1971）を参考）

### （3） 漸拡による損失水頭

図4.10に示すような，管径が徐々に拡大していく場所の損失水頭 $h_{ge}$ は，

拡大前の小さい管水路の平均流速を $v_1$,拡大後の大きい管水路の平均流速を $v_2$ として,次のようにあらわされる。

$$h_{ge} = f_{ge} \frac{(v_1 - v_2)^2}{2g} \qquad (4.27)$$

ここに $f_{ge}$ を**漸拡損失係数**といい,その値は実験により求められる。

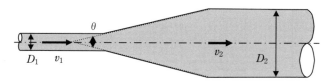

図 4.10　漸拡による損失水頭

### （4）漸縮による損失水頭

**図4.11**に示すような,管径が徐々に小さくなっていく場所の損失水頭 $h_{gc}$ は,収縮後の管径の小さい管水路の平均流速を $v_2$ として,次のようにあらわされる。

$$h_{gc} = f_{gc} \frac{v_2^2}{2g} \qquad (4.28)$$

ここに,$f_{gc}$ を**漸縮損失係数**といい,その値は実験により求められる。

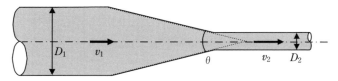

図 4.11　漸縮による損失水頭

### 4.3.4 バルブなどの存在による損失水頭

管水路の経路上にバルブやコックのような流れに対する障害物が存在するところでは,流れに乱れが生じエネルギーの損失が発生する。バルブによる損失水頭を $h_v$ とすると,一般に $h_v$ は

$$h_v = f_v \frac{v^2}{2g} \qquad (4.29)$$

であらわされる。バルブによる損失係数 $f_v$ の値は,バルブの種類,開きの度合い,あるいは回転角などによって異なり,実験によって定められる。

### 4.3.5 流出による損失水頭

管水路の水が水槽や池など,水面より深い位置に接続して流出する場合,流水は貯水体に突き当たって渦を発生させ,速度水頭のほとんど全てを消失する。**図4.12**の $h_o$ は流出による損失水頭を示している。この損失水頭 $h_o$ は次のようにあらわされる。

**用語の解説**

**バルブやコックの形状**
バルブやコックには以下のようなものがある。

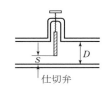
仕切弁

ちょう形弁

玉形弁（コック）

（出典：わかりやすい水理学演習,オーム社,高田次男著,昭和44年発行）

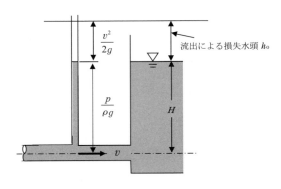

図 4.12 流出による損失水頭

$$h_\mathrm{o} = f_\mathrm{o} \frac{v^2}{2g} \tag{4.30}$$

ここに，$f_\mathrm{o}$ は**流出損失係数**といい，水中に流出する場合は，通常 $f_\mathrm{o} = 1$ として扱われる。これは急拡による損失水頭において，拡大後の管径が∞の場合と考えることもできる。また，管水路の流出部が流れの障害となるような形状となっておらず，大気中に流出する場合は，通常 $f_\mathrm{o} = 0$ として扱われる。

〔例題 4.3〕

図 4.3 のような，水槽と接続された管水路から，流量 $Q = 4.00$ L/s の水が流れている。管水路を接続した地点は水槽の水深 $H = 1.50$ m のところで，管径 $D = 50.0$ mm であり，管水路の入口付近に設けたピエゾメータの水位が 1.17 m であった。このときの流入損失係数を求めよ。

〔解〕

管水路の流速 $v$ は

$$v = \frac{Q}{A} = \frac{0.00400}{\dfrac{3.14 \times 0.0500^2}{4}} = 2.038 \; [\mathrm{m/s}]$$

速度水頭は

$$\frac{v^2}{2g} = \frac{2.038^2}{2 \times 9.8} = 0.212 \; [\mathrm{m}]$$

よって，流入直後の全水頭は

$$H = 1.17 + 0.212 = 1.382 \; [\mathrm{m}]$$

したがって，流入損失水頭 $h_\mathrm{e}$ は

$$h_\mathrm{e} = 1.50 - 1.382 = 0.118 \; [\mathrm{m}]$$

式 (4.20) より，流入損失係数は次のようになる。

$$f_\mathrm{e} = \frac{h_\mathrm{e}}{\dfrac{v^2}{2g}} = \frac{0.118}{0.212} = 0.557$$

〔例題 4.4〕

管径 $D = 500$ mm の管水路が，角度 $\theta = 60°$ で屈折している。この管水路を流速 $v = 4.0$ m/s で水が流れているとき，屈折による損失水頭を求めよ。

〔解〕

表 4.2 より，角度 $60°$ に対する屈折損失係数 $f_{be}$ は，$f_{be} = 0.365$ である。式（4.21）から，損失水頭 $h_{be}$ は次のようになる。

$$h_{be} = f_{be} \frac{v^2}{2g} = 0.365 \times \frac{4.0^2}{2 \times 9.8} = 0.30 \text{ [m]}$$

〔例題 4.5〕

管径 $D_1 = 200$ mm，流量 $Q = 0.065$ m³/s で水が流れている管水路が，急に管径 $D_2 = 400$ mm に拡大しているとき，急拡による損失水頭を求めよ。

〔解〕

細い管の流積 $A_1$ 及び流速 $v_1$ は

$$A_1 = \frac{\pi D_1^2}{4} = \frac{3.14 \times 0.200^2}{4} = 0.0314 \text{ [m}^2\text{]}$$

$$v_1 = \frac{Q}{A_1} = \frac{0.065}{0.0314} = 2.070 \text{ [m/s]}$$

式（4.25）から，急拡損失係数は次のようになる。

$$f_{se} = \left\{1 - \left(\frac{D_1}{D_2}\right)^2\right\}^2 = \left\{1 - \left(\frac{0.200}{0.400}\right)^2\right\}^2 = 0.5625$$

式（4.24）から，損失水頭 $h_{se}$ は次のようになる。

$$h_{se} = f_{se} \frac{v_1^2}{2g} = 0.5625 \times \frac{2.070^2}{2 \times 9.8} = 0.123 \text{ [m]}$$

〔例題 4.6〕

管径 $D = 300$ mm，流量 $Q = 0.060$ m³/s の水が流れている管水路が，水槽に連結しており，管水路からの水が水中に流出するときに生じる流出損失水頭を求めよ。

〔解〕

流積 $A = \frac{\pi D^2}{4} = \frac{3.14 \times 0.300^2}{4} = 0.0707$ [m²]

流速 $v = \frac{Q}{A} = \frac{0.060}{0.0707} = 0.8487$ [m/s]

流出部の損失係数 $f_o = 1.0$ として，式（4.30）から，次のようになる。

$$h_o = f_o \frac{v^2}{2g} = 1.0 \times \frac{0.8487^2}{2 \times 9.8} = 0.037 \text{ [m]}$$

## 4.4 単線管水路

### 4.4.1 単線管水路の動水こう配線とエネルギー線

途中で分岐したり合流したりすることのない1本の管水路のことを**単線管**

---

**用語の解説**

**単線管水路**（single pipeline）
途中で分岐したり合流したりすることのない一本の管水路のことを単線管水路という。

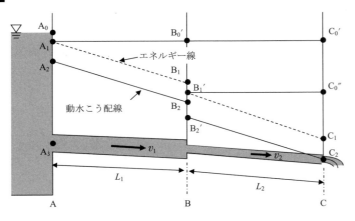

**図4.13** 末端にて放流している単線管水路

水路 (single pipeline) という。ここでは，単線管水路における動水こう配線およびエネルギー線の変化について考える。

いま図4.13において，水が地点Aから管水路内に流入し，途中の地点Bの位置で管径が $D_1$ から $D_2$ ($D_1 > D_2$) へと急縮して，地点Cから流出しているものとすると，エネルギー線の軌跡は $A_0 A_1 B_1 B_1' C_1$，動水こう配線の軌跡は $A_0 A_2 B_2 B_2' C_2$ となる。区間ABおよびBCにおける管長を $L_1$, $L_2$，流速を $v_1$, $v_2$ として，これらの変化について順次考える。

**(1) 流入地点A**

流入による損失水頭が発生するため，エネルギー線は水面 $A_0$ から $A_1$ まで低下する。

$$\text{流入損失水頭} \quad A_0 A_1 = f_e \frac{v_1^2}{2g} \tag{4.31}$$

また，水が流れることによって流速が発生するため，動水こう配線はそこからさらに $A_2$ まで低下する。

$$\text{速度水頭} \quad A_1 A_2 = \frac{v_1^2}{2g} \tag{4.32}$$

なお，A地点の圧力水頭は次の式であらわされる。

$$\text{圧力水頭} \quad A_2 A_3 = \frac{p_A}{\rho g} \tag{4.33}$$

**(2) 区間AB**

摩擦損失水頭が発生するため，流下に伴ってエネルギー線は徐々に低下する。

$$\text{ABの摩擦損失水頭} \quad B_0' B_1 = f_{L1} \frac{L_1}{D_1} \cdot \frac{v_1^2}{2g} \tag{4.34}$$

この区間では，管径が一定であるため，流速は常に一定となる。したがって速度水頭も一定で，動水こう配線はエネルギー線に平行となる。

**(3) 急縮地点B**

管の急縮によって水頭の損失が発生し，エネルギー線は $B_1$ から $B_1'$ まで低

下する。

急縮による損失水頭　　$B_1 B_1' = f_{sc} \dfrac{v_2^2}{2g}$ 　　　　　　(4.35)

また，動水こう配線も $B_2$ から $B_2'$ まで低下するが，急縮後，管径が小さくなることにより速度が増加し，これに伴い速度水頭が収縮前より大きくなるため，動水こう配線の低下量 $B_2 B_2'$ は，エネルギー線の低下量 $B_1 B_1'$ よりも大きくなる。

### （4）区間 BC

摩擦損失によってエネルギー線と動水こう配線は徐々に低下する。なお，この区間では AB 区間と同様に流速が一定であるから，これら2つの直線は平行となる。

BC の摩擦損失水頭　　$C_0'' C_1 = f_{L2} \dfrac{L_2}{D_2} \cdot \dfrac{v_2^2}{2g}$ 　　　　　　(4.36)

### （5）流出地点 C

この地点にて水は流出し大気と接しているので，圧力水頭は0となる。すなわち，動水こう配線は管水路の高さ $C_2$ に一致する。一方，エネルギー線は速度水頭分（$C_1 C_2$）だけ上方にある。

## 4.4.2　2つの貯水体を連結する管水路の流れ

図 4.14 に示すような，水位差のある2つの水槽や池などの貯水体を連結している管水路の流れについて考える。図 4.14 において，上流の水槽 A と下流の水槽 B の水位差 $H$ は，水が管水路を通って水槽 A から水槽 B へ流れていく間に失ったエネルギーと等しくなる。すなわち，両水槽の水位差 $H$ は，途中で発生する各種の損失水頭 $h_t$（流入損失水頭，方向変化による損失水頭，断面変化による損失水頭，バルブ等の存在による損失水頭，流出損失水頭など）と，管水路の全長にわたって発生する摩擦損失水頭 $h_f$ の和となる。

$$H = h_t + h_f \qquad (4.37)$$

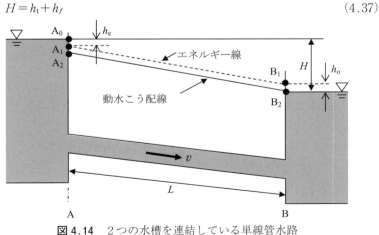

図 4.14　2つの水槽を連結している単線管水路

一般の管水路では，方向や断面の変化，バルブなどの存在による損失水頭をなるべく小さくするように設計されており，実際には，これらの損失水頭の大きさは，管水路全体で生じる摩擦損失水頭の大きさと比較すると非常に小さく，省略される場合が多い。こうした場合，管径の一様な管水路では，次の式のように流入損失水頭 $h_e$ と流出損失水頭 $h_o$，摩擦損失水頭 $h_f$ だけを考慮して近似的な計算をすることが多い。

$$H = f_e \frac{v^2}{2g} + f_o \frac{v^2}{2g} + f \frac{L}{D} \cdot \frac{v^2}{2g} \tag{4.38}$$

一般に $f_e = 0.5$，$f_o = 1$ とされることが多い。

この式と**連続の式**（$Q = Av$）を用いることにより，管水路を流れる流量 $Q$ を算出できる。また，逆に流量 $Q$ を与えることにより，その流量を流すために必要な管径 $D$ を求めることもできる。

**図 4.14** のように，2 つの貯水体を結ぶ管水路の流出口が下流の水槽の水面より深い位置に設定されている場合，エネルギー線の軌跡は $A_0 A_1 B_1 B_2$，動水こう配線の軌跡は $A_0 A_2 B_2$ となる。

もし，管水路の長さ $L$ が管径 $D$ のおよそ 3,000 倍以上（$L/D \geq 3,000$）になる場合，損失水頭としては摩擦だけを考えて，その他のものをすべて無視することができる。このように考えてよい管を**長管**（long pipe）という。これに対して，管長が管径の 3,000 倍以下の場合，全損失水頭を求めるのに，摩擦以外の原因による損失水頭も考慮する必要がある。このような管を**短管**（short pipe）という。

### 4.4.3 サイフォン

**図 4.15** のように管水路の一部が動水こう配線よりも高くなる構造となっているものを**サイフォン**（siphon）という。動水こう配線より高い位置では，管内の絶対圧は大気圧以下，すなわち**負のゲージ圧**となり，圧力水頭も負となる。この図において水圧が最も低くなるのは，頂点 C の曲がりの直後（圧力水頭 $= p_c/\rho g$）である。圧力水頭は絶対圧 0 未満，すなわち水頭で $-10.33$ m より低くなることはない。したがって，理論上，頂点 C の位置が動水こう配線より 10.33 m 以上高くなると，水は流れなくなる。ただし，実際には，それより低くても水が気化することによって上部に空洞が生じて流れの遮断が起こり，サイフォンとして機能しなくなるため，実用上は約 8 m が動水こう配線を上回る限界高さとされている。なお，サイフォンの限界高さを超えた場合のように，局所的な減圧によって管内に空洞が生じ，水が流れなくなる現象を**キャビテーション**（**空洞現象**）という。

上流側の貯水池 A の基準面からの水位を $z_A$，下流側の貯水池 B の基準面からの水位を $z_B$，貯水池 A と貯水池 B の水位差を $H$ とすると，$H$ は次のようにあらわされる。

---

**用語の解説**

**連続の式**（continuity equation）
流れの質量保存をあらわす式。

**長管**（long pipe）
管水路において，その全長が管径に比べて十分長いとき，摩擦以外の損失水頭を無視してもよいような管のこと。

**短管**（short pipe）
管水路において，その損失水頭を考えるとき，摩擦以外の原因による損失水頭も考慮する必要がある管のこと。

**サイフォン**（siphon）
液体をその液面の高さより高いところへ一度持ち上げた後，低いところへ移すための逆 U 字形の管のこと。その管の特徴は，管内の水圧が大気圧より小さくなることであるが，最低水圧でも絶対圧は 0 より大きい。

**負のゲージ圧**
ゲージ圧 $p$ は絶対圧 $p'$ から大気圧 $p_0$ を差し引いたもの（$p = p' - p_0$）であり，絶対圧が大気圧未満（$p' < p_0$）であるとき，ゲージ圧 $p$ は負値となる。ただし，絶対圧が 0 を下回ることはないため，理論上，$p = -p_0$ が下限値となる。

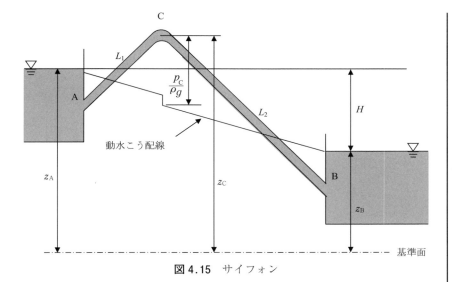

**図 4.15** サイフォン

$$z_A = z_B + \left(f_e + f_b + f_o + f\frac{L_1+L_2}{D}\right)\frac{v^2}{2g}$$

$$H = \left(f_e + f_b + f_o + f\frac{L_1+L_2}{D}\right)\frac{v^2}{2g} \quad (\because\ H = z_A - z_B) \tag{4.39}$$

ここに $L_1$ は AC 間の長さ，$L_2$ は CB 間の長さ，$D$ は管径，$v$ は流速，$f_e$ は流入損失係数，$f_o$ は流出損失係数，$f_b$ は曲がり損失係数，$f$ は摩擦損失係数である。

式 (4.39) を $v$ について整理すると次のようにあらわされる。

$$v = \sqrt{\frac{2gH}{f_e + f_b + f_o + f\dfrac{L_1+L_2}{D}}} \tag{4.40}$$

次に，上側の貯水池 A の水面と頂点 C にベルヌーイの定理を適用すると次のようにあらわされる。

$$z_A = \frac{v^2}{2g} + z_C + \frac{p_C}{\rho g} + \left(f_e + f_b + f\frac{L_1}{D}\right)\frac{v^2}{2g} \tag{4.41}$$

この式に，式 (4.40) を代入し，$\dfrac{p_C}{\rho g}$ を求めると，次のようにあらわされる。

$$z_A = \frac{v^2}{2g} + z_C + \frac{p_C}{\rho g} + \left(f_e + f_b + f\frac{L_1}{D}\right)\frac{v^2}{2g}$$

$$\frac{p_C}{\rho g} = z_A - z_C - \left(1 + f_e + f_b + f\frac{L_1}{D}\right)\frac{v^2}{2g}$$

$$= z_A - z_C - \left(\frac{1 + f_e + f_b + f\dfrac{L_1}{D}}{f_e + f_b + f_o + f\dfrac{L_1+L_2}{D}}\right)H \tag{4.42}$$

この式を $H$ について整理すると，次のようにあらわされる。

## 用語の解説

### 日本で最初の逆サイフォン

日本三大名園の一つ石川県金沢市の兼六園は，日本ではじめて逆サイフォンの技術が利用された場所としても有名である。これは金沢城下を流れる辰巳用水の水を「伏越の理」と呼ばれる逆サイフォンによって，兼六園と金沢城の間に横たわる百間堀の下に水路をくぐらせて，引水するために用いられた。サイホンは水をいったん高いところにあげて，その後低いところへ移すが，逆サイホンは高低差を利用して水を移動させるものである。

### キャビテーション
### 空洞現象
(cavitation)
流れの中に局部的な真空状態が発生する現象。水車や，遠心ポンプの羽根車などが急回転するとき，その周囲に生ずる。

$$H = \frac{f_e + f_b + f_o + f\dfrac{L_1+L_2}{D}}{1 + f_e + f_b + f\dfrac{L_1}{D}}\left\{z_A - \left(\frac{p_C}{\rho g} + z_C\right)\right\} \qquad (4.43)$$

サイフォンが機能する圧力水頭の限界値を $-8\,\mathrm{m}$ とすると，式 (4.43) の $\dfrac{p_C}{\rho g}$ にこの値を代入したときに得られる $H$ の値がサイフォンを機能させて送水することができる水位差の最大値 $H_{\max}$ となる。

$$H_{\max} = \frac{f_e + f_b + f_o + f\dfrac{L_1+L_2}{D}}{1 + f_e + f_b + f\dfrac{L_1}{D}}\left\{(z_A - z_C) - \frac{p_C}{\rho g}\right\}$$

$$= \frac{f_e + f_b + f_o + f\dfrac{L_1+L_2}{D}}{1 + f_e + f_b + f\dfrac{L_1}{D}}\{(z_A - z_C) + 8\} \qquad (4.44)$$

### 4.4.4 逆サイフォン（伏せ越し）

図 4.16 のように，水を道路や河川などを横断させて目的地まで送りたいときに，これらの下に管水路を通して位置水頭をいったん低下させた状態で水を流し，横断後，管水路を上方に向けて水を所定の高さに戻して目的地まで到達させるという方法がある。このような管水路の構造を**逆サイフォン**（inverted siphon）または**伏せ越し**という。逆サイフォンでは，両側の水路は開水路や貯水池で，逆サイフォンの部分だけが管水路になっている場合も多い。また，サイフォンとは違って，流水が動水こう配線より高くなることはなく，水理学的には一般の管水路と同様に扱っていけば良い。

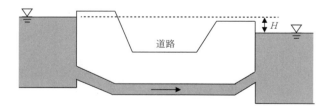

**図 4.16** 逆サイフォン

### 4.4.5 水車とポンプ

高い位置にある水を導いて，そのエネルギーを利用して**水車**（turbine）および**発電機**（generator）を動かし，電力を発生させるものが水力発電である。

図 4.17 のように 2 つの貯水池を結ぶ管水路の途中に水車が設置されてい

---

**用語の解説**

**水車**（turbine）
水の位置エネルギーを機械的にエネルギーに変換して動力として利用するもの。

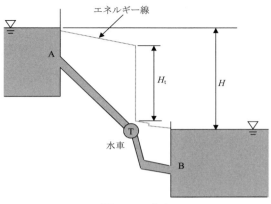

**図 4.17** 水車

るとき，上下の貯水池の水位差 $H$ を**総落差**（gross head）という。両貯水池間の全水頭の差は総落差と等しくなる。総落差のうち，水車を回転させるために利用することのできる正味の水頭高さに相当する落差 $H_t$ を**有効落差**（effective head）といい，総落差から流入や屈折などによる損失水頭 $h_t$ と摩擦損失水頭 $h_f$ を差し引いたものとなる。

$$H_t = H - (h_t + h_f) \,[\mathrm{m}] \tag{4.45}$$

管水路を流れる水の流量を $Q$（m³/s）とし，水のもつエネルギーが完全に利用されるものとすると，発生する理論上の動力 $P$ は次のようにあらわされる。

$$P = \rho g Q H_t \,[\mathrm{W}] \tag{4.46}$$

ここに $\rho$ は水の密度（1,000 kg/m³），$g$ は重力加速度（9.8 m/s²）である。

しかし，実際には水車内部で損失が生じるため，**水車の効率** $\eta_e$ を考慮して，実際の出力 $P_e$ は次のようにあらわされる。

$$\begin{aligned}P_e &= \rho g \eta_e Q H_t \,[\mathrm{W}] \\ &= 9.8\,\eta_e Q H_t \,[\mathrm{kW}]\end{aligned} \tag{4.47}$$

なお，水車を発電に利用する場合，**発電機の効率** $\eta_G$ も考慮する必要がある。そのため，実際の発電量 $P_G$ は次のようにあらわされる。

$$\begin{aligned}P_G &= \rho g \eta_e \eta_G Q H_t \,[\mathrm{W}] \\ &= 9.8\,\eta_0 Q H_t \,[\mathrm{kW}]\end{aligned} \tag{4.48}$$

ここに，$\eta_0 = \eta_e \cdot \eta_G$ であり，**総合効率**または単に**効率**とよばれる。一般的には，$\eta_e = 0.79 \sim 0.92$，$\eta_G = 0.90 \sim 0.95$，$\eta_0 = 0.75 \sim 0.85$ とされている。

水車とは逆に，**図 4.18** のように動力によって水を低いところから高いところへ送るものを**ポンプ**（pump）という。

ポンプで実際に水を上昇させる高さ $H$ を**実揚程**（actual pump head）といい，実揚程を得るためにポンプに要求される実質的な水頭 $H_p$ を**全揚程**（total pump head）という。実揚程は上の貯水池と下の貯水池の水位差であり，全揚程はそれに流入や屈折などによる損失水頭 $h_t$ と摩擦損失水頭 $h_f$ を

## 用語の解説

**総落差**（gross head）
上と下の2つの水槽の水位差。この水位差は，水車による損失水頭（**有効落差**）に，管水路部分の損失水頭を加えた全損失水頭をあらわしているため，両水層の全水頭の差でもある。

**ポンプ**（pump）
水車と逆で，動力によって水を高いところへ送る装置。機械的なエネルギーで圧力差を発生させ，運動エネルギーに変換させる機械。

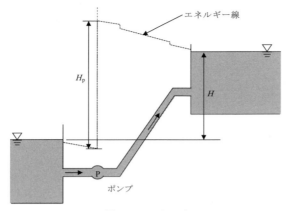

**図 4.18** ポンプ

加えたものとなる。

$$H_p = H + h_t + h_f \ [\text{m}] \tag{4.49}$$

ポンプに要求される理論上の動力 $S_t$ を**水動力**（water power）あるいは**理論動力**といい，次のようにあらわされる。

$$S_t = \rho g Q H_p \ [\text{W}]$$
$$= 9.8 Q H_p \ [\text{kW}] \tag{4.50}$$

また，実揚程あるいは全揚程を得るために，実際に必要となるポンプの動力 $S$ は，ポンプ内で発生する水頭損失を考慮する必要があるため，水動力 $S_t$ よりも大きくなる。この $S$ を**軸動力**（shaft power）といい，次のように，水動力 $S_t$ をポンプの効率 $\eta_p$ で除した形であらわされる。$\eta_p$ の値は，一般的に 0.65〜0.85 とされている。

$$S = \frac{\rho g Q H_p}{\eta_p} \ [\text{W}]$$
$$= \frac{9.8 Q H_p}{\eta_p} \ [\text{kW}] \tag{4.51}$$

〔例題 4.7〕

A と B の 2 つの水槽を 1 本の管で連結する管水路がある。水槽 A の水面の標高を 100.0 m，水槽 B の水面の標高を 92.6 m，管水路の長さを $L = 4,250$ m とすると，これに流量 $Q = 0.280$ m³/s で水を流すには管径 $D$ をいくらにすればよいか。ただし，鋳鉄管を用い，摩擦損失水頭以外を無視できる長管として考えることとし，$f = 0.02$ として計算せよ。

〔解〕

まず水面差 $H$ を求める。

$$H = 100.0 - 92.6 = 7.4 \ \text{m}$$

この場合，長管として計算するので式（4.38）は次のように簡略化される。

$$H = f \frac{L}{D} \cdot \frac{v^2}{2g}$$

これを整理すると

$$v = \sqrt{\frac{2gH}{f\frac{L}{D}}}$$

この式を連続式に代入して

$$Q = Av = \frac{\pi D^2}{4}\sqrt{\frac{2gH}{f\frac{L}{D}}}$$

この式の両辺を2乗して整理すると

$$Q^2 = \left(\frac{\pi}{4}\right)^2 D^5 \frac{2gH}{fL}$$

$$D = \sqrt[5]{\frac{fL}{2gH}\left(\frac{4Q}{\pi}\right)^2} = 0.6075\left(fL\frac{Q^2}{H}\right)^{\frac{1}{5}}$$

この式に，$f=0.02$, $L=4,250$, $Q=0.280$, $H=7.4$ を代入すると

$$D = 0.6075\left(fL\frac{Q^2}{H}\right)^{\frac{1}{5}} = 0.6075 \times \left(0.02 \times 4250 \times \frac{0.280^2}{7.4}\right)^{\frac{1}{5}} = 0.595 \text{ [m]}$$

よって，管径は 60 cm 程度にすればよい．

〔例題 4.8〕

図 4.15 において，$z_A = 11.0$ m, $z_C = 12.0$ m, $H = 8.0$ m, $L_1 = 15.0$ m, $L_2 = 20.0$ m, 管径 $D = 0.70$ m とするとき，このサイフォンが機能するときの両水槽の水面差 $H$ の限度 $H_{max}$ を求めよ．またこの時の管内の流量を求めよ．ただし $f_e = 0.5$, $f_b = 0.3$, $n = 0.013$ とする．C 点の限界高を動水こう配線の上 8.0 m までとする．

〔解〕

まず，式（4.15）より摩擦損失係数 $f$ を求める．

$$f = \frac{124.5n^2}{D^{\frac{1}{3}}} = \frac{124.5 \times 0.013^2}{0.70^{\frac{1}{3}}} = 0.0237$$

式（4.40）より管内の流速は次のようになる．

$$v = \sqrt{\frac{2gH}{f_e + f_o + f_b + f\frac{L_1+L_2}{D}}}$$

$$= \sqrt{\frac{2 \times 9.8 \times 8.0}{0.5 + 1.0 + 0.3 + 0.0237 \times \frac{15.0+20.0}{0.70}}} = 7.25 \text{ [m/s]}$$

よって，管水路の流量は

$$Q = Av = \frac{3.14 \times 0.70^2}{4} \times 7.25 = 2.79 \text{ [m}^3\text{/s]}$$

水面差の限界 $H_{max}$ は式（4.44）より

$$H_{max} = \frac{f_e + f_b + f_o + f\dfrac{L_1+L_2}{D}}{1 + f_e + f_b + f\dfrac{L_1}{D}} \times \{(z_A - z_C) + 8\}$$

$$= \frac{0.5 + 0.3 + 1.0 + 0.0237 \times \dfrac{15.0+20.0}{0.70}}{1.0 + 0.5 + 0.3 + 0.0237 \times \dfrac{15.0}{0.70}} \times \{(11.0-12.0) + 8\}$$

$$= 9.1 \ [\text{m}]$$

〔例題 4.9〕

 図4.19のように右と左に2つの貯水池があり，これらの貯水池の水位差が0.70 m ある。2つの貯水池は内径1.50 m のコンクリート製の管水路によって接続されており，逆サイフォンによって，左から右へ水が流れている。このときの管水路の流量はいくらになるか。ただし $f_e = 0.5$, $f_b = 0.3$, $n = 0.013$ とする。

〔解〕

 まず，式（4.15）から摩擦損失係数 $f$ を求める。

$$f = \frac{124.5 n^2}{D^{1/3}} = \frac{124.5 \times 0.013^2}{1.50^{1/3}} = 0.0184$$

 流入損失，流出損失，2カ所の曲がり損失および摩擦損失を考慮すると，管内の流速は次のようになる。

$$v = \sqrt{\frac{2gH}{f_e + f_o + 2f_b + f\dfrac{L}{D}}}$$

$$= \sqrt{\frac{2 \times 9.8 \times 0.70}{0.5 + 1.0 + 2 \times 0.3 + 0.0184 \times \dfrac{20+60+10}{1.50}}}$$

$$= 2.07 \ [\text{m/s}]$$

よって，管水路の流量は

$$Q = Av = \frac{3.14 \times 1.50^2}{4} \times 2.07 = 3.66 \ [\text{m}^3/\text{s}]$$

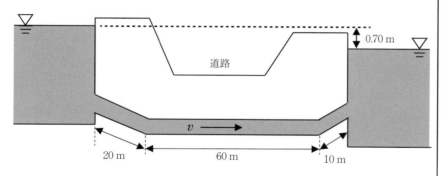

図4.19　逆サイフォン・曲がりのある単線水路

〔例題 4.10〕
　上と下に2つの貯水池があり，これらの貯水池の水位差が 24.85 m である。下の貯水池から上の貯水池まで 60 L/s の水をポンプで揚水するには，どれだけの動力が必要か。ただし，管水路は内径 300 mm，長さ 50.0 m で，摩擦損失（$f=0.03$）と，管水路の入口と出口で流入損失（$f_e=0.5$）と流出損失（$f_o=1.0$）が生じるものとする。また使用するポンプの効率は 0.8 とする。

〔解〕
　まず，管水路の流速を求める。

$$v = \frac{Q}{A} = \frac{0.060}{\frac{3.14 \times 0.300^2}{4}} = 0.849 \ [\text{m/s}]$$

それぞれの損失水頭を求める。

$$h_e = f_e \frac{v^2}{2g} = 0.5 \times \frac{0.849^2}{2 \times 9.8} = 0.0184 \ [\text{m}]$$

$$h_o = f_o \frac{v^2}{2g} = 1.0 \times \frac{0.849^2}{2 \times 9.8} = 0.0368 \ [\text{m}]$$

$$h_f = f \frac{L}{D} \cdot \frac{v^2}{2g} = 0.03 \times \frac{50.0}{0.300} \times \frac{0.849^2}{2 \times 9.8} = 0.1839 \ [\text{m}]$$

ポンプに要求される全揚程 $H_p$ は次のようになる。

$$H_p = H + h_t + h_f$$
$$= 24.85 + (0.018 + 0.037) + 0.184 = 25.09 \ [\text{m}]$$

よって，式（4.51）より必要な動力は次のようになる

$$S = \frac{\rho g Q H_p}{\eta_p} = \frac{1000 \times 9.8 \times 0.060 \times 25.09}{0.8} = 18.4 \ [\text{kW}]$$

## 4.5　分岐・合流する管水路

### 4.5.1　分岐管水路

1つの水槽から複数の水槽に送水するために，1本の管水路を途中で分岐させてそれぞれの水槽に接続して送水するものを**分岐管水路**という。図 **4.20** に示すような分岐管水路において，水槽 A から水槽 B の水面差を $H_B$，水槽 A と水槽 C の水面差を $H_C$，AE 間での損失水頭を $h$ とすると，分岐点 E と水槽 B および水槽 C のピエゾ水頭差はそれぞれ $H_B-h$，$H_C-h$ となる。いま AE 間，EB 間および EC 間における管長，管径および流速をそれぞれ $L_A$，$D_A$，$v_A$，$L_B$，$D_B$，$v_B$ および $L_C$，$D_C$，$v_C$ であらわし，いずれも管長が十分長く摩擦損失水頭のみを考慮する長管であるとすると，次の関係が成り立つ。

AE 間の損失水頭　　　$h = f_A \dfrac{L_A}{D_A} \cdot \dfrac{v_A^2}{2g}$　　　　　（4.52）

---

**用語の解説**

**分岐管水路**
1つの水槽から複数の水槽に送水するために，1本の管水路を途中で分岐させてそれぞれの水槽に接続して送水するもの。

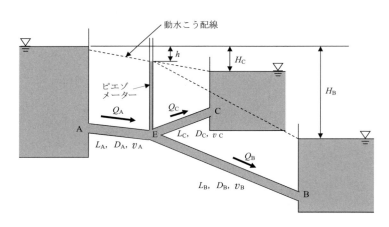

**図 4.20** 分岐管水路

EB 間の損失水頭 　　$H_B - h = f_B \dfrac{L_B}{D_B} \cdot \dfrac{v_B{}^2}{2g}$ 　　(4.53)

EC 間の損失水頭 　　$H_C - h = f_C \dfrac{L_C}{D_C} \cdot \dfrac{v_C{}^2}{2g}$ 　　(4.54)

ここに $f_A$, $f_B$, $f_C$ はそれぞれ AE 間，EB 間，EC 間における摩擦損失係数である。これらの式に連続の式から導かれる各区間の流速

$$v_A = \dfrac{4}{\pi D_A{}^2} Q_A$$
$$v_B = \dfrac{4}{\pi D_B{}^2} Q_B \qquad (4.55)$$
$$v_C = \dfrac{4}{\pi D_C{}^2} Q_C$$

を代入し，さらに，

$$Q_A = Q_B + Q_C \qquad (4.56)$$

を考慮して連立方程式を解くことで，水路における諸量を求めることができる。つまり，各区間の管の長さ，管径，水面差がわかっていれば，各区間の流量を求めることができる。また各区間の管の長さ，管径，流量がわかっていれば，それぞれの水槽の水面差を求めることができる。さらに，各区間の長さ $L$，流量 $Q$，水面差 $H$ および AE 間の管径 $D_A$ がわかっていれば，分岐した管の内径 $D_B$ および $D_C$ を求めることができる。

### 4.5.2 合流管水路

複数の管水路が途中で 1 本の管水路に合流するものを **合流管水路** という。図 4.21 に示すように，水槽 A と水槽 B から水槽 C に送水する管水路が E で合流する場合，水槽 A と水槽 C の水面差を $H_A$，水槽 B と水槽 C の水面差を $H_B$ とし，EC 間におけるピエゾ水頭差を $h$ とすると，AE 間および BE

**合流管水路**
複数の管水路が途中で 1 本の管水路に合流するもの。

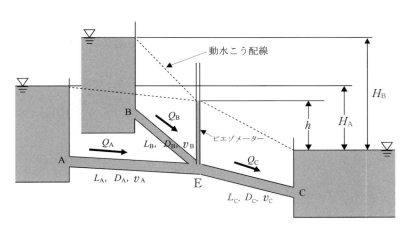

図4.21 合流管水路

間のピエゾ水頭差はそれぞれ $H_A-h$, $H_B-h$ となる。AE 間, BE 間および EC 間における管長, 管径および流速をそれぞれ $L_A$, $D_A$, $v_A$, $L_B$, $D_B$, $v_B$ および $L_C$, $D_C$, $v_C$ であらわし, いずれも管長が十分長く摩擦損失水頭のみを考慮する長管であるとすると, 分岐管水路の場合と同様に, 各区間での損失水頭は以下のようになる。

AE 間の損失水頭　　$H_A - h = f_A \dfrac{L_A}{D_A} \cdot \dfrac{v_A^2}{2g}$　　(4.57)

BE 間の損失水頭　　$H_B - h = f_B \dfrac{L_B}{D_B} \cdot \dfrac{v_B^2}{2g}$　　(4.58)

EC 間の損失水頭　　$h = f_C \dfrac{L_C}{D_C} \cdot \dfrac{v_C^2}{2g}$　　(4.59)

ここに, $f_A$, $f_B$, $f_C$ はそれぞれ AE 間, BE 間, EC 間における摩擦損失係数である。これらの式に, 式 (4.55) の流速を代入し,

$Q_A + Q_B = Q_C$　　(4.60)

を考慮して連立方程式を解くことにより, 水槽の水面差, 各区間の管径および流量のうちいずれか2つが与えられると, 残りの1つを算出することができる。

〔例題 4.11〕

図 4.20 において, $D_A = 0.70$ m, $D_B = 0.40$ m, $D_C = 0.50$ m, $L_A = 300$ m, $L_B = 600$ m, $L_C = 500$ m, $H_B = 8.0$ m, $H_C = 5.0$ m とするとき, 各管内の流量 $Q_A$, $Q_B$, $Q_C$ を求めよ。ただし, 管の粗度係数は $n = 0.013$ とする。

〔解〕

まず, 摩擦損失係数を整理する。

$$f_A = \frac{124.5 n^2}{D^{\frac{1}{3}}} = \frac{124.5 \times 0.013^2}{0.70^{\frac{1}{3}}} = 0.0237$$

同様に, $f_B = 0.0286$, $f_C = 0.0265$

次に，式（4.52）を式（4.53）および式（4.54）にそれぞれ代入して整理すると

$$H_B = f_A \frac{L_A}{D_A} \cdot \frac{v_A^2}{2g} + f_B \frac{L_B}{D_B} \cdot \frac{v_B^2}{2g}$$

$$H_C = f_A \frac{L_A}{D_A} \cdot \frac{v_A^2}{2g} + f_C \frac{L_C}{D_C} \cdot \frac{v_C^2}{2g}$$

これらの式に式（4.55）を代入して整理すると

$$H_B = 0.0827 \left( f_A \frac{L_A Q_A^2}{D_A^5} + f_B \frac{L_B Q_B^2}{D_B^5} \right)$$

$$H_C = 0.0827 \left( f_A \frac{L_A Q_A^2}{D_A^5} + f_C \frac{L_C Q_C^2}{D_C^5} \right)$$

この式にそれぞれの管長，管径，摩擦損失係数を代入すると

$$8.0 = 0.0827 (42.3 Q_A^2 + 1675.8 Q_B^2) \tag{A}$$

$$5.0 = 0.0827 (42.3 Q_A^2 + 424.0 Q_C^2) \tag{B}$$

これらと

$$Q_A = Q_B + Q_C \tag{C}$$

を加えた3式の連立方程式を解く。

式（A）から $Q_B$ を求めると

$$Q_B = \sqrt{0.0577 - 0.0252 Q_A^2}$$

式（B）から $Q_C$ を求めると

$$Q_C = \sqrt{0.1426 - 0.0998 Q_A^2}$$

これらを式（C）に代入して整理すると

$$1.2556 Q_A^4 - 0.4133 Q_A^2 + 0.0072 = 0$$

これを解くと

$$Q_A^2 = 0.311$$

よって，$Q_A = 0.56 \, \text{m}^3/\text{s}$ となり，$Q_B = 0.22 \, \text{m}^3/\text{s}$，$Q_C = 0.33 \, \text{m}^3/\text{s}$ が求まる。

## 4.6 管網の流量計算

　上水道の配水管は，水が下流のある地点まで到達するのに複数の経路が存在する網状の敷設がなされている。このような形式の管水路を**管網**（pipe network）といい，管網における流量の配分計算を**管網計算**という。管網流量を計算する方法にはいろいろな方法があるが，いずれも複雑なものとなっている。現在もっとも広く用いられている方法は，**ハーディ・クロス**（Hardy-Cross）の試算法である。

　この方法では，以下の手順で各区間での流量が算出される。なお，損失水頭については，摩擦損失水頭のみが生じるものとして扱われる。

---

**用語の解説**

**管網**（pipe network）
水道の配水管のように，水が下流のある地点まで到達するまでに，分岐と合流によって複数の経路が存在する網状の管路が形成されたもの。

**ハーディ・クロス法**
（Hardy-Cross method）
管網における複雑な各部の流量の計算において，はじめに管路各部の流量を仮定して摩擦抵抗を計算し，条件を満足するようにはじめに仮定した流量を補正していく方法。何回かの試算を繰り返して正しい値を求めていく。

① 管網をいくつかの回路に分ける。
② 各区間の流量 $Q$ と流れの向きを仮定する。このとき，管水路の各交点では，流入量の和と流出量の和が必ず等しくなるようにする。
③ 回路ごとに，右回りの時の損失水頭を正，左回りの時の損失水頭を負と仮定する。
④ 仮定した流量 $Q$ を用いて，各区間での損失水頭を計算する。

損失水頭は，一般に次の式のようにあらわされ，

$$h_f = kQ^m \tag{4.61}$$

代表的な実用式である，**マニングの公式**および**ヘーゼン・ウィリアムスの公式**を用いる場合は以下のようになる。

マニングの公式：

$$h_f = f\frac{L}{D} \cdot \frac{v^2}{2g} = f\frac{L}{D}\frac{1}{2g}\left(\frac{4Q}{\pi D^2}\right)^2 = kQ^2 \tag{4.62}$$

$$k = \frac{8}{\pi^2 g} \cdot \frac{fL}{D^5} \tag{4.63}$$

ヘーゼン・ウィリアムスの公式：

$$h_f = kQ^{1.85} \tag{4.64}$$

$$k = \frac{10.667L}{C_H^{1.85} D^{4.87}} \tag{4.65}$$

⑤ 回路ごとに損失水頭の合計値を求める。もし仮定した流量が正しければ，各回路の損失水頭の和は計算上 0 となり，それらを各区間の流量とする。損失水頭の和が 0 にならない場合は，以下の一般式に基づいて補正流量 $\Delta Q$ を算出する。

$$\Delta Q = -\frac{\sum h_f}{m\sum kQ^{m-1}} = -\frac{\sum kQ^m}{m\sum kQ^{m-1}} \tag{4.66}$$

マニングの公式およびヘーゼン・ウィリアムスの公式の場合は以下のようになる。

マニングの公式：

$$\Delta Q = -\frac{\sum h_f}{2\sum kQ} = -\frac{\sum kQ^2}{2\sum kQ} \tag{4.67}$$

ヘーゼン・ウィリアムスの公式：

$$\Delta Q = -\frac{\sum h_f}{1.85\sum kQ^{0.85}} = -\frac{\sum kQ^{1.85}}{1.85\sum kQ^{0.85}} \tag{4.68}$$

⑥ 仮定した流量 $Q$ に，補正流量 $\Delta Q$ を加えて，新たな仮定流量 $Q$ とする。複数の回路に関わっている管の流量については，関連する回路の全てに対し補正を同時に行う。
⑦ 新たに決定した仮定流量 $Q$ を用いて，④～⑥を繰り返し，各回路の損失水頭の和がほぼ 0 になったとき，その仮定流量 $Q$ を，各管の流量として決定する。

〔例題 4.12〕
図 4.22 に示す管網の流量を計算せよ。ただし，摩擦損失係数 $f=0.03$ とし，流量から損失係数を求める際にはマニングの公式を用いるものとする。

〔解〕
まず，回路を ACDB と CEFD の 2 つに分け，仮定流量を図 4.23 のように設定する。また，右回りの流れによる損失水頭を正，左回りの流れによる損失水頭を負とする。

次に，各管路の $k$ を算出する。

$$k_{AC} = \frac{8}{\pi^2 g} \frac{fL}{D^5} = \frac{8}{3.14^2 \times 9.8} \times \frac{0.03 \times 100}{0.250^5} = 254.35$$

$$k_{CD} = \frac{8}{3.14^2 \times 9.8} \times \frac{0.03 \times 200}{0.200^5} = 1552.41$$

$$k_{DB} = \frac{8}{3.14^2 \times 9.8} \times \frac{0.03 \times 100}{0.200^5} = 776.20$$

$$k_{BA} = \frac{8}{3.14^2 \times 9.8} \times \frac{0.03 \times 200}{0.200^5} = 1552.41$$

$$k_{CE} = \frac{8}{3.14^2 \times 9.8} \times \frac{0.03 \times 180}{0.250^5} = 457.82$$

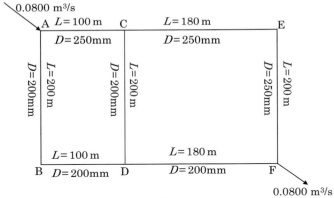

図 4.22　管網

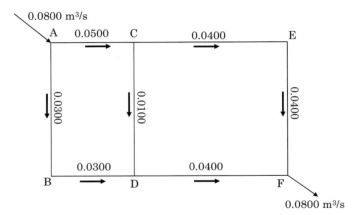

図 4.23　管網の仮定流量

$$k_{EF} = \frac{8}{3.14^2 \times 9.8} \times \frac{0.03 \times 200}{0.250^5} = 508.69$$

$$k_{FD} = \frac{8}{3.14^2 \times 9.8} \times \frac{0.03 \times 180}{0.200^5} = 1397.17$$

〔第1次計算〕

各管路の損失水頭を求める。

$$h_{AC} = k_{AC} Q_{AC}^2 = 254.35 \times 0.05^2 = 0.6359$$

$h_{CD} = 1552.41 \times 0.01^2 = 0.1552$   $h_{DB} = 776.42 \times 0.03^2 = 0.6986$

$h_{BA} = 1552.41 \times 0.03^2 = 1.3972$   $h_{CE} = 457.82 \times 0.04^2 = 0.7325$

$h_{EF} = 508.69 \times 0.04^2 = 0.8139$   $h_{FD} = 1395.17 \times 0.04^2 = 2.2355$

各回路の損失水頭の和を求める。

回路 ACDB：

$$\sum h_{ACDB} = h_{AC} + h_{CD} - h_{DB} - h_{BA} = 0.6359 + 0.1552 - 0.6986 - 1.3972 = -1.3047$$

回路 CEFD：

$$\sum h_{CEFD} = h_{CE} + h_{EF} - h_{FD} - h_{DC} = 0.7325 + 0.8139 - 2.2355 - 0.1552 = -0.8443$$

両回路とも総和が0に近い値にならなかったので，流量を補正し，再度計算を行う。

〔第2次計算〕

補正流量を求める。

回路 ACDB:

$$\Delta Q_{ACDB} = -\frac{\sum h_{ACDB}}{2\sum kQ}$$

$$= -\frac{-1.3047}{2 \times (254.35 \times 0.05 + 1552.41 \times 0.01 + 776.20 \times 0.03 + 1552.41 \times 0.03)}$$

$$= 0.0066$$

回路 CEFD:

$$\Delta Q_{CEFD} = -\frac{\sum h_{CEFD}}{2\sum kQ}$$

$$= -\frac{-0.8434}{2 \times (457.82 \times 0.04 + 508.69 \times 0.04 + 1397.17 \times 0.04 + 1552.41 \times 0.01)}$$

$$= 0.0038$$

算出された各回路の補正流量をもとに，新しい仮定流量を算出する。このとき $\Delta Q$ が正ならば右回り，$\Delta Q$ が負ならば左回りに流れるものとする。なお，両回路で重なる CD については，両方の値を使って補正する。

$Q_{AC} = 0.05 + 0.0066 = 0.0566$   $Q_{CD} = 0.01 + 0.0066 - 0.0038 = 0.0128$

$Q_{DB} = 0.03 - 0.0066 = 0.0234$   $Q_{BA} = 0.03 - 0.0066 = 0.0234$

$Q_{CE} = 0.04 + 0.0038 = 0.0438$   $Q_{EF} = 0.04 + 0.0038 = 0.0438$

$Q_{FD} = 0.04 - 0.0038 = 0.0362$

これらの流量を使って，もう一度各区間の損失水頭を求める。

$h_{AC} = k_{AC}Q_{AC}^2 = 254.35 \times 0.0566^2 = 0.8148$

$h_{CD} = 1552.41 \times 0.0128^2 = 0.2543$ $\quad h_{DB} = 776.20 \times 0.0234^2 = 0.4250$

$h_{BA} = 1552.41 \times 0.0234^2 = 0.8500$ $\quad h_{CE} = 457.82 \times 0.0438^2 = 0.8783$

$h_{EF} = 508.69 \times 0.0438^2 = 0.9759$ $\quad h_{FD} = 1397.17 \times 0.0362^2 = 1.8309$

各回路の損失水頭の和を求める。

回路 ACDB：

$\sum h_{ACDB} = h_{AC} + h_{CD} - h_{DB} - h_{BA} = -0.2059$

回路 CEFD：

$\sum h_{CEFD} = h_{CE} + h_{EF} - h_{FD} - h_{DC} = -0.2310$

両回路とも総和が 0 に近い値にならなかったので，流量を補正し，再度計算を行う。

### 〔第3次計算〕

補正流量を求める。

回路 ACDB:

$$\Delta Q_{ACDB} = -\frac{\sum h_{ACDB}}{2\sum kQ}$$

$$= -\frac{-0.2059}{2 \times (254.35 \times 0.0566 + 1552.41 \times 0.0128 + 776.20 \times 0.0234 + 1552.41 \times 0.0234)}$$

$$= 0.0012$$

回路 CEFD:

$$\Delta Q_{CEFD} = -\frac{\sum h_{CEFD}}{2\sum kQ}$$

$$= -\frac{-0.2310}{2 \times (457.82 \times 0.0438 + 508.69 \times 0.0438 + 1397.17 \times 0.0362 + 1552.41 \times 0.0128)}$$

$$= 0.0010$$

算出された各回路の補正流量をもとに，新しい仮定流量を算出する。

$Q_{AC} = 0.0566 + 0.0012 = 0.0578$

$Q_{CD} = 0.0128 + 0.0012 - 0.0010 = 0.0130$

$Q_{DB} = 0.0234 - 0.0012 = 0.0222$ $\quad Q_{BA} = 0.0234 - 0.0012 = 0.0222$

$Q_{CE} = 0.0438 + 0.0010 = 0.0448$ $\quad Q_{EF} = 0.0438 + 0.0010 = 0.0448$

$Q_{FD} = 0.0362 - 0.0010 = 0.0352$

これら流量を使って，もう一度各区間の損失水頭を求める。

$h_{AC} = k_{AC}Q_{AC}^2 = 254.35 \times 0.0578^2 = 0.8497$

$h_{CD} = 1552.41 \times 0.0130^2 = 0.2624$ $\quad h_{DB} = 776.20 \times 0.0222^2 = 0.3825$

$h_{BA} = 1552.41 \times 0.0222^2 = 0.7651$ $\quad h_{CE} = 457.82 \times 0.0448^2 = 0.9189$

$h_{EF} = 508.69 \times 0.0448^2 = 1.0210$ $\quad h_{FD} = 1397.17 \times 0.0352^2 = 1.7311$

各回路の損失水頭の和を求める。

回路 ACDB：

$$\sum h_{ACDB} = h_{AC} + h_{CD} - h_{DB} - h_{BA} = -0.0355$$

回路 CEFD：

$$\sum h_{CEFD} = h_{CE} + h_{EF} - h_{FD} - h_{DC} = -0.0536$$

両回路とも総和がまだ0に近い値にならなかったので，流量を補正し，再度計算を行う．

〔第4次計算〕

補正流量を求める．

回路 ACDB:

$$\Delta Q_{ACDB} = -\frac{\sum h_{ACDB}}{2\sum kQ}$$

$$= -\frac{-0.0355}{2\times(254.35\times0.0578 + 1552.41\times0.0130 + 776.20\times0.0222 + 1552.41\times0.0222)}$$

$$= 0.0002$$

回路 CEFD:

$$\Delta Q_{CEFD} = -\frac{\sum h_{CEFD}}{2\sum kQ}$$

$$= -\frac{-0.0536}{2\times(457.82\times0.0448 + 508.69\times0.0448 + 1397.17\times0.0352 + 1552.41\times0.0130)}$$

$$= 0.0002$$

算出された各回路の補正流量をもとに，新しい仮定流量を算出する．

$Q_{AC} = 0.0578 + 0.0002 = 0.0580$

$Q_{CD} = 0.0130 + 0.0002 - 0.0002 = 0.0130$

$Q_{DB} = 0.0222 - 0.0002 = 0.0220$　　$Q_{BA} = 0.0222 - 0.0002 = 0.0220$

$Q_{CE} = 0.0448 + 0.0002 = 0.0450$　　$Q_{EF} = 0.0448 + 0.0002 = 0.0450$

$Q_{FD} = 0.0352 - 0.0002 = 0.0350$

これらの流量を使って，もう一度各区間の損失水頭を求める．

$h_{AC} = k_{AC} Q_{AC}^2 = 254.35 \times 0.0580^2 = 0.8556$

$h_{CD} = 1552.41 \times 0.0130^2 = 0.2624$　　$h_{DB} = 776.20 \times 0.0220^2 = 0.3757$

$h_{BA} = 1552.41 \times 0.0220^2 = 0.7514$　　$h_{CE} = 457.82 \times 0.0450^2 = 0.9271$

$h_{EF} = 508.69 \times 0.0450^2 = 1.0301$　　$h_{FD} = 1397.17 \times 0.0350^2 = 1.7115$

各回路の損失水頭の和を求める．

回路 ACDB：

$$\sum h_{ACDB} = h_{AC} + h_{CD} - h_{DB} - h_{BA} = -0.0091$$

回路 CEFD：

$$\sum h_{CEFD} = h_{CE} + h_{EF} - h_{FD} - h_{DC} = -0.0167$$

両回路とも総和がまだ0に近い値にならなかったので，流量を補正し，再度計算を行う．

〔第5次計算〕

補正流量を求める．

回路 ACDB:

$$\varDelta Q_{\text{ACDB}}=-\frac{\sum h_{\text{ACDB}}}{2\sum kQ}$$

$$=-\frac{-0.0091}{2\times(254.35\times 0.0580+1552.41\times 0.0130+776.20\times 0.0220+1552.41\times 0.0220)}$$

$$=0.0001$$

回路 CEFD:

$$\varDelta Q_{\text{CEFD}}=-\frac{\sum h_{\text{CEFD}}}{2\sum kQ}$$

$$=-\frac{-0.0167}{2\times(457.82\times 0.0450+508.69\times 0.0450+1397.17\times 0.0350+1552.41\times 0.0130)}$$

$$=0.0001$$

算出された各回路の補正流量をもとに，新しい仮定流量を算出する。

$Q_{\text{AC}}=0.0580+0.0001=0.0581$

$Q_{\text{CD}}=0.0130+0.0001-0.0001=0.0130$

$Q_{\text{DB}}=0.0220-0.0001=0.0219$　　　$Q_{\text{BA}}=0.0220-0.0001=0.0219$

$Q_{\text{CE}}=0.0450+0.0001=0.0451$　　　$Q_{\text{EF}}=0.0450+0.0001=0.0451$

$Q_{\text{FD}}=0.0350-0.0001=0.0349$

これらの流量を使って，もう一度各区間の損失水頭を求める。

$h_{\text{AC}}=k_{\text{AC}}Q_{\text{AC}}{}^2=254.35\times 0.0581^2=0.8586$

$h_{\text{CD}}=1552.41\times 0.0130^2=0.2624$　　　$h_{\text{DB}}=776.20\times 0.0219^2=0.3723$

$h_{\text{BA}}=1552.41\times 0.0219^2=0.7446$　　　$h_{\text{CE}}=457.82\times 0.0451^2=0.9312$

$h_{\text{EF}}=508.69\times 0.0451^2=1.0347$　　　$h_{\text{FD}}=1397.17\times 0.0349^2=1.7018$

各回路の損失水頭の和を求める。

回路 ACDB：

$\sum h_{\text{ACDB}}=h_{\text{AC}}+h_{\text{CD}}-h_{\text{DB}}-h_{\text{BA}}=-0.0041$

回路 CEFD：

$\sum h_{\text{CEFD}}=h_{\text{CE}}+h_{\text{EF}}-h_{\text{FD}}-h_{\text{DC}}=-0.0017$

両回路とも総和が当初に比べると0に十分近い値となり，また，補正流量を求めると，以下のように小数点以下4桁のオーダーではともに0となるので，ここで用いた流量の値をこの管網での流量として決定する。

回路 ACDB:

$$\varDelta Q_{\text{ACDB}}=-\frac{\sum h_{\text{ACDB}}}{2\sum kQ}$$

$$=-\frac{-0.0041}{2\times(254.35\times 0.0581+1552.41\times 0.0130+776.20\times 0.0219+1552.41\times 0.0219)}$$

$$=0.0000$$

回路 CEFD:

$$\varDelta Q_{\text{CEFD}}=-\frac{\sum h_{\text{CEFD}}}{2\sum kQ}$$

$$= -\frac{-0.0017}{2\times(457.82\times0.0451+508.69\times0.0451+1397.17\times0.0349+1552.41\times0.0130)}$$
$$= 0.0000$$

## 〔演習問題〕

〔問題 4.1〕

　内径 300 mm の管水路を満流状態で水が流れているときの潤辺と径深を求めよ。

〔問題 4.2〕

　内径 300 mm，長さ 1.00 km の鋳鉄管を流速 1.80 m/s で水が流れるとき，その摩擦損失水頭はいくらか求めよ。ただし摩擦損失係数を 0.02 とする。

〔問題 4.3〕

　内径 200 cm のコンクリート管が長さ 2.00 km にわたって直線状に敷設してあり，その両端のピエゾ水頭差が 5.00 m であった。このとき，このコンクリート管を流れる水量をマニング式から求めよ。ただし，管内は満流とし，$n=0.014$ とする。

〔問題 4.4〕

　図 4.3 において水深 $H=3.0$ m の地点に管が接続され，管内から流速 $v=2.0$ m/s で水が流出している。このときの損失水頭を求めよ。ただし，$f_e=0.5$ とする。

〔問題 4.5〕

　管入口の損失係数 $f_e=0.5$ の管路で，入口による損失を 0.3 m にするには管内平均流速はいくらであればよいか。

〔問題 4.6〕

　図 4.8 において急拡前の管水路の内径 $D_1=0.5$ m，急拡後の管水路の内径 $D_2=1.0$ m とするとき，流量 $Q=2.5$ m³/s で水が流れている場合の急拡損失水頭を求めよ。

〔問題 4.7〕

　図 4.15 において $L_1=10.0$ m，$L_2=23.0$ m，$D=0.60$ m，$H=9.0$ m のとき，管水路の流速を求めよ。また，$z_A-z_C=h$ としたとき，$h$ の最大値はいくらになるか。ただし，$f_e=0.5$，$f_b=0.3$，$n=0.013$ とする。

〔問題 4.8〕

　図 4.17 において総落差 $H=70.0$ m，管水路の内径 $D=1.30$ m，管水路の全長 $L=150.0$ m，流量 $Q=9.00$ m³/s，水車の効率 $\eta_e=0.8$ とするとき，水車の実際の出力 $P_e$ を求めよ。ただし，$f_e=0.5$，$f_b=0.3$ の屈折が 1 カ所，$f_v=0.06$，$f=0.02$ とする。

## 演習問題の解答

〔解答 4.1〕 94.2 cm, 7.5 cm

〔解答 4.2〕 11.0 m

《解説》
ダルシー・ワイスバッハの式を利用して求める。

〔解答 4.3〕 7.07 m³/s

《解説》
まずマニングの式より流速(2.25 m/s)を算出，その後に流水断面積を求め，最後に流量を算出する。**例題 4.1** を参照。

〔解答 4.4〕 0.102 m

《解説》
流入損失水頭の式を用いて求める。

〔解答 4.5〕 3.43 m/s

《解説》
$h_e=0.3$ として，流入損失水頭の式より流速を求める。

〔解答 4.6〕 4.66 m

《解説》
急拡損失水頭の式を利用して求める。**例題 4.5** を参照。

〔解答 4.7〕 7.46 m/s, $-1.71$ m

《解説》
式(4.15)より摩擦損失係数を算出し，式(4.40)より管水路の流速 (7.46m/s) を算出。**例題 4.8** を参照。実用上，$\frac{p_C}{\rho g}=-8$ m が限度であるので，式(4.42)の左辺を $-8$ として，$h$ を求める。

$$\frac{p_C}{\rho g}=(z_A-z_C)-\left(1+f_e+f_b+f\frac{L_1}{D}\right)\frac{v^2}{2g}$$

$$-8=h-\left(1+0.5+0.3+0.0249\frac{10.0}{0.6}\right)\frac{7.46^2}{2\times 9.8}$$

$$h=-1.71\,[\text{m}]$$

〔解答 4.8〕 $4.25\times 10^3$ [kW]

《解説》
まず管水路の流速を算出(6.78m/s)。流入損失 $h_e$，曲がり損失 $h_b$，水車による損失 $h_v$，流出損失 $h_o$ および摩擦損失 $h_f$ をそれぞれ求めて，有効落差 $H_t$ を算出。

$$H_t=H-(h_t+h_f)=H-\{(h_e+h_b+h_v+h_o)+h_f\}$$

$$=70.0-\left\{(0.5+0.3+0.06+1.0)+0.02\times\frac{150.0}{1.30}\right\}\times\frac{6.78^2}{2\times 9.8}=60.23\,[\text{m}]$$

式(4.47)より水車の実際の出力を求める。

$$P_e=9.8\eta_e QH_t=9.8\times 0.8\times 9.0\times 60.23=4249.8\,[\text{kW}]=4.25\times 10^3\,[\text{kW}]$$

**引用・参考文献**

1）農林水産省農村振興局：土地改良事業計画設計基準・設計「パイプライン」基準書・技術書，平成 10 年 3 月
2）農林水産省農林振興局：土地改良事業計画設計基準・設計「水路工」基準書・技術書，平成 13 年 2 月
3）丹羽建蔵：水理学詳説，理工図書，1971
4）岡澤宏・小島信彦・嶋栄吉・竹下伸一・長坂貞郎・細川吉晴：わかりやすい水理学，理工図書，2013
5）土木学会編：水理公式集，土木学会，1971
6）近畿高校土木会編：解いてわかる！水理学，オーム社，2012
7）高田次男：わかりやすい水理学演習，オーム社，1969

# 第5章　開水路の流れ

　水理学上の流れの分類の中で，実用的観点から理解しておくべき最も重要な区分として，管水路流れと開水路流れがあり，本章では，これらのうち開水路流れについて学ぶ。ここでは，とくに平均流速の求め方，水路断面の形状要素，開水路特有の流れの種類，水路の形状や構造物によって生じる水のエネルギー損失などについて学ぶ。

## 5.1　開水路流れに関する基本事項

### 5.1.1　開水路流れの定義と特徴

　**開水路流れ**（open channel flow）とは，水面が大気と接する**自由水面**（free surface）を有する流れのことをいう。したがって，運河や用水路や河川に加えて，満流ではないトンネルや暗渠についても，管水路流れではなく開水路流れとして扱う。開水路流れでは，水は水面こう配に従い重力の作用のみによって上流から下流へと流れる。

　河川や水路などの開水路では，その全長を通して通水断面や底こう配が一定であることはほとんどなく，これらは場所によって異なることから，**流積**（flow area），**流速**（flow velocity），水面こう配なども変化する。しかし，ある短い区間に注目して水の流れを調べると，その限られた区間では水深，流積，**径深**（hydraulic radius），水面こう配，流速，流量を一定とみなすことができる場合があり，このような短い区間では流れを**等流**（uniform flow）として扱う。

　一方，せきなど水利構造物によって**背水**（backwater）が生じている流れや**潮流**（tidal current）などでは，水面こう配，流速，流量などが場所に応じて変化するので，短い区間であっても**不等流**（non uniform flow）として扱うのが基本である。

　等流では水路床こう配 $i$ と水面こう配 $I$ が等しくなるが，不等流では両者は異なる。また，開水路の流れは，**常流**（subcritical flow）と**射流**（supercritical flow）に区分できる。これは開水路流れが自由水面を有するために生じるものであり，管水路の流れにはみられない特性のひとつである。

---

**用語の解説**

**自由水面**（free surface）
水と大気との境界面のこと。自由水面では水圧はゼロとなる。

**流積**（flow area）
水路の通水断面において，水が占める領域。

**流速**（flow velocity）
流体の流れの速さであり，単位時間当たりに移動する距離であらわす。一般的に単位は m/s である。平均流速を指す場合もある。

**径深**（hydraulic radius）
流積を潤辺（通水断面において水が周囲と接する長さ）で除した値であり，水理学的平均水深ともよばれる。

**等流**（uniform flow）
流量が時間の経過とともに変化しない定常流の状態で，さらに場所によって流積と流速が変わらない流れ。これに対し定常流であるが，場所に応じて流積と流速が変化する流れを不等流（non uniform flow）という。

**背水**（backwater）
水路において下流で水位変化が生じたとき，上流の水位にも変化をもたらす現象。

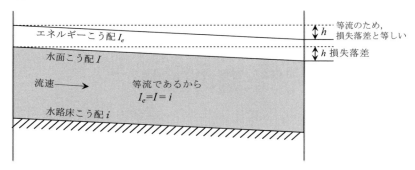

図 5.1 等流状態での開水路流れ

### 5.1.2 損失水頭

開水路流れでは，水路の壁面や底面における摩擦などによってエネルギー損失が発生し，上流よりも下流で水面が低下する（**図 5.1**）。また，開水路の断面変化や，橋梁，スクリーンといった水利構造物によっても局部的なエネルギー損失が生じる。こうしたエネルギー損失を水頭であらわしたものを**損失水頭**（head loss）という。

## 5.2 開水路流れにおける流速分布

### 5.2.1 横断面での流速分布

**図 5.2** は開水路の横断面における流速分布を示したものである。この図の曲線は，横断面内で同一の流速となる点を結んだものであり，これを等流速曲線という。このように流速が位置によって異なる要因には，主に水路壁との**摩擦**（friction）や水の**粘性**（viscosity）がある。そして，最大流速はこれらの影響が最も小さい位置，つまり側壁や底面から最も離れた水面の中央で発生することになるが，水面では空気による抵抗が生じることから，これより少し下がった位置となる。

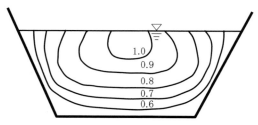

図 5.2 開水路の横断面における流速分布
（数値は流速（m/s）をあらわす）

### 5.2.2 鉛直断面での流速分布

**図 5.3** に示すように，開水路断面における鉛直方向の流速分布をあらわしたものを鉛直流速分布曲線という。一般的にこの曲線は放物線であらわされる。また，水深 $H$ に対して平均流速が生じる水深 $H_m$ は水面から $0.5H$ 〜

---

### 用語の解説

**潮流**（tidal current）
潮の満ちひきに対して周期的に発生する海水の流れ。

**常流**（subcritical flow）
開水路流れにおいて流速が長波の伝播速度よりも小さい流れであり，下流の水位変動が上流へも影響を及ぼす。

**射流**（supercritical flow）
開水路において長波の伝播速度よりも流速が大きい流れ。

**摩擦**（friction）
水路の壁面や底面と流水との間に働く力であり，水の流動を妨げようとする力。

**粘性**（viscosity）
水の内部に発生する流動に対して抵抗する性質。

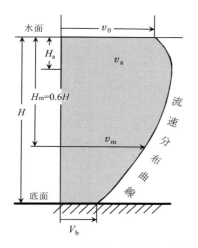

$v_0$：表面流速
$v_a$：最大流速
$v_m$：平均流速
$v_b$：最小流速
$h_a$：最大流速が生じる水深
$h_m$：平均流速が生じる水深

**図5.3** 開水路の鉛直方向の流速分布

## 用語の解説

**平均流速**（mean velocity）単位時間に断面を通過する水量（流量）を流積で割ることでその断面における平均流速が求められる。

**層流**（lamimar flow）・**乱流**（turbulent flow）流水を水粒子のスケールでみたとき，水粒子が列をなして規則正しく流れている状態を層流という。一方，水粒子が入り乱れて流れている状態を乱流という。

**潤辺**（wetted perimeter）開水路や管水路の通水断面において，水と接している部分の長さを指す。

**動粘性係数**（coefficient of kinematic viscosity）流体の粘性係数を密度で除した値であり，単位は $m^2/s$ などである。

**絶対粗度**（absolute roughness）水路壁面に存在する凹凸の高さを平均値であらわしたもの。

$0.8H$ の範囲とされており，一般的には $0.6H$ である。そして，水面から $0.2H$，$0.6H$，$0.8H$ の深さにおける流速を $v_{0.2}$，$v_{0.6}$，$v_{0.8}$ とすると，鉛直線上の**平均流速**（mean velocity）$v_m$ は式（5.1），または式（5.2）で求められる。

1点法：$v_m = v_{0.6}$ (5.1)

2点法：$v_m = \dfrac{v_{0.2} + v_{0.8}}{2}$ (5.2)

ここで，1点法は鉛直断面の水面から $0.6H$ の1地点で，2点法は $0.2H$ と $0.8H$ の2地点において流速を測定し，上式から求められた値を平均流速とする方法である。原則として，1点法は水深が浅い場合（50〜75 cm 以下）に，2点法は水深が深い場合（50〜75 cm 以上）に採用される。

鉛直の流速分布曲線を示す式が提案されており，流れが**層流**と**乱流**とで異なる。また，乱流の場合，水路の潤辺が**滑面**と**粗面**のどちらであるかによって式が異なる。

### 層流の鉛直流速分布

$$\dfrac{u}{u_*} = \dfrac{u_*}{\nu}\left(z - \dfrac{z^2}{2h}\right) \tag{5.3}$$

### 乱流の流速分布

#### 滑面水路の場合

$$\dfrac{u}{u_*} = 5.5 + 5.75 \log_{10} \dfrac{u_* z}{\nu} \tag{5.4}$$

#### 粗面水路の場合

$$\dfrac{u}{u_*} = 8.5 + 5.75 \log_{10} \dfrac{z}{k} \tag{5.5}$$

$z$：水路床からの高さ [m]
$u$：水深 $z$ に対応する流速 [m/s]
$\nu$：水の動粘性係数 [$m^2/s$]

$h$：水深 [m]

$k$：水路床の**絶対粗度** [m]

また，$u_*$ は**摩擦速度**（friction velocity）とよばれ，式（5.6）であらわされる。

$$u_* = \sqrt{\frac{\tau_0}{\rho}} = \sqrt{\frac{\rho g h i}{\rho}} = \sqrt{g h i} \tag{5.6}$$

$u_*$：摩擦速度 [m/s]
$\tau_0$：掃流力 [Pa]
$g$：重力加速度 [9.8 m/s²]
$h$：水深 [m]
$i$：水路床こう配
$\rho$：水の密度 [1,000 kg/m³]

**用語の解説**

**摩擦速度**
（friction velocity）
水路壁面において水に作用する摩擦応力 $\tau_0$ と水の密度 $\rho$ の関係を $\sqrt{\tau_0/\rho}$ で定義した速度の次元をもつ量。

## 5.3 開水路流れの平均流速公式

開水路流れのうち等流を対象とした平均流速公式は多数公表されており，第4章で説明したシェジーの公式とマニングの公式がその代表的なものとされている。ここでは，開水路を対象としたこれらの公式の適用について説明する。

### 5.3.1 シェジーの公式

**4.2.2** でも述べたが，シェジーの公式である式（5.7）は，1818年に発表された最古の平均流速公式であり，基本的な公式として一般の開水路や管水路に適用されてきた。その式は以下の式（5.7）であらわされ，流量係数 $C$ は数種類の水路に対して定数として定められたが，その後の研究でその値が水路壁の粗度やその他の条件と関係づけられることがわかり，これに関する多くの式が提案された。

$$v = C\sqrt{RI} \tag{5.7}$$

$v$：平均流速 [m/s]
$R$：径深 [m]
$I$：水面こう配
$C$：シェジーの流量係数

### 5.3.2 マニングの公式

マニングの公式は，河川や水路における実測値に基づいて経験的に導かれたもので，式（5.8）であらわされる。

これは，指数公式としては比較的単純な形をしており，乱流で壁面の粗い水路にもよく適合し，中小の河川や水路，また管水路においても流速の推定

精度が高いことから，現在ではこの式が広く用いられている．

$$v = \frac{1}{n} R^{\frac{2}{3}} I^{\frac{1}{2}} \tag{5.8}$$

$v$：平均流速［m/s］

**$n$：マニングの粗度係数**

$R$：径深［m］

$I$：水面こう配

マニングの粗度係数$n$は，水路を構成する材料や植生などによって異なる．また，$n$の値が大きいほど水路面が粗く水が流れにくく，小さいほど水路面がなめらかで水が流れやすい．マニングの公式による流速の推定精度を上げるには，いかに現場の$n$に近い値を設定できるかにかかっている．マニングの公式に使用される代表的な$n$の値を**表5.1**に示す．

なお，$n$の次元は$[L^{-\frac{1}{3}}T]$であり，単位は$m^{-1/3} \cdot s$であるが，通常は単位なしで表記される．

**表 5.1** マニングの粗度係数$n$の標準値

| 水路壁の材料と状態 | 粗度係数 $n$ |
|---|---|
| コンクリート（現場打ちフルーム） | 0.015 |
| コンクリート（鉄筋コンクリート管） | 0.013 |
| セメント（モルタル） | 0.013 |
| 鋳鉄板および管（塗装） | 0.013 |
| 塩化ビニル管 | 0.012 |
| アスファルト（滑面） | 0.014 |
| 石工（粗石積み） | 0.032 |
| 草生被覆（芝張） | 0.040 |
| 掘削，または，しゅんせつ水路<br>直線で一様な土水路，雑草無し（完成直後） | 0.018 |
| 同上（野ざらし後） | 0.022 |
| 自然流路<br>大流路，大玉石やかん木のない規則断面 | 0.025～0.060 |

（農林水産省農村振興局，土地改良事業計画設計基準　設計「水路工」基準書・技術書，pp.156-157，平成13年2月より筆者改変）

### [例題 5.1]

**図5.4**に示すコンクリートでできた開水路の流速と流量をマニングの公式から求めよ．

ただし，両側壁ののり面こう配1：0.25，水面こう配$I$は1/1,500，マニングの公式で用いる粗度係数$n$は0.015とする．

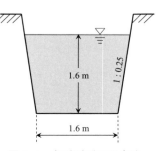

**図 5.4** 台形断面の開水路

## 用語の解説

**粗度係数**
（coefficient of roughness）
開水路に水を流すと，水と接する壁面や底面では流水に対する抵抗力が発生する．粗度係数とは，この抵抗力の度合いを表した係数であり，数値が大きいほど水が流れにくく，小さいほど水が流れやすい．

**モルタル**（mortar）
セメント，水，細骨材，混和材料を加えて練り混ぜたもの．また，**コンクリート**（concrete）から粗骨材を除いたもの．骨材とは，モルタルやコンクリートを作るために練り混ぜる砂や砂利などであり，細骨材とは，骨材のうち，10 mmふるいを全部通り，5 mmふるいを質量で85％通過する骨材をいう．

**粗石積み**
（cobble masonry）
石材が割れて形が不定で鋭い角や縁をもつ石や丸形状の天然石割などの粗石を用いた石積み．

**のり面こう配**
（gradient slope）
水路壁面のこう配をあらわし，鉛直方向の長さを1としたときの水平方向の長さ$m$を用いて，1:$m$とあらわす．

〔解〕
**表 5.2 より**

$$S = b + 2H\sqrt{1+m^2} = 1.6 + 2 \times 1.6\sqrt{1+0.25^2} = 4.90 \text{ [m]}$$

$$A = (b+mH)H = (1.6+0.25\times1.6)\times1.6 = 3.20 \text{ [m}^2\text{]}$$

$$R = \frac{A}{S} = \frac{3.20}{4.90} = 0.653 \text{ [m]}$$

$n=0.015 \quad I=\dfrac{1}{1,500}$ より

$$v = \frac{1}{n}R^{\frac{2}{3}}I^{\frac{1}{2}} = \frac{1}{0.015}\times 0.653^{\frac{2}{3}}\times\left(\frac{1}{1,500}\right)^{\frac{1}{2}} = 1.30 \text{ [m/s]}$$

$$Q = Av = 3.20\times 1.30 = 4.16 \text{ [m}^3\text{/s]}$$

## 5.4 開水路断面の形状要素と等流計算

### 5.4.1 開水路断面の形状要素

開水路の断面形状は，長方形，台形，円形のものが多いことから，これらの断面形に関する形状要素，すなわち，流積 $A$，潤辺 $S$，径深 $R$，水深 $H$ を知っておくことが等流計算を行う上で重要となる。長方形断面，台形断面，円形断面の形状要素を**表 5.2** に示す。

**表 5.2** 長方形断面，台形断面，円形断面の形状要素

| | 長方形 | 台形 | 円形 |
|---|---|---|---|
| 水面幅 $B$ | $b$ | $b+2mH$ | $D\sin\dfrac{\theta}{2}$, $2\sqrt{H(D-H)}$ |
| 水深 $H$ | $H$ | $H$ | $\dfrac{D}{2}\left(1-\cos\dfrac{\theta}{2}\right)$ |
| 流積 $A$ | $bH$ | $(b+mH)H$ | $\dfrac{D^2}{8}(\varphi-\sin\theta)$ |
| 潤辺 $S$ | $b+2H$ | $b+2H\sqrt{1+m^2}$ | $\dfrac{D}{2}\varphi$ |
| 径深 $R$ | $\dfrac{bH}{b+2H}$ | $\dfrac{(b+mH)H}{b+2H\sqrt{1+m^2}}$ | $\dfrac{D}{4}\left(1-\dfrac{\sin\theta}{\varphi}\right)$ |

（$\theta$は角度 [°]，$\varphi$はラジアン [rad]）

### 5.4.2 開水路の等流計算

等流とは，水面こう配 $I$ と水路床こう配 $i$ が等しく（$I=i$），対象となる区間のどの地点においても流量 $Q$，流速 $v$，流積 $A$，径深 $R$ が等しい流れである。実際の水路や河川において流れが厳密な等流状態となることはまずないが，農業用水路などの断面および勾配が一様で直線的な区間における流水などで近似的な等流とみなせる場合がある。また，開水路の等流計算には，一般的にマニングの平均流速公式である式 (5.8) を用い，流量を算出する場合には式 (5.9) となる。

$$Q = Av = A\frac{1}{n}R^{\frac{2}{3}}I^{\frac{1}{2}} = \frac{A}{n}\left(\frac{A}{S}\right)^{\frac{2}{3}}I^{\frac{1}{2}} \tag{5.9}$$

$Q$：流量 [m³/s]
$A$：流積 [m²]
$v$：平均流速 [m/s]
$n$：マニングの粗度係数
$S$：潤辺 [m]
$R$：径深 [m]
$I$：水面こう配

ここでは，以下の例題を通じて台形断面水路と円形断面水路の等流計算について理解を深める。

#### 用語の解説

**等流**（uniform flow）流量が時間の経過とともに変化しない定常流の状態で，さらに場所によって流積と流速が変わらない流れ。これに対し定常流であるが，場所に応じて流積と流速が変化する流れを不等流（non uniform flow）という。

[例題 5.2]

図 5.5 に示すように，水路底幅 2.50 m，両側壁ののり面こう配 1:2.0 の台形断面水路に水深 1.30 m で水が流れている。このときの流れは等流とし，水路床こう配は 1/1,000，壁面と水路床はなめらかなコンクリート（$n=0.013$）とする。この水路の流積 $A$，潤辺 $S$，径深 $R$ を求めるとともに，流速公式としてマニング公式を用いて流量 $Q$ を求めよ。

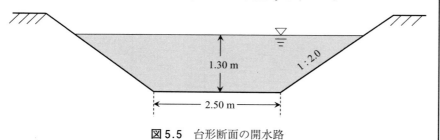

図 5.5 台形断面の開水路

〔解〕

のり面こう配が 1:2.0 であるから，$m=2.0$

$A = (b+mH)H = (2.50+2.0\times1.30)\times1.30 = 6.63$ [m²]
$S = b+2H\sqrt{1+m^2} = 2.50+2\times1.30\sqrt{1+2.0^2} = 8.31$ [m]
$R = \dfrac{A}{S} = \dfrac{6.63}{8.31} = 0.798$ [m]

マニングの公式から流速$v$を求める。

$$v = \frac{1}{n}R^{\frac{2}{3}}I^{\frac{1}{2}} = \frac{1}{0.013} \times 0.798^{\frac{2}{3}} \times \left(\frac{1}{1,000}\right)^{\frac{1}{2}} = 2.09 \text{ [m/s]}$$

流量$Q$は次の通りである。

$$Q = Av = 6.63 \times 2.09 = 13.9 \text{ [m}^3\text{/s]}$$

[例題 5.3]

図 5.6 に示すような，内径$D$が1.20 m の円形断面水路に水が等流で流れている。このときの流積$A$，潤辺$S$，径深$R$，水面幅$B$，水深$H$を求めよ。また，流速$v$と流量$Q$を求めよ。

ただし，水面こう配$I$を1/1,600，粗度係数$n$を0.012とする。

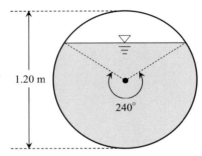

**図 5.6** 円形断面の開水路流れ

〔解〕

中心角240°をラジアン角$\varphi$に変換する。

$$240° = \frac{3.14}{180°} \times 240° = 4.19 \text{ [rad]}$$

$$A = \frac{D^2}{8}(\varphi - \sin\theta) = \frac{1.20^2}{8} \times (4.19 - \sin 240°) = 0.91 \text{ [m}^2\text{]}$$

$$S = \frac{D}{2}\varphi = \frac{1.20}{2} \times 4.19 = 2.51 \text{ [m]}$$

$$R = \frac{D}{4}\left(1 - \frac{\sin\theta}{\varphi}\right) = \frac{1.20}{4} \times \left(1 - \frac{\sin 240°}{4.19}\right) = 0.36 \text{ [m]}$$

$$B = D\sin\frac{\theta}{2} = 1.20 \times \sin\frac{240°}{2} = 1.04 \text{ [m]}$$

$$H = \frac{D}{2}\left(1 - \cos\frac{\theta}{2}\right) = \frac{1.20}{2} \times \left(1 - \cos\frac{240°}{2}\right) = 0.90 \text{ [m]}$$

マニングの公式から流速$v$を求める。

$$v = \frac{1}{n}R^{\frac{2}{3}}I^{\frac{1}{2}} = \frac{1}{0.012} \times 0.36^{\frac{2}{3}} \times \left(\frac{1}{1,600}\right)^{\frac{1}{2}} = 1.05 \text{ [m/s]}$$

流量$Q$は次の通りである。

$$Q = Av = 0.91 \times 1.05 = 0.96 \text{ [m}^3\text{/s]}$$

**用語の解説**

**ラジアン角**（radian）
角度の単位である。
$1° = \frac{\pi}{180}$ [rad]
であらわされる。

## 5.5 水理学上の最有利断面

開水路において流れが等流で，水面こう配 $I$，粗度係数 $n$，流積 $A$ の水路条件が与えられているとき，この水路で最大の流量を通水させるような断面を水理上の**最有利断面**（most effective cross section）という。マニングの公式から流量を求めるには次式を用いる。

$$Q = Av = A\frac{1}{n}R^{\frac{2}{3}}I^{\frac{1}{2}} = \frac{A}{n}\left(\frac{A}{S}\right)^{\frac{2}{3}}I^{\frac{1}{2}} \tag{5.10}$$

$Q$：流量 [m³/s]
$A$：流積 [m²]
$v$：平均流速 [m/s]
$n$：マニングの粗度係数
$R$：径深 [m]
$S$：潤辺 [m]
$I$：水面こう配

式 (5.10) より，$A$，$I$，$n$ が一定であれば，径深 $R$ が最大，もしくは潤辺 $S$ が最小となるとき，$Q$ は最大となることがわかる。このような $R$ および $S$ となるのは，水路断面形状が管水路であれば円形，開水路であれば半円形のときである。したがって，開水路においては，水路断面の形状が半円形に近いほど最有利断面に近く，また施工上の容易さから一般的によく用いられる台形や長方形の水路断面でも，半円と外接するような形状が，水理上より有利な断面となる。

### 5.5.1 台形断面水路および長方形断面水路の最有利断面

図 5.7 において，流積 $A$ は次式であらわされる。

$$A = (b + mH)H \tag{5.11}$$

$$\therefore b = \frac{A}{H} - mH$$

これを潤辺 $S = b + 2H\sqrt{1+m^2}$ に代入すると

> **用語の解説**
>
> **最有利断面**（most effective cross section）
> 開水路の流れが等流で，水面こう配，粗度係数，流積が与えられている場合，最大の流量を通水させることができる断面をいう。

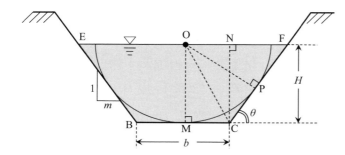

図 5.7　開水路における最有利断面

$$S = \frac{A}{H} - mH + 2H\sqrt{1+m^2}$$

$S$ を最小にする $H$ の値は，$\frac{dS}{dH}=0$ として求められる．したがって，

$$\frac{dS}{dH} = -\frac{A}{H^2} - m + 2\sqrt{1+m^2} = 0$$

$$\therefore \frac{A}{H^2} = 2\sqrt{1+m^2} - m$$

式 (5.11) より，

$$\frac{A}{H} = b + mH$$

$$\therefore b + mH = 2H\sqrt{1+m^2} - mH$$

$$b + 2mH = 2H\sqrt{1+m^2} \tag{5.12}$$

よって，EF＝2CFとなる．

**図 5.7** において，OF＝CFとなって△OCFは二等辺三角形になるから，OP＝CN＝OMとなる．したがって，Oを中心とし $H$ を半径とする円弧は台形EBCFに内接する．

式 (5.12) から $b$ を解き，式 (5.13) に代入すると式 (5.14) になる．

$$R = \frac{A}{S} = \frac{(b+mH)H}{b+2H\sqrt{1+m^2}} \tag{5.13}$$

$$R = \frac{A}{S} = \frac{H(2H\sqrt{1+m^2} - 2mH + mH)}{2H\sqrt{1+m^2} - 2mH + 2H\sqrt{1+m^2}} = \frac{H}{2} \tag{5.14}$$

すなわち，水路として半円形に外接する台形断面を用いると，式 (5.14) が常に成り立つ．

断面が長方形の場合は，$\theta = 90°$ であるから，

$$\sin\theta = \sin 90° = 1 \qquad \cot\theta = \cot 90° = 0$$

$$\therefore b = 2H$$

したがって，長方形断面水路の場合では，水深が水路幅の長さの半分であるときに最有利断面となる．

以上のことは，他の条件に支配されないで自由に断面形が設計できる場合について述べたものである．実際には，最有利断面だけでなく，他の諸条件も同時に考慮しながら水路設計を行わなければならない場合も少なくない．

**［例題 5.4］**

水面こう配 $I$ が0.001で，流量 $Q$ が10.2 m³/s の水を流す台形断面水路（**図 5.8**）の最有利断面を求めよ．ただし，両側壁ののり面こう配を 1：1.0 とし，粗度係数 $n$ を0.015とする．

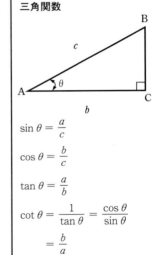

**用語の解説**

**微分法の基本公式**

$y = x^n$ を微分すると

$$\frac{dy}{dx} = nx^{n-1}$$

$n$ は自然数，整数，有理数，実数である．

**三角関数**

$$\sin\theta = \frac{a}{c}$$

$$\cos\theta = \frac{b}{c}$$

$$\tan\theta = \frac{a}{b}$$

$$\cot\theta = \frac{1}{\tan\theta} = \frac{\cos\theta}{\sin\theta}$$

$$= \frac{b}{a}$$

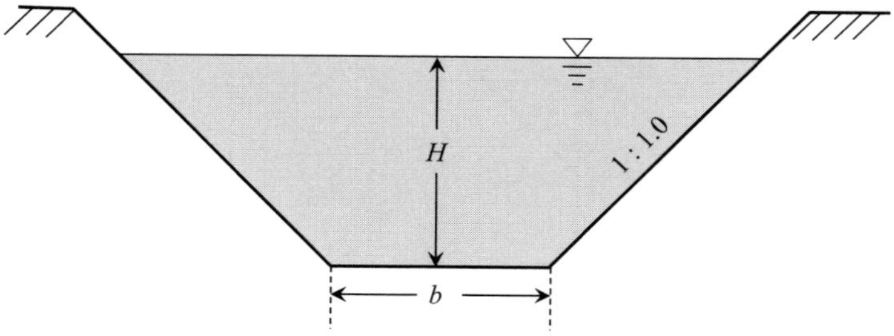

**図 5.8** 台形断面水路の最有利断面

〔解〕

式（5.12）より，
$$b = 2H\sqrt{1+m^2} - 2mH$$

側壁ののり面こう配は 1:1.0 であるから，$m = 1.0$

$$\therefore b = (2\sqrt{2} - 2)H = 0.828H$$
$$A = H(b + mH) = 1.828H^2$$

マニングの公式を用いると

$$v = \frac{1}{n} R^{\frac{2}{3}} I^{\frac{1}{2}}$$

$$\therefore Q = Av = \frac{A}{n} R^{\frac{2}{3}} I^{\frac{1}{2}}$$

ここに，$Q = 10.2 \text{ m}^3/\text{s}$，$n = 0.015$，$I = 0.001$，式（5.14）より

$R = \dfrac{H}{2}$ であるから

$$10.2 = \frac{1.828H^2}{0.015} \times \left(\frac{H}{2}\right)^{\frac{2}{3}} \times 0.001^{\frac{1}{2}}$$

$$H^{\frac{8}{3}} = \frac{10.2 \times 0.015 \times 1.587}{0.001^{\frac{1}{2}} \times 1.828} = 4.20$$

$$\therefore H = 1.71 \text{ [m]}$$

$$\therefore R = \frac{H}{2} = 0.86 \text{ [m]}$$

$$\therefore b = 0.828H = 1.42 \text{ [m]}$$

流積と流速を求めると

$$A = 1.828 \times 1.71^2 = 5.34 \text{ [m}^2\text{]}$$

$$v = \frac{Q}{A} = \frac{10.2}{5.34} = 1.90 \text{ [m/s]}$$

一般的には，水路からの溢流(いつりゅう)を避けるために側壁の高さを計画水面よりもいくらか高くする。たとえば，これを0.40 m とすると，水路断面は**図 5.9**のようになる。

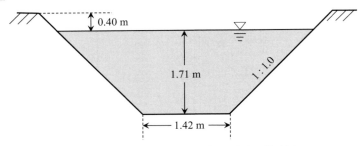

図 5.9　台形断面水路の最有利断面の設計例

## 5.6　円形断面水路の水理特性曲線

内径 $D$ の円形断面水路において，任意の水深 $H$ に対する流量 $Q$，流積 $A$，流速 $v$，径深 $R$ を，満流時（$H=D$）の流量 $Q_0$，流積 $A_0$，流速 $v_0$，径深 $R_0$ に対する比（$Q/Q_0$, $A/A_0$, $v/v_0$, $R/R_0$）で表示すると図 5.10 のような曲線を示し，これを**水理特性曲線**（hydraulic characteristic curve）という。図 5.10 からわかるように，最大流速は水深 $H$ が $0.81D$ のときに，最大流量は水深 $H$ が $0.94D$ のときに生じ，いずれも満水のときよりも水深が少し低いときに最大となる。

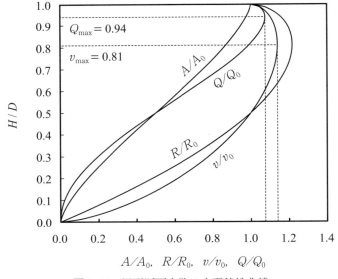

図 5.10　円形断面水路の水理特性曲線

## 5.7　河川の流量計算

河川において任意の地点の平均流速が求められたならば，これに河川の流積を乗じて流量が計算できる。図 5.11(b) に示すような**複断面**の計画河川では，常に水が流れる低水路と洪水時に水が流れる高水敷が設計される。一般

### 用語の解説

**複断面**
（composite section）
流量が小さい時に水を流す低水路と，洪水時のように流量が大きい時のみ水を流す高水敷の 2 つの通水断面によって構成される河川断面。

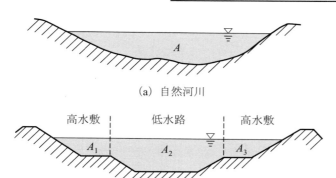

(a) 自然河川

(b) 計画河川

図 5.11 複断面河川

的に，低水路の河床はレキ石からなり，高水敷には雑草が繁茂することから，低水路の粗度係数は小さく，高水敷の粗度係数は大きい。それぞれの粗度係数は次の通りである。

　高水敷：$n_1 = n_3 = 0.027 \sim 0.040$

　低水路：$n_2 = 0.025 \sim 0.035$

このような場合，粗度を全体にわたって一様に扱うのではなく，これを $A_1$，$A_2$，$A_3$ の 3 断面に分け，それぞれの部分の粗度係数を $n_1$，$n_2$，$n_3$，潤辺を $S_1$，$S_2$，$S_3$ とし，各部分の流速と流量を求めて，その合計を河川流量とする。

粗度係数が潤辺に応じて異なる場合，たとえば，台形断面の側壁の一部が他と異なる材料の場合には，粗度係数に応じて断面を区分することができない。このように断面を明確に分割できない場合には，式 (5.15) により**等価粗度係数** (equivalent roughness coefficient) を算出して，流量を求める。

$$n = \left\{ \frac{S_1 n_1^{\frac{3}{2}} + S_2 n_2^{\frac{3}{2}} + \cdots + S_N n_N^{\frac{3}{2}}}{S_1 + S_2 + \cdots + S_N} \right\}^{\frac{2}{3}} = \left( \frac{\sum S_i n_i^{\frac{3}{2}}}{\sum S_i} \right)^{\frac{2}{3}} \quad (i = 1 \cdots N)$$

(5.15)

**用語の解説**

**等価粗度係数**
(equivalent roughness coefficient)
断面が複数と異なる粗度係数で構成されていて明確に断面を分割できない場合に用いる粗度係数の平均的な値。

[例題 5.5]

等価粗度係数を求める式 (5.15) を導け。

[解]

河川の流積 $A$ と潤辺 $S$ が $N$ 個の小断面によって構成されており，各小断面の粗度係数を $n_1$，$n_2 \cdots n_N$，流積を $A_1$，$A_2 \cdots A_N$，潤辺を $S_1$，$S_2 \cdots S_N$，とする。ただし，流速には平均流速を用いるため，流積 $A$ の流速を $V$ とするが，断面のどの地点においても流速は等しいものとする ($v = v_1 = v_2 = \cdots = v_N$)。また流積と潤辺は，
$A = A_1 + A_2 \cdots + A_N$, $S = S_1 + S_2 \cdots + S_N$
とあらわされる。

水面こう配を $I$ とし，断面全体 ($A$) と各小断面 ($A_1$，$A_2 \cdots A_N$) に

おいてマニングの公式を適用すると，

$$v=\frac{1}{n}\left(\frac{A}{S}\right)^{\frac{2}{3}}I^{\frac{1}{2}} \quad \text{および} \quad v_1=\frac{1}{n_1}\left(\frac{A_1}{S_1}\right)^{\frac{2}{3}}I^{\frac{1}{2}}, \quad v_2=\frac{1}{n_2}\left(\frac{A_2}{S_2}\right)^{\frac{2}{3}}I^{\frac{1}{2}}, \cdots,$$

$$v_N=\frac{1}{n_N}\left(\frac{A_N}{S_N}\right)^{\frac{2}{3}}I^{\frac{1}{2}} \tag{a}$$

となる。ここで，$n$ は断面全体に対する粗度係数の代表値，すなわち等価粗度係数である。断面のどの位置においても流速は等しいことから，断面全体の流速を $v$ とすると，

$$v=\frac{1}{n}\left(\frac{A}{S}\right)^{\frac{2}{3}}I^{\frac{1}{2}}=\frac{1}{n_1}\left(\frac{A_1}{S_1}\right)^{\frac{2}{3}}I^{\frac{1}{2}}=\frac{1}{n_2}\left(\frac{A_2}{S_2}\right)^{\frac{2}{3}}I^{\frac{1}{2}}=\cdots=\frac{1}{n_N}\left(\frac{A_N}{S_N}\right)^{\frac{2}{3}}I^{\frac{1}{2}}$$

が成り立つ。この式から，全体の流積 $A$ と各断面の流積（$A_1, A_2 \cdots A_N$）は次のようにあらわされる。

$$A=\left(\frac{nv}{I^{\frac{1}{2}}}\right)^{\frac{3}{2}}S \quad \text{および} \quad A_1=\left(\frac{n_1 v}{I^{\frac{1}{2}}}\right)^{\frac{3}{2}}S_1, \quad A_2=\left(\frac{n_2 v}{I^{\frac{1}{2}}}\right)^{\frac{3}{2}}S_2, \cdots,$$

$$A_N=\left(\frac{n_N v}{I^{\frac{1}{2}}}\right)^{\frac{3}{2}}S_N$$

$A=A_1+A_2\cdots+A_N$ より，

$$\left(\frac{nv}{I^{\frac{1}{2}}}\right)^{\frac{3}{2}}S=\left(\frac{n_1 v}{I^{\frac{1}{2}}}\right)^{\frac{3}{2}}S_1+\left(\frac{n_2 v}{I^{\frac{1}{2}}}\right)^{\frac{3}{2}}S_2+\cdots+\left(\frac{n_N v}{I^{\frac{1}{2}}}\right)^{\frac{3}{2}}S_N$$

$$n^{\frac{3}{2}}S=n_1^{\frac{3}{2}}S_1+n_2^{\frac{3}{2}}S_2+\cdots+n_N^{\frac{3}{2}}S_N$$

となる。この式を整理すると，等価粗度係数を求める式（5.15）が導かれる。

$$n=\left(\frac{S_1 n_1^{\frac{3}{2}}+S_2 n_2^{\frac{3}{2}}+\cdots+S_N n_N^{\frac{3}{2}}}{S}\right)^{\frac{2}{3}}=\left(\frac{\sum S_i n_i^{\frac{3}{2}}}{\sum S_i}\right)^{\frac{2}{3}} \quad (i=1\cdots N)$$

[例題 5.6]

図 5.12 に示す左右対称の複断面河川で，低水路と高水敷の粗度係数をそれぞれ 0.028 と 0.035 とし，水面こう配を 1/4,000 とすると，この河川の流量はいくらになるか求めよ。

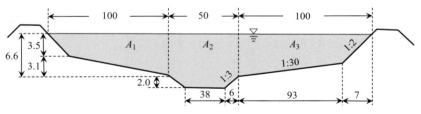

図 5.12　複断面河川（長さの単位は m）

## 5.7 河川の流量計算

〔解1〕断面を3分割して流量を求める方法
(1) 高水敷について

$$A_1=A_3=\frac{6.6+3.5}{2}\times 93+\frac{7.0\times 3.5}{2}=482\ [\mathrm{m}^2]$$

$$S_1=S_3=\sqrt{93^2+3.1^2}+\sqrt{7.0^2+3.5^2}=101\ [\mathrm{m}]$$

$$\therefore R_1=R_3=\frac{A_1}{S_1}=\frac{A_3}{S_3}=\frac{482}{101}=4.77\ [\mathrm{m}]$$

$n_1=n_3=0.035$ として，マニングの公式より

$$v_1=v_3=\frac{1}{n_1}R_1^{\frac{2}{3}}I^{\frac{1}{2}}=\frac{1}{0.035}\times 4.77^{\frac{2}{3}}\times\left(\frac{1}{4000}\right)^{\frac{1}{2}}=1.28\ [\mathrm{m/s}]$$

$$\therefore Q_1=Q_3=A_1 v_1=482\times 1.28=617\ [\mathrm{m}^3/\mathrm{s}]$$

(2) 低水路について

$$A_2=6.6\times 50+\frac{50+38}{2}\times 2.0=418\ [\mathrm{m}^2]$$

$$S_2=\sqrt{2.0^2+6.0^2}\times 2+38.0=50.6\ [\mathrm{m}]$$

$$\therefore R_2=\frac{A_2}{S}=\frac{418}{50.6}=8.26\ [\mathrm{m}]$$

$n_2=0.028$ として

$$v_2=\frac{1}{n_2}R_2^{\frac{2}{3}}I^{\frac{1}{2}}=\frac{1}{0.028}\times 8.26^{\frac{2}{3}}\times\left(\frac{1}{4000}\right)^{\frac{1}{2}}=2.30\ [\mathrm{m/s}]$$

$$\therefore Q_2=A_2 v_2=418\times 2.30=961\ [\mathrm{m}^3/\mathrm{s}]$$

全流量を求める

$$\therefore Q=Q_1+Q_2+Q_3=617+961+617=2195\fallingdotseq 2200\ [\mathrm{m}^3/\mathrm{s}]$$

〔解2〕等価粗度係数を用いて流量を求める方法

流積 $A$ を求める

$$A=A_1+A_2+A_3=482+418+482=1382\ [\mathrm{m}^2]$$

潤辺 $S$ を求める。

$$S=S_1+S_2+S_3=101+50.6+101=253\ [\mathrm{m}^2]$$

径深 $R$ を求める。

$$R=\frac{A}{S}=\frac{1382}{253}=5.46\ [\mathrm{m}]$$

式（5.15）より，等価粗度係数を算出する。
ただし，$n_1=n_3=0.035$, $n_2=0.028$ である。

$$n=\left(\frac{S_1 n_1^{\frac{3}{2}}+S_2 n_2^{\frac{3}{2}}+S_3 n_3^{\frac{3}{2}}}{S_1+S_2+S_3}\right)^{\frac{2}{3}}$$

$$=\left(\frac{101\times 0.035^{1.5}+50.7\times 0.028^{1.5}+101\times 0.035^{1.5}}{101+50.7+101}\right)^{\frac{2}{3}}=0.034$$

流速と流量を求める。

$$v=\frac{1}{n}R^{\frac{2}{3}}I^{\frac{1}{2}}=\frac{1}{0.034}\times 5.46^{\frac{2}{3}}\times\left(\frac{1}{4000}\right)^{\frac{1}{2}}=1.44\ [\mathrm{m/s}]$$

メモの欄

$$\therefore Q = Av = 1382 \times 1.44 = 1991 \fallingdotseq 2000 \,[\mathrm{m^3/s}]$$

※ここでは，〔解1〕と〔解2〕における算出流量の差は10%程度であるが，2つの方法で算出した流量がさらに大きく異なる場合もあることから，どちらの方法で計算するのかをよく検討する必要がある。

## 5.8 開水路の不等流

一般的に，開水路では場所に応じて断面の形状が異なる。このため，水路の流れが流量に時間的変化のない定常流となっている場合でも，各断面での流積や水深，平均流速はそれぞれ異なる。この様な流れを**不等流**とよび，水位が安定した水路や晴天時の河川における流れがこれに該当する。そして，水路の縦断面における水深の分布を**水面形**という。ここでは開水路における不等流を対象とした水面形の変化に関する知識について述べる。

### 5.8.1 常流と射流

開水路の流れは第3章で述べたように様々な観点で区分されるが，その一つに**常流**（subcritical flow）と**射流**（supercritical flow）による区分がある。たとえば，図5.13に示すような水路では，水路床こう配が比較的緩やかなAB間では水深が深く流速が遅いゆったりとした流れであるが，こう配が急なBC区間では水深が浅く流速が速い流れへと変化する。この場合，AB区間の流れを常流といい，BC区間の流れを射流という。このように，同じ流量でも常流と射流という2つの流れが存在し得る。

常流では水面を伝わる**長波**（long wave）の**伝播速度**（propagation velocity）が流れの平均流速よりも大きい。このため，常流の流れを途中でせき止めると，水面の上昇は波となって上流側に伝わり，長い区間に渡って水面が上昇する（図5.14(a)）。この現象を**背水**という。

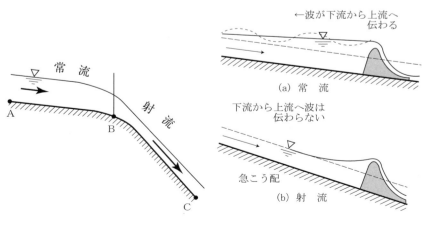

図5.13　常流から射流への変化　　　　図5.14　背水

**用語の解説**

**常流**（subcritical flow）・**射流**（supercritical flow）
開水路において長波の伝播速度よりも流速の小さい流れが常流であり，下流の水位変動が上流へも影響を及ぼす。これに対して，開水路において長波の伝播速度よりも流速の大きい流れが射流であり，上流のように下流の水位変化が上流に影響を及ぼすことがない。

**長波**（long wave）
波長が波高に比べて著しく大きい波。

**伝播速度**（propagation velocity）
波が伝わっていくときの速度。

一方,射流では,水面を伝わる波の速度が流れの平均流速よりも小さいため,流れを途中でせき止めても水面の上昇は上流側に伝わらない(図5.15(b))。

常流と射流の違いは流れの水深によるもので,ある水深よりも小さければ射流,大きければ常流となり,両者を区別するこの水深を**限界水深**(critical depth),という。

常流と射流との関係は,第3章で述べた層流と乱流との関係とは全く別のもので,常流の中に層流と乱流のどちらかが存在するように,射流のなかにも層流と乱流の流れが存在する。一般的に,水路や河川において極端な急こう配ではなく,十分な水深を保って静かに流れている流れは常流である。また,常流では流速が数cm/s程度の非常に遅い流れを除けば,乱流の状態で流れているのが普通である。これに対して,非常に急こう配の水路や河川を流下する流れや,水門の下部を非常に速く流出する流れは射流である場合が多い。射流では,多くの場合に流れは乱流であるが,まれに層流の場合もある。

### 5.8.2 限界水深と限界流速

図5.15に示すような開水路のある断面において,底面から$y$の高さにある点の全水頭$H_e$,つまり,位置水頭$y+z$,圧力水頭$\frac{p}{\rho g}$,速度水頭$\frac{v^2}{2g}$の総和を考えると,次式であらわされる。

$$H_e = z + y + \frac{p}{\rho g} + \frac{v^2}{2g} = z + H + \frac{v^2}{2g}$$

ここで,全水頭から,基準面から底面までの高さ$z$を差し引くと,式(5.16)が得られる。

$$E = H + \frac{v^2}{2g} \tag{5.16}$$

$E$は水中のある点における単位重量の水がもつ全エネルギーを底面からの水頭であらわしたもので,これは底面から**エネルギー線**(energy line)までの高さと等しい。そして,断面のどの点においてもこの関係は成り立つ。この$E$を**比エネルギー**(specific energy)という。

連続の式を用いると,流速は$v=Q/A$であらわされることから,これを式(5.16)に代入すると次式になる。

$$E = H + \frac{1}{2g}\left(\frac{Q}{A}\right)^2$$

一般的に流積$A$は水深$H$の関数

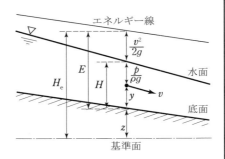

図5.15 比エネルギー

---

**用語の解説**

**限界水深**(critical depth)
開水路において流量を一定で流したとき,比エネルギーを最小にする水深。また,比エネルギーを一定で水を流した時,最大の流量を流す水深。これよりも大きい水深では流れが常流となり,小さな水深では射流となる。

**限界流速**
(critical velocity)
開水路において限界水深の時にその断面を流れる水の流速。

**層流**(lamimar flow)・
**乱流**(turbulent flow)
流水を水粒子のスケールでみたとき,水粒子が列をなして規則正しく流れている状態を層流という。一方,水粒子が入り乱れて流れている状態を乱流という。

**エネルギー線**
(energy line)
開水路や管水路において一つの基準面から位置水頭,圧力水頭,速度水頭を加えた高さを連ねた線。

**比エネルギー**
(specific energy)
速度水頭と水深の和であり,開水路において水路底面を基準面としたときの単位重量の水のエネルギーをあらわす。

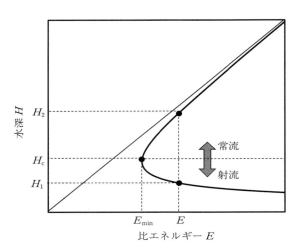

**図 5.16** 比エネルギーと水深の関係

であらわされることから，流量 $Q$ を一定にすると，結局，比エネルギー $E$ は水深 $H$ の関数となる。

ここで，幅 $B$，水深 $H$ の長方形断面水路における比エネルギーについて考える。

流積 $A$ は，$A = BH$ であるから，

$$E = H + \frac{1}{2g}\left(\frac{Q}{A}\right)^2$$
$$= H + \frac{1}{2g}\frac{Q^2}{B^2 H^2} \quad (5.17)$$

$k = \dfrac{Q^2}{2gB^2}$ とおくと

$$E = H + \frac{k}{H^2}$$

となり，$k$ は定数であるため，水深 $H$ と比エネルギー $E$ の関係は**図 5.16** のようになり，このグラフを**比エネルギー曲線**（specific energy diagram）とよぶ。このグラフは，流量 $Q$ の水が流れるには $E_{\min}$ 以上の比エネルギーが必要となることを意味しており，この最小比エネルギー $E_{\min}$ のときの水深 $H_c$ を**限界水深**（critical depth）という。また，そのときの流速 $v_c$ を**限界流速**（critical velocity）という。**図 5.16** をみると，比エネルギーが $E_{\min}$ よりも大きい場合，1 つの比エネルギーに対応する水深が 2 つ存在し，必ず一方は限界水深 $H_c$ よりも小さく（$H_1$），もう一方は $H_c$ より大きく（$H_2$）なり，限界水深 $H_c$ より小さい $H_1$ での流れは射流，$H_c$ より大きい $H_2$ での流れは常流となる。なお，同一比エネルギーに対応するこれら 2 つの水深のうちの一方を他方の**対応水深**（alternate depth）という。

式（5.17）より，

$$\frac{dE}{dH} = 1 - \frac{Q^2}{gB^2 H^3}$$

## 用語の解説

**比エネルギー曲線**（specific energy diagram）
ある一定の流量における水深 $H$ と比エネルギー $E$ の関係を曲線であらわしたもの。

**限界水深**（critical depth）
開水路の流れにおいて，流量を一定とするとき，比エネルギーを最小にさせる水深。あるいは，比エネルギーを一定とするとき，流量を最大にさせる水深。比エネルギーとは，水路底を基準面と考えたときの水の単位重量あたりの全エネルギーのこと。

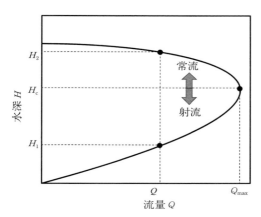

**図 5.17** 流量と水深の関係

であり，$H=H_c$ のとき，$E$ は最小，すなわち $\dfrac{dE}{dH}=0$ となるので，

$$\dfrac{dE}{dH}=1-\dfrac{Q^2}{gB^2H_c{}^3}=0$$

$$\therefore \ H_c=\sqrt[3]{\dfrac{Q^2}{gB^2}} \tag{5.18}$$

となる。このときの流速を $v_c$ とすると，

$$v_c=\dfrac{Q}{A}=\dfrac{Q}{BH_c}=\sqrt[3]{\dfrac{Qg}{B}}=\sqrt{gH_c} \tag{5.19}$$

で算出できる。よって，比エネルギー $E$ の最小値 $E_{\min}$ は次式のようになる。

$$E_{\min}=H_c+\dfrac{v_c{}^2}{2g}=H_c+\dfrac{1}{2}\sqrt[3]{\dfrac{Q^2g^2}{g^3B^2}}=H_c+\dfrac{1}{2}H_c=\dfrac{3}{2}H_c \tag{5.20}$$

ある流量が最小の比エネルギー $E_{\min}$ で流れる状態を**限界状態**という。

つぎに，比エネルギー $E$ を一定として，流量 $Q$ と水深 $H$ の関係を求めると，式 (5.17) から

$$Q^2=2gB^2H^2(E-H) \tag{5.21}$$

となり，流量 $Q$ と水深 $H$ の関係をグラフにすると**図 5.17** のようになる。

**表 5.3** 限界水深 $H_c$ の値（長方形断面）

| $\dfrac{Q}{B}$ | $H_c$ | $\dfrac{Q}{B}$ | $H_c$ | $\dfrac{Q}{B}$ | $H_c$ | $\dfrac{Q}{B}$ | $H_c$ | $\dfrac{Q}{B}$ | $H_c$ |
|---|---|---|---|---|---|---|---|---|---|
| 0.1 | 0.101 | 1.1 | 0.498 | 2.1 | 0.766 | 3.2 | 1.015 | 5.5 | 1.456 |
| 0.2 | 0.160 | 1.2 | 0.528 | 2.2 | 0.790 | 3.4 | 1.056 | 6.0 | 1.543 |
| 0.3 | 0.209 | 1.3 | 0.556 | 2.3 | 0.814 | 3.6 | 1.097 | 6.5 | 1.628 |
| 0.4 | 0.254 | 1.4 | 0.585 | 2.4 | 0.838 | 3.8 | 1.138 | 7.0 | 1.710 |
| 0.5 | 0.294 | 1.5 | 0.612 | 2.5 | 0.861 | 4.0 | 1.177 | 7.5 | 1.790 |
| 0.6 | 0.332 | 1.6 | 0.639 | 2.6 | 0.884 | 4.2 | 1.216 | 8.0 | 1.869 |
| 0.7 | 0.368 | 1.7 | 0.665 | 2.7 | 0.906 | 4.4 | 1.255 | 8.5 | 1.946 |
| 0.8 | 0.403 | 1.8 | 0.691 | 2.8 | 0.928 | 4.6 | 1.292 | 9.0 | 2.022 |
| 0.9 | 0.436 | 1.9 | 0.717 | 2.9 | 0.950 | 4.8 | 1.330 | 9.5 | 2.096 |
| 1.0 | 0.467 | 2.0 | 0.742 | 3.0 | 0.972 | 5.0 | 1.366 | 10.0 | 2.169 |

このグラフから，流量$Q$が最大（$Q_{max}$）となるのは，$H=H_c$のときであり，このとき，$\dfrac{dQ}{dH}=0$として，式(5.21)より，

$$\dfrac{dQ}{dH}=B\sqrt{2g(E-H)}-\dfrac{gBH}{\sqrt{2g(E-H)}}$$

よって，

$$\dfrac{dQ}{dH}=B\sqrt{2g(E-H_c)}-\dfrac{gBH_c}{\sqrt{2g(E-H_c)}}=\dfrac{2gB(E-H_c)-gBH_c}{\sqrt{2g(E-H_c)}}=0$$

$$\therefore H_c=\dfrac{2}{3}E \tag{5.22}$$

となる。これを式(5.17)の$E$に代入すると，

$$H_c=\sqrt[3]{\dfrac{Q^2}{gB^2}} \tag{5.23}$$

となり，式(5.22)は式(5.20)と等しく，式(5.23)は式(5.18)と等しくなる。**表5.3**に長方形断面水路における流量$Q$，幅$B$，限界水深$H_c$の関係を示す。

　以上を改めて整理すると，一定の流量$Q$，あるいは一定の比エネルギー$E$に対して，常流と射流という2つの異なる流れが存在し，水深が限界水深$H_c$よりも大きく，流速が限界流速$v_c$よりも小さいときは常流，水深が限界水深$H_c$よりも小さく，限界流速$v_c$よりも大きいときは射流となる。また，限界水深とは，一定の流量を流すのに比エネルギーが最小となるときの水深（**ベスの定理，最小比エネルギーの定理**）であり，一定の比エネルギーのもとでは，この水深のときに流量が最大となる（**ベランジェの定理**）。

　ここでは長方形断面の水路について述べたが，台形断面など他の形状の水路についても同じ考え方で限界水深を求めることができる。たとえば，両側壁ののり面こう配$1:m$，水路床幅$b$の台形断面水路の場合，限界水深は次式で求めることができる。

$$H_c=\dfrac{\sqrt[3]{1+2m\dfrac{H_c}{b}}}{1+m\dfrac{H_c}{b}}\sqrt[3]{\dfrac{Q^2}{gb^2}} \tag{5.24}$$

〔例題5.6〕

　幅がきわめて広いコンクリート水路に，幅1 m当たり0.5 m³/sの水を等流の状態で流すとき，流れが射流にならないようにするためには水面こう配$I$をどれだけに制限すればよいか。ただし，粗度係数を$n=0.013$とする。

〔解〕

　この場合の限界水深$H_c$は式(5.18)における$B$を1として

$$H_c=\sqrt[3]{\dfrac{q^2}{g}} \tag{a}$$

であらわされる。ここで、$q$ は単位幅（幅 1 m 当り）に対する流量を示す。

$$\therefore \quad H_c = \sqrt[3]{\frac{0.5^2}{9.8}} = 0.294 \, [\text{m}]$$

マニングの式を用いると、

$$Q = \frac{1}{n} R^{\frac{2}{3}} I^{\frac{1}{2}} (BH_c)$$

幅の極めて広い水路では、$R \fallingdotseq H_c$ なので、

$$\therefore \quad Q = \frac{1}{n} H_c^{\frac{5}{3}} I^{\frac{1}{2}} B$$

$$\therefore \quad q = \frac{Q}{B} = \frac{1}{n} H_c^{\frac{5}{3}} I^{\frac{1}{2}}$$

$$\therefore \quad I = n^2 \frac{q^2}{H_c^{\frac{10}{3}}} \tag{b}$$

式 (a) より、

$$H_c^3 = \frac{q^2}{g} \quad \text{なので} \quad q^2 = gH_c^3$$

これを式 (b) に代入して、

$$I = n^2 \frac{gH_c^3}{H_c^{\frac{10}{3}}} = n^2 g \frac{1}{H_c^{\frac{1}{3}}} = 0.013^2 \times 9.8 \times \frac{1}{0.294^{\frac{1}{3}}} = \frac{1}{400}$$

したがって、水面こう配をおよそ 1/400 以下にすれば常流になる。

### 5.8.3 フルード数

常流と射流は、流れの表面を伝わる長波の伝播速度と流速との大小関係によって区別できる。式 (5.19) の限界流速 $v_c$、すなわち、

$$v_c = \sqrt{gH_c}$$

は、水深 $H_c$ の流れの表面に生じる長波の伝播速度に等しく、流れの平均流速 $v$ との関係は次のようになる。

常流の時、$v < v_c$、つまり $\dfrac{v}{v_c} < 1$

射流の時、$v > v_c$、つまり $\dfrac{v}{v_c} > 1$

一般に常流と射流を判別する場合、次式が用いられる。

$$Fr = \frac{v}{\sqrt{gH}} \tag{5.25}$$

ここで、$Fr$ は**フルード数**（Froude number）といい、**フルード**（William Froude、イギリス）によって導びかれた水理学上とても重要な指標である。

水深 $H$ が限界水深 $H_c$ のときには $v_c = \sqrt{gH_c}$ で流速と伝播速度が等しくなることから、

$$Fr = \frac{v_c}{\sqrt{gH_c}} = \frac{v_c}{v_c} = 1 \tag{5.26}$$

**用語の解説**

**フルード数**
（Froude number）
開水路の流れにおいて、流れの平均流速を長波の伝播速度で除した無次元数である。フルード数が 1 よりも小さな流れは常流、大きな流れは射流となる。また、フルード数が 1 のときを**限界フルード数**（critical Froude number）という。

となる．したがって，フルード数と常流および射流の関係は次のように整理される．

常流のとき，$H>H_c$ すなわち $\sqrt{gH}>\sqrt{gH_c}$ かつ $v<v_c$ なので，
$$Fr<1$$
射流のとき，$H<H_c$ すなわち $\sqrt{gH}<\sqrt{gH_c}$ かつ $v>v_c$ なので，
$$Fr>1$$

である．式（5.26）の $Fr=1$ の場合を**限界フルード数**（critical Froude number）といい，常流と射流との境界を示す定数である．

### 5.8.4 跳水

図5.18に示すように，水が堰などを越流すると，そののり面を流下してきた射流は，のり先（のり面の下側をいう）で下流の水面と衝突し，水面の急激な上昇を引き起こして常流に戻る．射流が常流に移るとき，その現象による影響は上流には及ばず，水面の変化は不連続となり，激しい渦が生じる．このような現象を**跳水**（hydraulic jump）という．流れが射流から常流に移るところでは必ず跳水が発生する．

**用語の解説**

**跳水**（hydraulic jump）
開水路において流れが射流から常流に変わるときに発生する現象であり，水面に渦を発生させながら急激に水深が増加する．

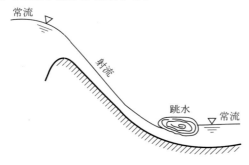

図5.18　跳水

いま，断面水路で，水路幅 $B$，流量 $Q$ としたときの流れについて考える．図5.19のような水平床水路において射流側と常流側にそれぞれ鉛直な断面Ⅰ，Ⅱをとり，断面Ⅰ，Ⅱの水深を $H_1$，$H_2$，流速 $v_1$，$v_2$，全水圧を $P_1$，$P_2$ とする．ここで断面Ⅰ，Ⅱ間に運動量の法則を適用すると，運動量の変化とそれに働く外力の合計とは等しいので，

$$P_1-P_2 = mv_2-mv_1 \qquad (5.27)$$

とあらわせる．$P_2$ は向きが流れの方向に対して反対であるので負の符号をとる．

ここに全水圧が静水圧分布であると仮定すると，

$$P_1=\frac{1}{2}\rho gBH_1^2, \quad P_2=\frac{1}{2}\rho gBH_2^2, \quad \text{また，} m=\rho Q$$

であるから式（5.27）は

$$\frac{1}{2}\rho gBH_1^2-\frac{1}{2}\rho gBH_2^2=\rho Qv_2-\rho Qv_1$$

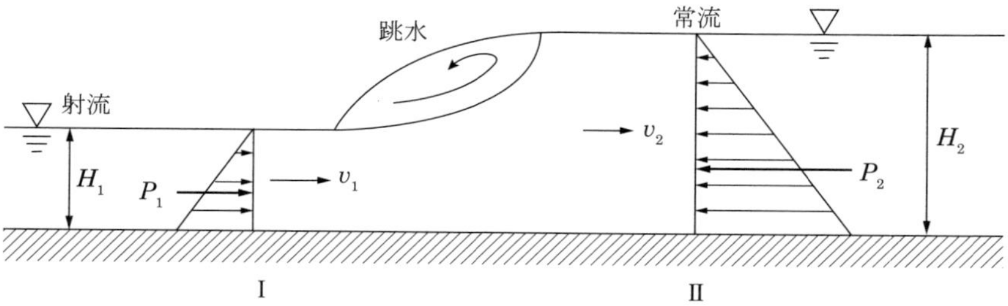

**図5.19** 水平床水路で生じる跳水

$$\therefore \frac{1}{2}\rho g B(H_1{}^2 - H_2{}^2) = \rho Q(v_2 - v_1)$$

となる。$v_1 = \dfrac{Q}{BH_1}$, $v_2 = \dfrac{Q}{BH_2}$ であるから,

$$\frac{1}{2}\rho g B(H_1{}^2 - H_2{}^2) = \rho Q\left(\frac{Q}{BH_2} - \frac{Q}{BH_1}\right)$$

である。この式を $H_2$ について整理すると,

$$H_1{}^2 - H_2{}^2 = \frac{2Q^2}{gB^2}\left(\frac{1}{H_2} - \frac{1}{H_1}\right)$$

$$(H_1 - H_2)(H_1 + H_2) = \frac{2Q^2}{gB^2}\left(\frac{H_1 - H_2}{H_1 H_2}\right)$$

$$H_1 + H_2 = \frac{2Q^2}{gB^2}\left(\frac{1}{H_1 H_2}\right)$$

両辺に $H_2$ を掛けて移項すると,

$$H_2{}^2 + H_1 H_2 - \frac{2Q^2}{gB^2 H_1} = 0$$

2次方程式の解の公式により $H_2$ を求めると,

$$H_2 = \frac{-H_1 \pm \sqrt{H_1{}^2 + \dfrac{8Q^2}{gB^2 H_1}}}{2}$$

となる。ここに $H_2 > 0$ であるから,

$$H_2 = -\frac{H_1}{2} + \sqrt{\frac{H_1{}^2}{4} + \frac{2Q^2}{gB^2 H_1}} \tag{5.28}$$

の関係が成り立つ。

断面Ⅰのフルード数を $Fr_1$ とすると,

$$Fr_1 = \frac{v_1}{\sqrt{gH_1}} = \frac{Q}{BH_1\sqrt{gH_1}}$$

$$\therefore Q^2 = gB^2 H_1{}^3 Fr_1{}^2$$

とあらわされるから, 式 (5.28) に代入すると,

$$H_2 = -\frac{H_1}{2} + \frac{H_1}{2}\sqrt{1 + 8Fr_1{}^2} \tag{5.29}$$

$$\frac{H_2}{H_1} = \frac{1}{2}(-1 + \sqrt{1 + 8Fr_1{}^2}) \tag{5.30}$$

**用語の解説**

**2次方程式の解の公式**
$ax^2 + bx + c = 0$
($a \neq 0$) の解
$$x = \frac{-b \pm \sqrt{b^2 - 4ac}}{2a}$$

を得る。したがって，跳水現象が生じているとき，跳水前後の水深$H_1$，$H_2$に式（5.28）～（5.30）の関係が成り立つ。この一対の水深を**共役水深**（conjugate depth）という。

〔例題 5.7〕

ダムを越流し，幅100 mののり面を水深$H_1 = 0.25$ m，$Q = 400$ m³/s で流れる射流をのり下にウォータークッションを設けて常流に変える場合，常流に変化した後の水深をどの程度に設計すればよいか。

〔解〕

求める水深は，**図 5.19** のような渦が発生する所（のり下）より下流の常流の水深に一致させればよいので，式（5.28）の$H_2$になる。

$$H_2 = -\frac{H_1}{2} + \sqrt{\frac{H_1^2}{4} + \frac{2Q^2}{gB^2 H_1}}$$

$$= -\frac{0.25}{2} + \sqrt{\frac{0.25^2}{4} + \frac{2 \times 400^2}{9.8 \times 100^2 \times 0.25}} = -0.125 + 3.616$$

$$= 3.49 \text{ [m]}$$

### 5.8.5 不等流の基本式

**図 5.20** に示すように，**不等流**（non uniform flow）の流れにおいて，流れ方向に微小距離$dL$だけ離れた2つの鉛直断面Ⅰ，Ⅱをとり，その流線上の2点にベルヌーイの定理を適用すると次式が得られる。

$$z_1 + H_1 + \alpha \frac{v_1^2}{2g} = z_2 + H_2 + \alpha \frac{v_2^2}{2g} + dh_f \tag{a}$$

ここに，$dh_f$は2つの断面の間で生じる摩擦損失水頭である。また，$\alpha$はエネルギー補正係数とよばれる係数で，通常1.05～1.10の範囲の値が与えられるが，これまででてきたような簡単な計算では1.00として扱ってよい。

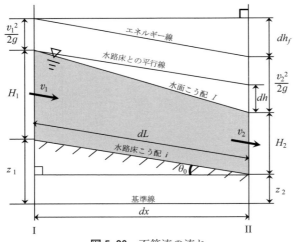

**図 5.20** 不等流の流れ

---

**用語の解説**

**共役水深**
（conjugate depth）
跳水において，水深$H_1$の射流が水深$H_2$の常流へと変化するとき，$H_1$と$H_2$を互いに共役水深という。

$\tan\theta$と$\sin\theta$の近似
$\theta$の小さい三角形の場合

$\sin\theta = \dfrac{a}{c}$，$\tan\theta = \dfrac{a}{b}$
$b \fallingdotseq c$とみなすと
$\tan\theta = \sin\theta$と近似できる。

右辺から左辺を差し引き，水路床沿いにとった距離 $dL$ で割ると，

$$\frac{(z_2-z_1)}{dL}+\frac{(H_2-H_1)}{dL}+\frac{\alpha}{dL}\left(\frac{v_2^2}{2g}-\frac{v_1^2}{2g}\right)+\frac{dh_f}{dL}=0 \tag{b}$$

水路床が水平線となす角を $\theta_0$，2 地点間の水平距離を $dx$ とすると，水路床こう配 $i$ は，

$$-i=-\tan\theta_0=\frac{z_2-z_1}{dx}$$

であるが，一般的に平野部の河川や水路のこう配は比較的小さいことから，
$-\tan\theta_0\fallingdotseq-\sin\theta_0=\frac{z_2-z_1}{dL}$ と近似できるので，

$$-i\fallingdotseq\frac{z_2-z_1}{dL} \tag{c}$$

とあらわせる。

また，2 地点間の水深差を $dh$，速度水頭差を $d\left(\frac{v^2}{2g}\right)$ とおくと，

$$\frac{(H_2-H_1)}{dL}=\frac{dh}{dL} \tag{d}$$

$$\frac{1}{dL}\left(\frac{v_2^2}{2g}-\frac{v_1^2}{2g}\right)=\frac{d}{dL}\left(\frac{v^2}{2g}\right) \tag{e}$$

となる。したがって，式 (c), (d), (e) を式 (b) に代入すると，

$$-i+\frac{dh}{dL}+\alpha\frac{d}{dL}\left(\frac{v^2}{2g}\right)+\frac{dh_f}{dL}=0 \tag{f}$$

が得られ，これが不等流の基礎式となる。

　流量 $Q$ の定常かつ不等流における任意の地点での流積を $A$ とすると，連続の式から，

$$v=\frac{Q}{A}$$

であり，また，マニングの公式に関する式 (4.14) より，

$$\frac{dh_f}{dL}=\frac{n^2v^2}{R^{\frac{4}{3}}}=\frac{n^2Q^2}{R^{\frac{4}{3}}A^2}$$

ここに，$n$ はマニングの粗度係数である。

あるいは，シェジーの公式に関する式 (4.7) より，

$$\frac{dh_f}{dL}=\frac{v^2}{C^2R}=\frac{Q^2}{C^2RA^2}$$

ここに，$C=\sqrt{\frac{2g}{f'}}$，$f'$ は円管以外の摩擦損失係数である。

また，これらを式 (f) に代入した，

$$-i+\frac{dh}{dL}+\alpha\frac{Q^2}{2g}\frac{d}{dL}\left(\frac{1}{A^2}\right)+\frac{n^2Q^2}{R^{\frac{4}{3}}A^2}=0 \tag{5.28}$$

あるいは

$$-i + \frac{dh}{dL} + \alpha \frac{Q^2}{2g} \frac{d}{dL}\left(\frac{1}{A^2}\right) + \frac{Q^2}{C^2 R A^2} = 0 \qquad (5.29)$$

が不等流の基礎式として扱われる場合もある。

不等流の場合，水路における水面形（水路の縦断方向に対する水深分布）は，これらの式を解き任意の地点における水深を推定することによって求めることができる（不等流の水面追跡ともいう）。この場合，水門などの構造物が存在する場所（断面）や，流れが常流から射流に移る断面など，不等流を引き起こす断面から計算をはじめる。このような水面形を求める出発点となる断面を**支配断面**（control section）という。流れが常流の場合には支配断面を基点として上流に向かって計算を進め，射流の場合は支配断面から下流に向かって計算を行う。

また，等流の場合，式（5.28），（5.29）において水深および流速に変化がないので，

$$\frac{dh}{dL} = \frac{d}{dL}\left(\frac{v^2}{2g}\right) = 0$$

であり，さらに，水面こう配 $I$ と水路床こう配 $i$ は一致するので，連続の式と式(5.29)から，

$I = i = \dfrac{n^2 v^2}{R^{\frac{4}{3}}}$，すなわち，$v = \dfrac{1}{n} R^{\frac{2}{3}} I^{\frac{1}{2}}$ より，マニングの公式が得られ，

また，連続の式と式(5.29)から，

$I = i = \dfrac{v^2}{C^2 R}$，すなわち，$v = c\sqrt{RI}$ より，シェジーの公式が得られる。

## 5.9 背水

### 5.9.1 せき上げ背水と低下背水

開水路の流れが常流である場所にダム，せき（堰），水門などの水利構造物を設けて水面をせき上げると，その影響は上流に及び，上流では水面が上昇する。この現象を**せき上げ背水**（単に**背水**（back water）ということもあ

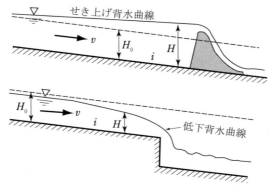

**図 5.21** せき上げ背水（上図）と低下背水（下図）

**用語の解説**

**支配断面**
(control section)
開水路の流れで，常流から射流に変わる断面であり，限界水深，限界流が発生する断面。

る）といい，これによって生じる水面曲線を**せき上げ背水曲線**，あるいは**背水曲線**という。これとは反対に，水路床が急に下がるか，断面積が急に大きくなると，水面が低下し，その影響が上流に及ぶため，上流の水面も低下する。この様な現象を**低下背水**といい，その水面曲線を低下背水曲線という。

### 5.9.2 せき上げ背水または低下背水曲線を求める公式

水深に比べて幅がきわめて広い長方形断面水路では，**ブレッス**（Jacques Antoime Charles Bresse，フランス）の**背水曲線公式**を適用することができる。

**（1） せき上げ背水の場合**

$$x = \frac{H_1 - H}{i} + \frac{H_0}{i}\left(1 - \frac{H_c^3}{H_0^3}\right)\left[B\left(\frac{H_0}{H}\right) - B\left(\frac{H_0}{H_1}\right)\right] \tag{5.30}$$

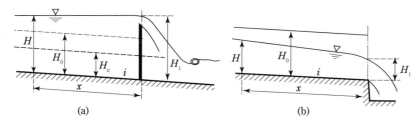

図 5.22 せき上げ背水・低下背水曲線

**（2） 低下背水の場合**

$$x = \frac{H_1 - H}{i} + \frac{H_0}{i}\left(1 - \frac{H_c^3}{H_0^3}\right)\left[B_1\left(\frac{H}{H_0}\right) - B_1\left(\frac{H_1}{H_0}\right)\right] \tag{5.31}$$

式中の $x$ は支配断面から上流に向かってとった距離，$H_1$ は支配断面，すなわち $x=0$ の位置における水深である。そして，背水曲線を求める場合，$B$ は $H_0/H$ の関数であり，**表 5.4** で求めることができる。また，低下背水の場合には，$B_1$ は $H/H_0$ の関数であり，**表 5.5** から求めることができる。

〔例題 5.8〕

幅 100 m，水深 2.4 m，水路床こう配 1/1,000 の長方形断面の開水路にせきをつくって 6.2 m の水深にせき上げた場合の背水曲線をブレッスの公式で計算せよ。ただし，$n=0.025$ とする。

〔解〕

せき上げ前の水路断面について，

　流積　$A = 100 \times 2.4 = 240 \text{ [m}^2\text{]}$

　潤辺　$S = 100 + 2.4 \times 2 = 104.8 \text{ [m]}$

　径深　$R = \dfrac{A}{S} = \dfrac{240}{104.8} = 2.29 \text{ [m]}$

マニングの公式から流量 $Q$ を求めると，

表5.4 ブレスのせき上げ背水関数表

| $\frac{H_0}{H}$ | $B\left(\frac{H_0}{H}\right)$ | $\frac{H_0}{H}$ | $B\left(\frac{H_0}{H}\right)$ | $\frac{H_0}{H}$ | $B\left(\frac{H_0}{H}\right)$ | $\frac{H_0}{H}$ | $B\left(\frac{H_0}{H}\right)$ |
|---|---|---|---|---|---|---|---|
| 1.000 | ∞ | 0.940 | 1.7257 | 0.775 | 1.2882 | 0.400 | 0.9890 |
| 0.999 | 3.0903 | 0.938 | 1.7148 | 0.770 | 1.2810 | 0.390 | 0.9848 |
| 0.998 | 2.8592 | 0.936 | 1.7042 | 0.765 | 1.2740 | 0.380 | 0.9807 |
| 0.997 | 2.7241 | 0.934 | 1.6940 | 0.760 | 1.2672 | 0.370 | 0.9768 |
| 0.996 | 2.6282 | 0.932 | 1.6841 | 0.755 | 1.2605 | 0.360 | 0.9729 |
| 0.995 | 2.5538 | 0.930 | 1.6744 | 0.750 | 1.2539 | 0.350 | 0.9692 |
| 0.994 | 2.4930 | 0.928 | 1.6650 | 0.745 | 1.2475 | 0.340 | 0.9656 |
| 0.993 | 2.4417 | 0.926 | 1.6559 | 0.740 | 1.2412 | 0.330 | 0.9622 |
| 0.992 | 2.3971 | 0.924 | 1.6470 | 0.735 | 1.2351 | 0.320 | 0.9588 |
| 0.991 | 2.3579 | 0.922 | 1.6384 | 0.730 | 1.2290 | 0.310 | 0.9555 |
| 0.990 | 2.3228 | 0.920 | 1.6300 | 0.725 | 1.2231 | 0.300 | 0.9524 |
| 0.989 | 2.2910 | 0.918 | 1.6218 | 0.720 | 1.2173 | 0.290 | 0.9494 |
| 0.988 | 2.2620 | 0.916 | 1.6138 | 0.715 | 1.2116 | 0.280 | 0.9464 |
| 0.987 | 2.2353 | 0.914 | 1.6059 | 0.710 | 1.2060 | 0.270 | 0.9436 |
| 0.986 | 2.2106 | 0.912 | 1.5983 | 0.705 | 1.2006 | 0.260 | 0.9409 |
| 0.985 | 2.1876 | 0.910 | 1.5908 | 0.700 | 1.1952 | 0.250 | 0.9383 |
| 0.984 | 2.1661 | 0.908 | 1.5835 | 0.690 | 1.1847 | 0.240 | 0.9359 |
| 0.983 | 2.1459 | 0.906 | 1.5764 | 0.680 | 1.1746 | 0.230 | 0.9335 |
| 0.982 | 2.1268 | 0.904 | 1.5694 | 0.670 | 1.1649 | 0.220 | 0.9312 |
| 0.981 | 2.1088 | 0.902 | 1.5625 | 0.660 | 1.1555 | 0.210 | 0.9290 |
| 0.980 | 2.0917 | 0.900 | 1.5558 | 0.650 | 1.1464 | 0.200 | 0.9270 |
| 0.979 | 2.0755 | 0.895 | 1.5396 | 0.640 | 1.1375 | 0.190 | 0.9250 |
| 0.978 | 2.0600 | 0.890 | 1.5242 | 0.630 | 1.1290 | 0.180 | 0.9231 |
| 0.977 | 2.0452 | 0.885 | 1.5094 | 0.620 | 1.1207 | 0.170 | 0.9214 |
| 0.976 | 2.0310 | 0.880 | 1.4953 | 0.610 | 1.1127 | 0.160 | 0.9197 |
| 0.975 | 2.0174 | 0.875 | 1.4818 | 0.600 | 1.1049 | 0.150 | 0.9182 |
| 0.974 | 2.0043 | 0.870 | 1.4688 | 0.590 | 1.0974 | 0.140 | 0.9167 |
| 0.973 | 1.9917 | 0.865 | 1.4563 | 0.580 | 1.0901 | 0.130 | 0.9154 |
| 0.972 | 1.9796 | 0.860 | 1.4443 | 0.570 | 1.0830 | 0.120 | 0.9141 |
| 0.971 | 1.9679 | 0.855 | 1.4327 | 0.560 | 1.0761 | 0.110 | 0.9130 |
| 0.970 | 1.9566 | 0.850 | 1.4215 | 0.550 | 1.0694 | 0.100 | 0.9119 |
| 0.968 | 1.9351 | 0.845 | 1.4106 | 0.540 | 1.0629 | 0.090 | 0.9110 |
| 0.966 | 1.9149 | 0.840 | 1.4001 | 0.530 | 1.0566 | 0.080 | 0.9101 |
| 0.964 | 1.8959 | 0.835 | 1.3900 | 0.520 | 1.0504 | 0.070 | 0.9094 |
| 0.962 | 1.8778 | 0.830 | 1.3802 | 0.510 | 1.0445 | 0.060 | 0.9087 |
| 0.960 | 1.8608 | 0.825 | 1.3706 | 0.500 | 1.0387 | 0.050 | 0.9081 |
| 0.958 | 1.8445 | 0.820 | 1.3613 | 0.490 | 1.0331 | 0.040 | 0.9077 |
| 0.956 | 1.8290 | 0.815 | 1.3523 | 0.480 | 1.0276 | 0.030 | 0.9073 |
| 0.954 | 1.8142 | 0.810 | 1.3436 | 0.470 | 1.0223 | 0.020 | 0.9071 |
| 0.952 | 1.8000 | 0.805 | 1.3350 | 0.460 | 1.0171 | 0.010 | 0.9069 |
| 0.950 | 1.7864 | 0.800 | 1.3267 | 0.450 | 1.0121 | | |
| 0.948 | 1.7734 | 0.795 | 1.3186 | 0.440 | 1.0072 | | |
| 0.946 | 1.7608 | 0.790 | 1.3107 | 0.430 | 1.0024 | | |
| 0.944 | 1.7487 | 0.785 | 1.3031 | 0.420 | 0.9978 | | |
| 0.942 | 1.7370 | 0.780 | 1.2955 | 0.410 | 0.9934 | | |

水路床こう配 $i=I$ として,

$$Q=Av=A\frac{1}{n}R^{\frac{2}{3}}I^{\frac{1}{2}}=240\times\frac{1}{0.025}\times 2.29^{\frac{2}{3}}\times\sqrt{\frac{1}{1000}}=527.4 \text{ [m}^3\text{/s]}$$

限界水深 $H_c$ は式（5.23）から,

$$H_c=\sqrt[3]{\frac{Q^2}{gB^2}}=\sqrt[3]{\frac{527.4^2}{9.8\times 100^2}}=1.4 \text{ [m]}$$

$$\frac{H_0}{H_1}=\frac{2.4}{6.2}=0.387$$

表5.4 より $B\left(\frac{H_0}{H}\right)$ の値を, $\frac{H_0}{H}$ の値に対して比例配分で求めると

$$B\left(\frac{H_0}{H_1}\right)=0.9835$$

また,

$$\left(\frac{H_c}{H_0}\right)^3=\left(\frac{1.4}{2.4}\right)^3=0.198$$

式（5.30）より,

$$x=\frac{H_1-H}{i}+\frac{H_0}{i}\left(1-\frac{H_c^3}{H_0^3}\right)\left[B\left(\frac{H_0}{H}\right)-B\left(\frac{H_0}{H_1}\right)\right]$$

表5.5 ブレッスの低下背水関数表

| $\frac{H}{H_0}$ | $B\left(\frac{H}{H_0}\right)$ | $\frac{H}{H_0}$ | $B\left(\frac{H}{H_0}\right)$ | $\frac{H}{H_0}$ | $B\left(\frac{H}{H_0}\right)$ | $\frac{H}{H_0}$ | $B\left(\frac{H}{H_0}\right)$ |
|---|---|---|---|---|---|---|---|
| 1.000 | ∞ | 0.940 | 1.7051 | 0.775 | 1.2038 | 0.400 | 0.7089 |
| 0.999 | 3.0900 | 0.938 | 1.6935 | 0.770 | 1.1946 | 0.390 | 0.6983 |
| 0.998 | 2.8586 | 0.936 | 1.6822 | 0.765 | 1.1854 | 0.380 | 0.6877 |
| 0.997 | 2.7231 | 0.934 | 1.6712 | 0.760 | 1.1765 | 0.370 | 0.6771 |
| 0.996 | 2.6269 | 0.932 | 1.6606 | 0.755 | 1.1676 | 0.360 | 0.6666 |
| 0.995 | 2.5521 | 0.930 | 1.6502 | 0.750 | 1.1589 | 0.350 | 0.6561 |
| 0.994 | 2.4910 | 0.928 | 1.6401 | 0.745 | 1.1503 | 0.340 | 0.6457 |
| 0.993 | 2.4393 | 0.926 | 1.6303 | 0.740 | 1.1419 | 0.330 | 0.6353 |
| 0.992 | 2.3945 | 0.924 | 1.6207 | 0.735 | 1.1335 | 0.320 | 0.6250 |
| 0.991 | 2.3549 | 0.922 | 1.6114 | 0.730 | 1.1253 | 0.310 | 0.6146 |
| 0.990 | 2.3194 | 0.920 | 1.6022 | 0.725 | 1.1171 | 0.300 | 0.6044 |
| 0.989 | 2.2873 | 0.918 | 1.5933 | 0.720 | 1.1091 | 0.290 | 0.5941 |
| 0.988 | 2.2580 | 0.916 | 1.5845 | 0.715 | 1.1012 | 0.280 | 0.5839 |
| 0.987 | 2.2310 | 0.914 | 1.5760 | 0.710 | 1.0933 | 0.270 | 0.5736 |
| 0.986 | 2.2059 | 0.912 | 1.5676 | 0.705 | 1.0856 | 0.260 | 0.5635 |
| 0.985 | 2.1826 | 0.910 | 1.5594 | 0.700 | 1.0780 | 0.250 | 0.5533 |
| 0.984 | 2.1607 | 0.908 | 1.5514 | 0.690 | 1.0629 | 0.240 | 0.5431 |
| 0.983 | 2.1402 | 0.906 | 1.5435 | 0.680 | 1.0482 | 0.230 | 0.5330 |
| 0.982 | 2.1208 | 0.904 | 1.5358 | 0.670 | 1.0337 | 0.220 | 0.5229 |
| 0.981 | 2.1024 | 0.902 | 1.5282 | 0.660 | 1.0196 | 0.210 | 0.5128 |
| 0.980 | 2.0850 | 0.900 | 1.5207 | 0.650 | 1.0056 | 0.200 | 0.5027 |
| 0.979 | 2.0684 | 0.895 | 1.5027 | 0.640 | 0.9920 | 0.190 | 0.4926 |
| 0.978 | 2.0526 | 0.890 | 1.4854 | 0.630 | 0.9785 | 0.180 | 0.4826 |
| 0.977 | 2.0374 | 0.885 | 1.4688 | 0.620 | 0.9653 | 0.170 | 0.4725 |
| 0.976 | 2.0229 | 0.880 | 1.4528 | 0.610 | 0.9523 | 0.160 | 0.4625 |
| 0.975 | 2.0089 | 0.875 | 1.4374 | 0.600 | 0.9394 | 0.150 | 0.4524 |
| 0.974 | 1.9955 | 0.870 | 1.4225 | 0.590 | 0.9268 | 0.140 | 0.4424 |
| 0.973 | 1.9826 | 0.865 | 1.4081 | 0.580 | 0.9143 | 0.130 | 0.4324 |
| 0.972 | 1.9701 | 0.860 | 1.3941 | 0.570 | 0.9019 | 0.120 | 0.4224 |
| 0.971 | 1.9581 | 0.855 | 1.3806 | 0.560 | 0.8897 | 0.110 | 0.4123 |
| 0.970 | 1.9465 | 0.850 | 1.3674 | 0.550 | 0.8776 | 0.100 | 0.4023 |
| 0.968 | 1.9243 | 0.845 | 1.3547 | 0.540 | 0.8657 | 0.090 | 0.3923 |
| 0.966 | 1.9034 | 0.840 | 1.3422 | 0.530 | 0.8539 | 0.080 | 0.3823 |
| 0.964 | 1.8836 | 0.835 | 1.3301 | 0.520 | 0.8422 | 0.070 | 0.3723 |
| 0.962 | 1.8649 | 0.830 | 1.3183 | 0.510 | 0.8306 | 0.060 | 0.3623 |
| 0.960 | 1.8471 | 0.825 | 1.3067 | 0.500 | 0.8191 | 0.050 | 0.3523 |
| 0.958 | 1.8302 | 0.820 | 1.2955 | 0.490 | 0.8078 | 0.040 | 0.3423 |
| 0.956 | 1.8140 | 0.815 | 1.2845 | 0.480 | 0.7965 | 0.030 | 0.3323 |
| 0.954 | 1.7985 | 0.810 | 1.2737 | 0.470 | 0.7853 | 0.020 | 0.3223 |
| 0.952 | 1.7836 | 0.805 | 1.2631 | 0.460 | 0.7742 | 0.010 | 0.3123 |
| 0.950 | 1.7693 | 0.800 | 1.2528 | 0.450 | 0.7631 | | |
| 0.948 | 1.7556 | 0.795 | 1.2426 | 0.440 | 0.7522 | | |
| 0.946 | 1.7423 | 0.790 | 1.2327 | 0.430 | 0.7413 | | |
| 0.944 | 1.7295 | 0.785 | 1.2229 | 0.420 | 0.7304 | | |
| 0.942 | 1.7171 | 0.780 | 1.2133 | 0.410 | 0.7197 | | |

表5.6 例題5.8の計算結果

| $H$ [m] | $\frac{H_0}{H}$ | $B\left(\frac{H_0}{H}\right)$ | $x$ [km] |
|---|---|---|---|
| 5.0 | 0.480 | 1.0276 | 1.285 |
| 4.0 | 0.600 | 1.1049 | 2.433 |
| 3.0 | 0.800 | 1.3267 | 3.860 |
| 2.5 | 0.960 | 1.8608 | 5.388 |
| 2.402 | 0.999 | 3.0903 | 7.853 |

$$= 1000\left[(6.2-H) + 2.4(1-0.198)\left\{B\left(\frac{H_0}{H}\right) - 0.9835\right\}\right]$$

$$= 1000\left[(6.2-H) + 1.925\left\{B\left(\frac{H_0}{H}\right) - 0.9835\right\}\right]$$

$H$をいろいろな値にして，それに対応する$x$の値を上式から計算すると次の表5.6のようになる。

## 5.10 開水路流れにおける摩擦以外の損失水頭

開水路においても，流水の途中で断面形状が変わったり，流れの中に構造物や障害物があると，その場所で流れに乱れが生じ，エネルギーの損失が発生する。開水路ではこうしたエネルギー損失は水面の低下となってあらわれる。ここでは，摩擦以外の様々な要因によって生じる損失水頭を求める式を扱う。

### 5.10.1 水路の入り口に生じる損失

貯水池のような広いところから，断面が小さな水路に水が流入する時に生じる損失水頭 $h_e$ は，次式であらわされる。

$$h_e = f_e \frac{v_2^2}{2g} + \frac{1}{2g}(v_2^2 - v_1^2) \tag{5.32}$$

ただし，$h_e$：流入口で生じる損失水頭 [m]
　　　　$f_e$：流入損失係数（**図 5.23** 参照）
　　　　$v_1$：流入前の流速 [m/s]
　　　　$v_2$：流入後の流速 [m/s]

### 5.10.2 水路底の段による損失水頭

$$h_c = f_c \frac{v_2^2}{2g} + \frac{1}{2g}(v_2^2 - v_1^2) \tag{5.33}$$

ただし，$h_c$：段による損失水頭 [m]

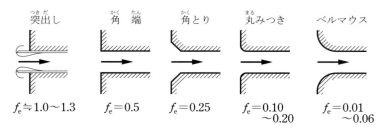

**図 5.23** 流入損失係数

　　　$f_c$：段の縮小による損失係数
　　　$v_1$：段の上流側の流速 [m/s]
　　　$v_2$：段の下流側の流速 [m/s]

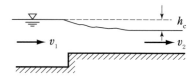

**図 5.24** 段による損失

### 5.10.3 橋脚による損失水頭

$$h_\mathrm{p} = \frac{Q^2}{2g}\left[\frac{1}{C^2 b_2{}^2 (H_1 - h_\mathrm{p})^2} - \frac{1}{b_1{}^2 H_1{}^2}\right] \qquad (5.34)$$

ただし，$h_\mathrm{p}$：橋脚による上流側のせき上げ高さ[m]（**図 5.25** 参照）

　　　$Q$　：流量[m/s]

　　　$b_1$　：橋脚直前の水路幅[m]

　　　$t$　：橋脚1基の幅[m]

　　　$b_2$　：水路幅から全ての橋脚の幅を差し引いた幅（$b_1 - \Sigma t$）[m]

　　　$H_1$　：橋脚上流側の水深[m]

　　　$C$　：橋脚の断面形状に関する係数（**図 5.26** 参照）

　この式を**ドビュイソンの実験公式**といい，橋脚の上流側に生じる背水のせき上げ高さを示す式である。この式で $h_\mathrm{p}$ を求めるには，右辺にも $h_\mathrm{p}$ が入っているため，試算法によって求める。橋脚が長い水路の中間にあって，そのせき上げ高さの影響が水路の上流端まで及ばないような場合には，この損失水頭を求める必要はない。しかし，橋脚が取水口の近くに存在するような場合には，その背水によって取水口の水位が高まり，高まった水位の分だけ取水量を減少させなければならない。つまり，橋脚による損失水頭をあらかじめ計算によって求め，その分だけ橋脚の下流側の水位を低下させておかなければならない。

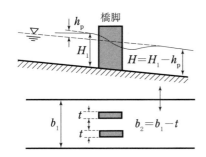

**図 5.25** 橋脚による損失

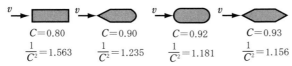

**図 5.26** 橋脚の断面と係数

### 5.10.4 ちりよけスクリーンによる損失水頭

$$h_r = \beta \sin\theta \left(\frac{t}{b}\right)^{\frac{4}{3}} \frac{v^2}{2g} \tag{5.35}$$

ただし，$h_r$：ちりよけスクリーンによる損失水頭
$\quad\quad\theta$：スクリーンの傾斜角（度）
$\quad\quad b$：スクリーンの目の幅 [m]
$\quad\quad t$：スクリーンの厚み [m]
$\quad\quad v$：スクリーン上流側の流速 [m/s]
$\quad\quad \beta$：スクリーンの断面形状に関する係数（**図 5.27** 参照）

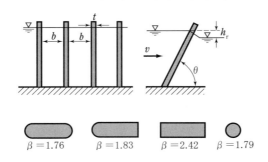

**図 5.27** ちりよけスクリーンの断面形状に関する係数

〔例題 5.9〕

**図 5.28** に示すように，幅が 69 m の河川に橋を架けるために厚さが 3 m の橋脚を 2 基設ける必要がある。橋脚の上流側における背水隆起の高さを求めよ。ただし，この河川の流量は 450 m³/s，水深は 2.4 m であり，橋脚の断面形状に関する係数 $C$ は 0.93 とする。

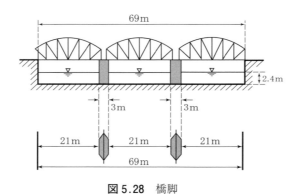

**図 5.28** 橋脚

〔解〕

橋脚の上流側における背水隆起の高さを $h_p$ とすると，
河川の幅から橋脚による幅を差し引いた幅 $b_2$ は，

$$b_2 = b_1 - \Sigma t = 69 - 3 \times 2 = 63 \text{ [m]}$$

**図 5.26** より，$\dfrac{1}{C^2} = 1.156$

まず，式 (5.34) の右辺にある $h_p$ を省いて，$h_p$ の第 1 近似値を求めると，

$$h_p = \frac{450^2}{2 \times 9.8} \times \left[ 1.156 \times \frac{1}{63^2 \times 2.4^2} - \frac{1}{69^2 \times 2.4^2} \right] = 0.15 \ [\text{m}]$$

次に，$h_p = 0.10$ m を式 (5.34) の右辺に代入し，$h_p$ の第 2 近似値を求める．

$$h_p = \frac{450^2}{2 \times 9.8} \times \left[ 1.156 \times \frac{1}{63^2 \times (2.4 - 0.15)^2} - \frac{1}{69^2 \times 2.4^2} \right] = 0.22 \ [\text{m}]$$

同様に計算を繰り返すと，$h_p = 0.31$ m となり，$h_p$ の値が一定となる．

$$h_p = \frac{450^2}{2 \times 9.8} \times \left[ 1.156 \times \frac{1}{63^2 \times (2.4 - 0.31)^2} - \frac{1}{69^2 \times 2.4^2} \right] = 0.31 \ [\text{m}]$$

## 〔演習問題〕

〔問題 5.1〕

図 5.29 に示すコンクリート開水路で水面こう配 $I$ を 1/1,500 として，流速 $v$ と流量 $Q$ をマニングの公式から求めよ．ただし，粗度係数 $n$ を 0.015 とする．

〔問題 5.2〕

図 5.30 に示すように，両側壁ののり面こう配が 1:2.5，中央の水深 $H$ が 1.5 m である三角形断面水路を流れる水の流量 $Q$ を求めよ．ただし，マニングの公式を用い，粗度係数 $n$ を 0.015，水面こう配 $I$ を 1/500 とする．

〔問題 5.3〕

内径 $D$ が 600 mm の下水道管の中を 45.0 cm の水深 $H$ で水が流れている．このときの潤辺 $S$ と径深 $R$ を求めよ．また，平均流速 $v$ を 1.30 m/s とすると流量 $Q$ はいくらになるか求めよ．

〔問題 5.4〕

内径 $D$ が 520 mm の下水道管の中を水が満流で流れているときの潤辺 $S$，径深 $R$，流速 $v$，流量 $Q$ を求めよ．ただし，水面こう配 $I$ を 0.001，粗度係数 $n$ を 0.01 とし，流速 $v$ はマニング公式から求めよ．

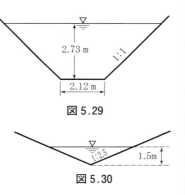

図 5.29

図 5.30

〔問題 5.5〕

図 5.31 に示すような正方形の断面を持つ水路について，上部が開いている開水路の場合と，閉じている管水路（水が満流で流れている状態）について，それぞれの径深を比較せよ。

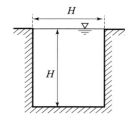
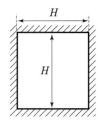

図 5.31

〔問題 5.6〕

水路床こう配 $i$ が1/500，粗度係数 $n$ が0.013の長方形断面水路に流量20 m³/sの水を等流で流したい。このときに水理学的な最有利断面となる水深 $H$ と水路幅 $b$ を求めよ。

〔問題 5.7〕

水路幅 $b$ が4.0 m，水深 $H$ が1.5 m の長方形水路に，水面こう配 $I$ が1/1,000で流量 $Q$ が10 m³/s の水を等流で流している。このときの粗度係数 $n$ を求めよ。

〔問題 5.8〕

図 5.32 に示す複断面河川を流れる水の流量 $Q$ を求めよ。ただし，流れは等流であり，水面こう配 $I$ を$0.64 \times 10^{-3}$，低水路と高水敷の粗度係数 $n$ はそれぞれ 0.025 と 0.040 とする。

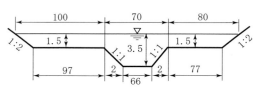

図 5.32　複断面水路（長さの単位は m）

〔問題 5.9〕

内径 $D$ が1,000 mm の円形断面水路の中を水深85 cm で水が流れているときの流量 $Q$ を求めよ。ただし，水面こう配 $I$ を1/500，粗度係数 $n$ を0.010とする。

〔問題 5.10〕

内径 $D$ が2,000 mm の管水路の中に満流状態で水を流した場合の流量 $Q_0$ は3.0 m³/s であった。図 5.10 に示す水理特性曲線を用いて，この管水路に水深 $H$ を1.2 m と1.8 m で水を流した時の径深 $R$ と流量 $Q$ をそれぞれ求めよ。

〔問題 5.11〕

水路幅が5.0 m の長方形断面水路で水深を0.90 m，流量を8.0 m³/s で水を流すとき，この流れは常流か射流か。また，このときの比エネルギーはいくらか。

〔問題 5.12〕
　水路底のこう配 1/1,000，水路幅が 100 m の長方形断面水路に水深が 1.20 m で水が流れている．図 5.33 のように，その下流端で段落ちがあり，その地点で水深が低下するときの水面形をブレッスの式を用いて求めよ．ただし，$n=0.025$ とする．（注：段落ちの地点の水深 $H_1$ は限界水深 $H_c$ よりも小さいが，段落ちから限界水深までの距離はわずかであることから距離を無視し，段落ちの地点の水深が限界水深に等しいとみなして計算してよい．）

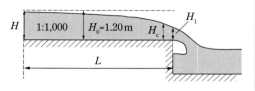

図 5.33　段落ちのある水路

## 演習問題の解答

〔問題 5.1〕　流速：2.10 m/s，流量：27.8 m³/s

《解説》

表 5.2 より，流積 $A$，潤辺 $S$，径深 $R$ を求める．

$A=(b+mH)H=(2.12+1\times 2.73)\times 2.73=13.24\ [\text{m}^2]$

$S=b+2H\sqrt{1+m^2}=2.12+2\times 2.73\times\sqrt{1+1^2}=9.842\ [\text{m}]$

$R=\dfrac{A}{S}=\dfrac{13.24}{9.842}=1.345\ [\text{m}]$

$v=\dfrac{1}{n}R^{\frac{2}{3}}I^{\frac{1}{2}}=\dfrac{1}{0.015}\times 1.345^{\frac{2}{3}}\times\left(\dfrac{1}{1,500}\right)^{\frac{1}{2}}=2.097\ [\text{m/s}]$

$Q=Av=13.24\times 2.097=27.76\ [\text{m}^3/\text{s}]$

〔問題 5.2〕　流量：13 m³/s

《解説》

表 5.2 より，台形の公式を用いて水面幅 $B$ を求める．

$B=b+2mH=0+2\times 2.5\times 1.5=7.5\ [\text{m}]$

$A=\dfrac{7.5\times 1.5}{2}=5.63\ [\text{m}^2]$

$S=b+2H\sqrt{1+m^2}=0+2\times 1.5\times\sqrt{1+2.5^2}=8.08\ [\text{m}]$

$R=\dfrac{A}{S}=\dfrac{5.63}{8.08}=0.697\ [\text{m}]$

$Q=Av=A\dfrac{1}{n}R^{\frac{2}{3}}I^{\frac{1}{2}}=5.63\times\dfrac{1}{0.015}\times 0.697^{\frac{2}{3}}\times\left(\dfrac{1}{500}\right)^{\frac{1}{2}}=13.2\ [\text{m}^3/\text{s}]$

〔問題 5.3〕 潤辺：1.3 m，径深：0.18 m，流量：0.30 m³/s

《解説》

表 5.2 より，円形断面水路の水深を求める公式を利用して中心角 $\theta$ を求める。

$H = \dfrac{D}{2}\left(1 - \cos\dfrac{\theta}{2}\right)$ より，$\cos\dfrac{\theta}{2} = 1 - \dfrac{2H}{D} = 1 - \dfrac{2 \times 0.45}{0.600} = -0.5$,

$\dfrac{\theta}{2} = \cos^{-1}(-0.5) = 120°$, ∴ $\theta = 240°$

$\varphi = \dfrac{3.14}{180°} \times 240° = 4.19 \,[\text{rad}]$

$A = \dfrac{D^2}{8}(\varphi - \sin\theta) = \dfrac{0.600^2}{8} \times (4.19 - \sin 240°) = 0.228 \,[\text{m}^2]$

$S = \dfrac{D}{2}\varphi = \dfrac{0.600}{2} \times 4.19 = 1.26 \,[\text{m}]$

$R = \dfrac{A}{S} = \dfrac{0.228}{1.26} = 0.181 \,[\text{m}]$

$Q = Av = 0.228 \times 1.3 = 0.296 \,[\text{m}^3/\text{s}]$

〔問題 5.4〕 潤辺：1.6 m，径深：0.13 m，流速：0.81 m/s，流量：0.17 m³/s

《解説》

$S = \pi D = 3.14 \times 0.520 = 1.63 \,[\text{m}]$

$R = \dfrac{D}{4} = \dfrac{0.520}{4} = 0.130 \,[\text{m}]$

$v = \dfrac{1}{n} R^{\frac{2}{3}} I^{\frac{1}{2}} = \dfrac{1}{0.01} \times 0.130^{\frac{2}{3}} \times 0.001^{\frac{1}{2}} = 0.812 \,[\text{m/s}]$

$A = \dfrac{\pi D^2}{4} = \dfrac{3.14 \times 0.520^2}{4} = 0.212 \,[\text{m}^2]$

$Q = Av = 0.212 \times 0.812 = 0.172 \,[\text{m}^3/\text{s}]$

〔問題 5.5〕 水路幅（$H$），水深（$H$），流積（$H^2$）が同じでも，径深 $R$ は開水路の場合 $R = \dfrac{H}{3}$，管水路の場合 $R = \dfrac{H}{4}$ となり，管水路の方が径深は小さくなる。

〔問題 5.6〕 水深：1.8 m，水路幅：3.5 m

《解説》

5.5.1 より，長方形断面の開水路における最有利断面の条件は $b = 2H$ であり，流積 $A$，潤辺 $S$，径深 $R$ は次の式で表記される。

$A = bH = 2H^2$, $S = b + 2H = 4H$, $R = \dfrac{A}{S} = \dfrac{H}{2}$

また，流れは等流なので，水路床こう配 $i =$ 水面こう配 $I$

これらをマニングの公式に代入する。

$$Q = A\frac{1}{n}R^{\frac{2}{3}}I^{\frac{1}{2}} = 2H^2 \frac{1}{n}\left(\frac{H}{2}\right)^{\frac{2}{3}} I^{\frac{1}{2}} = 2^{\frac{1}{3}} H^{\frac{8}{3}} \frac{1}{n} I^{\frac{1}{2}}$$

この式を $H$ について整理し，各値を代入する。

$$H = \left(2^{-\frac{1}{3}} \frac{nQ}{I^{\frac{1}{2}}}\right)^{\frac{3}{8}} = \left(2^{-\frac{1}{3}} \times \frac{0.013 \times 20}{\left(\frac{1}{500}\right)^{\frac{1}{2}}}\right)^{\frac{3}{8}} = 1.77 \text{ [m]}$$

$$b = 2H = 2 \times 1.77 = 3.54 \text{ [m]}$$

〔問題 5.7〕 粗度係数：0.017

《解説》

流積 $A$，潤辺 $S$，径深 $R$ を求める。

$A = 4.0 \times 1.5 = 6.0 \text{ [m}^2\text{]}$, $S = 4.0 + 2 \times 1.5 = 7.0 \text{ [m]}$, $R = \frac{6.0}{7.0} = 0.857 \text{ [m]}$

マニングに公式を $n$ について整理し，これらの値を代入する。

$$n = \frac{A}{Q} R^{\frac{2}{3}} I^{\frac{1}{2}} = \frac{6.0}{10} \times 0.857^{\frac{2}{3}} \times \left(\frac{1}{1,000}\right)^{\frac{1}{2}} = 0.017$$

〔問題 5.8〕 断面を3分割して求めた場合　$Q = 765 \text{ m}^3/\text{s}$
　　　　　　等価粗度係数を用いて求めた場合　$Q = 566 \text{ m}^3/\text{s}$

《解説》

断面を3分割した場合の各断面の値は次の通りである。

高水敷（左） $A_1 = 148 \text{ m}^2$, $S_1 = 100 \text{ m}$, $R_1 = 1.48 \text{ m}$, $n_1 = 0.040$, $Q_1 = 122 \text{ m}^3/\text{s}$
高水敷（右） $A_2 = 118 \text{ m}^2$, $S_2 = 80.4 \text{ m}$, $R_2 = 1.47 \text{ m}$, $n_2 = 0.040$, $Q_2 = 96.5 \text{ m}^3/\text{s}$
低　水　路　$A_3 = 241 \text{ m}^2$, $S_3 = 71.7 \text{ m}$, $R_3 = 3.36 \text{ m}$, $n_1 = 0.025$, $Q_3 = 547 \text{ m}^3/\text{s}$

断面を3分割して求めた場合

$$Q = Q_1 + Q_2 + Q_3 = 122 + 96.5 + 547 = 766 \text{ [m}^3/\text{s]}$$

等価粗度係数を用いて求めた場合

水路全体の流積 $A$ と潤辺 $S$ は次の通りである。

$$A = A_1 + A_2 + A_3 = 148 + 118 + 241 = 507 \text{ [m}^2\text{]}$$
$$S = S_1 + S_2 + S_3 = 100 + 80.4 + 71.7 = 252.1 \text{ [m]}$$

等価粗度係数 $n_e$ は式（5.15）より，0.036 となるので，流量 $Q$ は次の式から求められる。

$$Q = Av = \frac{A}{n_e}\left(\frac{A}{S}\right)^{\frac{2}{3}} I^{\frac{1}{2}} = \frac{511}{0.036} \times \left(\frac{511}{252.1}\right)^{\frac{2}{3}} \times (0.64 \times 10^{-3})^{\frac{1}{2}}$$
$$= 568 \text{ [m}^3/\text{s]}$$

166　第5章　開水路の流れ

〔問題 5.9〕　流量：$1.4 \text{ m}^3/\text{s}$

《解説》

表 5.2 より，円形の水深を求める公式を利用して中心角 $\theta$ を求める。

$$H = \frac{D}{2}\left(1 - \cos\frac{\theta}{2}\right) \text{ より，}$$

$$\cos\frac{\theta}{2} = 1 - \frac{2H}{D} = 1 - \frac{2 \times 0.85}{1.000} = -0.7, \quad \frac{\theta}{2} = \cos^{-1}(-0.7) = 134.4°,$$

$$\therefore \theta = 269 \text{ [°]}$$

$$\varphi = \frac{3.14}{180°} \times 269° = 4.69 \text{ [rad]}$$

$$A = \frac{D^2}{8}(\varphi - \sin\theta) = \frac{1.000^2}{8} \times (4.69 - \sin 269°) = 0.711 \text{ [m}^2\text{]}$$

$$S = \frac{D}{2}\varphi = \frac{1.000}{2} \times 4.69 = 2.35 \text{ [m]}$$

$$R = \frac{A}{S} = \frac{0.711}{2.35} = 0.303 \text{ [m]}$$

$$Q = Av = A\frac{1}{n}R^{\frac{2}{3}}I^{\frac{1}{2}} = 0.711 \times \frac{1}{0.010} \times 0.303^{\frac{2}{3}} \times \left(\frac{1}{500}\right)^{\frac{1}{2}} = 1.43 \text{ [m}^3/\text{s]}$$

〔問題 5.10〕　$H = 1.2 \text{ m}$ の場合，径深：$0.55 \text{ m}$，流量：$2.0 \text{ m}^3/\text{s}$
　　　　　　　$H = 1.8 \text{ m}$ の場合，径深：$0.60 \text{ m}$，流量：$3.2 \text{ m}^3/\text{s}$

《解説》

満流時の径深 $R_0$ を求める。

$$R_0 = \frac{D}{4} = \frac{2.000}{4} = 0.5 \text{ [m]}$$

図 5.10 の横軸を目盛数字の 10 分の 1 の位まで読み取ると，
$H = 1.2 \text{ m}$ のとき，$H/D = 0.6$ であり，$R/R_0 = 1.10$，$Q/Q_0 = 0.68$ なので，
$R = 1.10R_0 = 1.10 \times 0.5 = 0.55 \text{ [m]}$，$Q = 0.68Q_0 = 0.68 \times 3.0 = 2.04 \text{ [m}^3/\text{s]}$
$H = 1.8 \text{ m}$ のとき，$H/D = 0.9$ であり，$R/R_0 = 1.20$，$Q/Q_0 = 1.07$ なので，
$R = 1.20R_0 = 1.20 \times 0.5 = 0.60 \text{ [m]}$，$Q = 1.07Q_0 = 1.07 \times 3.0 = 3.21 \text{ [m}^3/\text{s]}$

〔問題 5.11〕　常流，比エネルギー：$1.1 \text{ m}$

《解説》

$$v = \frac{Q}{A} = \frac{8.0}{5.0 \times 0.9} = 1.78 \text{ [m/s]}$$

$$Fr = \frac{v}{\sqrt{gH}} = \frac{1.78}{\sqrt{9.8 \times 0.9}} = 0.60 < 1 \qquad \therefore \text{ 常流}$$

$$E = \frac{v^2}{2g} + H = \frac{1.78^2}{2 \times 9.8} + 0.9 = 1.06 \text{ [m]}$$

〔問題 5.12〕 結果の一例を示す。

《解説》

流積 $A$, 潤辺 $S$, 径深 $R$ を求める。

$A = 100 \times 1.2 = 120 \ [\mathrm{m}^2]$, $S = 100 + 2 \times 1.2 = 102 \ [\mathrm{m}]$, $R = \dfrac{120}{102} = 1.18 \ [\mathrm{m}]$

$I \fallingdotseq i$ として，マニングの公式から流量を求める。

$$Q = A_v = A\frac{1}{n}R^{\frac{2}{3}}I^{\frac{1}{2}} = 120 \times \frac{1}{0.025} \times 1.18^{\frac{2}{3}} \times \sqrt{0.001} = 169 \ [\mathrm{m}^3/\mathrm{s}]$$

式（5.23）から限界水深 $H_c$ を求める。

$$H_c = \sqrt[3]{\frac{Q^2}{gB^2}} = \sqrt[3]{\frac{169^2}{9.8 \times 100^2}} = 0.663 \ [\mathrm{m}]$$

$H_1 = H_c$ とみなせるので，

$$\frac{H_1}{H_0} = \frac{0.663}{1.2} = 0.553$$

表 5.5 より，

$$B\left(\frac{H_1}{H_0}\right) = 0.8812$$

$$\left(\frac{H_c}{H_0}\right)^3 = \left(\frac{0.663}{1.2}\right)^3 = 0.169$$

式（5.31）より，

$$x = \frac{H_1 - H}{i} + \frac{H_0}{i}\left(1 - \frac{H_c^3}{H_0^3}\right)\left[B\left(\frac{H}{H_0}\right) - B\left(\frac{H_1}{H_0}\right)\right]$$

$$= 1{,}000 \times \left[(0.663 - H) + 1.2 \times (1 - 0.169) \times \left\{B\left(\frac{H}{H_0}\right) - 0.8812\right\}\right]$$

$$= 1{,}000 \times \left[(0.663 - H) + 0.997 \times \left\{B\left(\frac{H}{H_0}\right) - 0.8812\right\}\right]$$

この式より，下記の結果が得られる。

| $H$ [m] | $\dfrac{H}{H_0}$ | $B_1\left(\dfrac{H}{H_0}\right)$ | $x$ [m] |
|---|---|---|---|
| 0.75 | 0.625 | 0.9719 | 3.4 |
| 0.80 | 0.667 | 1.0295 | 10.9 |
| 0.90 | 0.750 | 1.1589 | 39.9 |
| 1.00 | 0.833 | 1.3254 | 106.0 |
| 1.10 | 0.917 | 1.5889 | 268.7 |
| 1.19 | 0.992 | 2.3945 | 982.1 |

引用・参考文献

1）農林水産省農村振興局，土地改良事業計画設計基準設計「パイプライン」基準書・技術書　平成 10 年 3 月
2）農林水産省農村振興局，土地改良事業計画設計基準設計「水路工」基準

書・技術書　平成 13 年 2 月
3）丹羽健蔵：水理学詳説，理工図書
4）岡澤　宏・小島信彦・嶋　栄吉・竹下伸一・長坂貞郎・細川吉晴：わかりやすい水理学，理工図書，2013

# 第6章 オリフィスと水門（ゲート）

オリフィスとは，水槽などの貯水施設，あるいは河川や水路を横断するような構造物（取水堰など）の壁面や底面に水を通すために設けられる穴状の流出口のことである。また，水門（ゲート）とは，河川や水路，あるいは貯水池などにおいて流れを制御するために設けられる開閉式の構造物である。適切な用水供給のための取水や大雨時の洪水調節などのために，これらの施設によって河川や水路の水位や流量が調整される。本章では，これらの施設から流れ出る水の流量の計算方法について学ぶ。

## 6.1 小オリフィス

水槽の底面や側面に水を排出させるために設けられた流出孔を**オリフィス**（orifice）という。貯水池や調整池，ダムといった水利施設ではオリフィスを設置することがある。オリフィスには，洪水時に調整池に貯まった水を徐々に排出させる流量調節や，貯水池やダムからの流出量を正確に把握するなどの役割がある。

水槽を例にとると，図 6.1(a)のように水槽の側面に設けたものを**鉛直オリフィス**（vertical orifice），図 6.1(b)のように底面に設けたものを**水平オリフィス**（horizontal orifice）とよぶ。また，鉛直オリフィスのなかには，水深 $H$ と比較してオリフィスの大きさ（円形の場合は直径 $d$）が極めて小さい場合，水の流出にともなう水深 $H$ の低下速度が無視できるほど小さく，比較的短時間でみると，オリフィスから流出する水の流速をほぼ一定とみなせるものがある。このような扱いのできるものを**小オリフィス**（small orifice）という。小オリフィスでは，オリフィスの中心の流速 $v$ を代表値として用いることが多い。

### 用語の解説

**オリフィス**（orifice）
水槽や貯水施設の側面や底面に設けられた水を流出するための小孔をいう。小オリフィスを設ける位置によって**鉛直オリフィス**（vertical orifice）や**水平オリフィス**（horizontal orifice）とよび，小孔の縁が刃形のものを**標準オリフィス**（standard orifice）という。

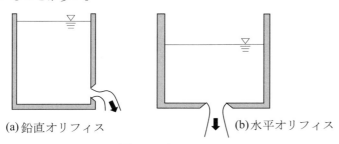

(a)鉛直オリフィス　　(b)水平オリフィス

図 6.1　オリフィス

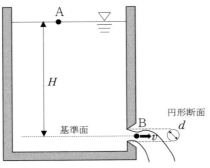

図6.2　小オリフィス

小オリフィスの断面形状は主に円形か正方形のものが多く，図6.2のようにオリフィスの縁は水槽内から水槽外に向かって徐々に拡大するような規則正しい刃型につくられている。これを**標準オリフィス**（standard orifice）という。

オリフィスから流出する水の速度 $v$ は，第3章で示したようにトリチェリーの定理（式（3.18））から求めることができる。いま，小オリフィスの中心を通る水平面を基準面とし（図6.2），水面にあるAとオリフィスの中心にあるBの2つの位置でベルヌーイの定理を適用する。

Aは静水状態とみなせる自由水面にあることから，速度水頭は無視でき，水による圧力水頭は生じない。つまり，Aでは位置水頭のみが作用しており，これは基準面から水面までの距離である水深 $H$ に相当する。また，Bは水槽の外に位置しており，大気と接しているものとして，この位置での水による圧力水頭もゼロとみなすことができ，オリフィスは基準面上にあるため，位置水頭も発生しない。一方，Bでは水が流速 $v$ で流れ出ているので速度水頭が発生している。したがって，ベルヌーイの定理は次のようにあらわされる。

$$\frac{v_A^2}{2g}+\frac{p_A}{\rho g}+z_A=\frac{v_B^2}{2g}+\frac{p_B}{\rho g}+z_B \tag{6.1}$$

$$0\ +0\ +H=\frac{v^2}{2g}+0\ +0 \tag{6.2}$$

よって

$$v=\sqrt{2gH} \tag{6.3}$$

となる。ただし，ここで示される流速 $v$ は理論流速であり，実際にはオリフィスから流出する際に生じる摩擦や水の粘性の影響を受けるので実際の流速はやや小さくなる。実際の流速を $v$，理論流速を $v_t$ としたとき，次式で求められる両者の比 $C_v$ を**流速係数**（coefficient of velocity）という。

$$C_v=\frac{v}{v_t} \tag{6.4}$$

**用語の解説**

**流速係数**（coefficient of velocity）
実際流速と理論流速との比から求められる。オリフィスから流出する水は摩擦やその他の抵抗を受けるため，トリチェリーの定理から求められる理論流速よりも小さな値となる。このとき，理論流速を実際流速に補正するための係数。流速係数 $C_v$ は 0.96〜0.99 の範囲をとる。

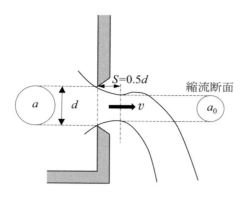

**図 6.3** 縮流（ベナ・コントラクタ）

　理論流速にこの流速係数を乗じることで，理論流速を実際流速に補正することができる。一般的に流速係数 $C_v$ の値は 0.96〜0.99 の範囲とされている。

$$v = C_v v_t = C_v \sqrt{2gH} \tag{6.5}$$

　鉛直オリフィスから流出する水は，**図 6.3** のように1つの水脈を描く。この水脈を**ナップ**（nappe）という。流出水は鉛直方向に作用する慣性力による影響を受け，オリフィスを流出した後に水脈が一度収縮してオリフィスの断面よりも小さくなり，その後再び広がって落下する。このように，水脈の断面が収縮する現象を縮流といい，そのうち断面積が最小となる部分を**ベナ・コントラクタ**（vena contracta）という。円形断面を有する壁面に設けられた小オリフィスの場合，ベナ・コントラクタは，オリフィス断面から水平方向に，断面の直径 $d$ の半分，すなわち $S=0.5d$ の位置で生じるとされている。縮流が発生する位置では水平方向に流速が生じ，水槽内の圧力水頭の大部分が速度水頭に変化する。そのため，この位置では式（6.3）がほぼ完全に成立する。

　オリフィスの流積を $a$，縮流部の流積を $a_0$ とすると，これらの比 $C_a$ は次式であらわされる。

$$C_a = \frac{a_0}{a} \tag{6.6}$$

　この $C_a$ を**収縮係数**（coefficient of contraction）といい，縮流部の流積 $a_0$ は次式のようになる。

$$a_0 = C_a a \tag{6.7}$$

　理論的には $C_a=0.5$ となるが，実際には $C_a=0.6$〜0.7 とされている。オリフィスから流出する実際流量を $Q$ とすると，式（6.5）と式（6.7）より，

$$Q = a_0 v = C_a C_v a \sqrt{2gH} \tag{6.8}$$

となる。このとき，流速係数 $C_v$ と収縮係数 $C_a$ の積を**流量係数** $C$（coefficient of discharge）という。

$$C = C_a C_v \tag{6.9}$$

---

**用語の解説**

**ナップ**（nappe）
オリフィスの縁が刃型の場合にみられる水脈のこと。刃型堰を越流する場合にもみられる。

**ベナ・コントラクタ**（vena contracta）
縮流部のこと。オリフィスから流出した水流が慣性によって収縮する際の断面が最小となる部分をさす。

**収縮係数**（coefficient of contraction）
オリフィスから流出する水流は縮流によってオリフィスの断面積よりも小さくなる。縮流部の断面積 $a_0$ とオリフィスの断面積 $a$ との比 $C_a$ を収縮係数といい，$C_a = a_0/a$ と定義される。一般に $C_a = 0.6$〜0.7 である。

**流量係数**（coefficient of discharge）
実際流量と理論流量との比をいう。オリフィスを扱う場合は，流速係数 $C_v$ と収縮係数 $C_a$ を掛け合わせた係数で，$C = C_a C_v$ と定義される。

表6.1 刃型鉛直円形オリフィスの流量係数 $C$

| $H$ [cm] | $D$ [cm] | | | | | | |
|---|---|---|---|---|---|---|---|
| | 0.6 | 1.2 | 2.1 | 3.7 | 6.1 | 18.3 | 30.5 |
| 21 | | 0.637 | 0.624 | 0.612 | | | |
| 24 | 0.648 | 0.626 | 0.615 | 0.606 | 0.601 | 0.594 | 0.591 |
| 55 | 0.634 | 0.615 | 0.607 | 0.602 | 0.599 | 0.597 | 0.595 |
| 107 | 0.625 | 0.610 | 0.604 | 0.601 | 0.599 | 0.598 | 0.596 |
| 213 | 0.616 | 0.606 | 0.601 | 0.599 | 0.598 | 0.597 | 0.596 |
| 305 | 0.611 | 0.603 | 0.599 | 0.598 | 0.597 | 0.596 | 0.595 |
| 610 | 0.601 | 0.599 | 0.597 | 0.596 | 0.596 | 0.596 | 0.594 |

(丹羽健蔵,水理学詳説,p.199,1971より引用)

したがって,オリフィスからの流出量は最終的に次の式で求められる。

$$Q = Ca\sqrt{2gH} \qquad (6.10)$$

流速係数 $C_v$,収縮係数 $C_a$,および流量係数 $C$ の各値は,オリフィスの断面形状,大きさ,水深などによって異なる。鉛直壁に設けた標準オリフィスに対して実験的に検討された流量係数 $C$ の値として,**表6.1**のようにまとめられるが,一般的には $C=0.62$ とされ,流速係数 $C_v$ と収縮係数 $C_a$ の値として,$C_v=0.96 \sim 0.99$,$C_a=0.64$ が用いられることが多い。

〔例題6.1〕

オリフィスの断面積を $a$,縮流部分の断面積(流積)を $a_0$ とすると,理論的に収縮係数が0.5となることを**図6.4**を用いて証明せよ。

〔解〕

鉛直断面Ⅰと鉛直断面Ⅱに作用する力を考える。鉛直断面Ⅰでは水は大気と接していることから水圧は作用せず,流速のみが作用する。一方,オリフィスから比較的離れており,水槽内の水深 $H$ の位置にある鉛直断面Ⅱでは,流速は0とみなされ,全水圧 $P(=\rho gHa)$ のみが作用している。2つの断

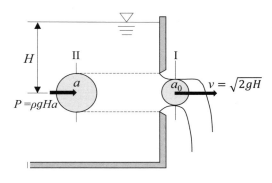

図6.4 オリフィス

面において運動量の方程式を適用すると,

$$\text{力積} = \text{運動量の変化}$$
$$(\text{全水圧 } P \times \text{単位時間}) \quad (\text{質量} \times \text{速度の変化量})$$

$$
\begin{aligned}
\rho g H a &= \rho Q (v-0) \\
&= \rho v a_0 v \\
&= \rho \sqrt{2gH}\, a_0 \sqrt{2gH} \\
&= \rho\, 2gH\, a_0 \\
a &= 2 a_0 \\
\therefore\ a_0 &= 0.5 a
\end{aligned}
$$

ただし,この値は理論値であり,実際には $C_a = 0.6 \sim 0.7$ の範囲にあることが実験的に明らかにされており,実際の計算で 0.5 を用いることはない。

〔例題 6.2〕
オリフィスの中心が水面から深さ 220 cm の位置にあるとき,オリフィスからの流出量を求めよ。ただし,オリフィスは直径 $D=20$ mm の円形とし,$C_v=0.98$,$C_a=0.64$ とする。

〔解〕

オリフィスの断面積 $a = \dfrac{\pi D^2}{4} = \dfrac{3.14 \times 0.020^2}{4} = 3.14 \times 10^{-4}\ [\text{m}^2]$

流量係数 $C = C_v C_a = 0.98 \times 0.64 = 0.627$

式 (6.10) を用いて

$$Q = Ca\sqrt{2gH} = 0.627 \times 3.14 \times 10^{-4} \times \sqrt{2 \times 9.8 \times 2.20}$$
$$= 1.29 \times 10^{-3}\, [\text{m}^3/\text{s}] = 1.29\ [\text{L/s}]$$

〔例題 6.3〕
水槽に設けた直径 40 mm の円形オリフィスがある。水面からオリフィスの中心までの深さを 2.0 m に保ちながら水を流出させる場合,流量が 5.0 L/s となるときの流量係数はいくらになるか。

〔解〕

式 (6.10) を変形して,これに各値を代入して解く。

$$C = \frac{Q}{a\sqrt{2gH}} = \frac{5.0 \times 10^{-3}}{\dfrac{3.14 \times 0.040^2}{4} \times \sqrt{2 \times 9.8 \times 2.0}} = 0.64$$

メモの欄

## 6.2 大オリフィス

オリフィスの断面積が小さい場合，鉛直オリフィスであっても鉛直断面における流速分布は一様とみなされ，オリフィス中心点の流速を代表値として用いることができる。しかし，オリフィスの断面積が大きくなると，流出水の流速がオリフィスの上端と下端で比較的大きく異なり，断面全体にわたって流速を一様とみなすことはできず，断面の中心点の流速を代表値として流出量を求めると実際のものとは一致しない場合がある。このように，オリフィスの断面が比較的大きく，流出部の流速分布を考慮しなければ流出量を正確に求めることができないものを**大オリフィス**（large orifice）という。

大オリフィスからの流出量の計算式について説明する。大オリフィスでは，水槽の水面が低下する速度も流出量に影響を与えるようになり，オリフィスからの流出量と同量の水を水槽内に供給し水深を一定に保ったとしても，供給する水の運動エネルギーが影響を与える。すなわち，大オリフィスから水が流出する場合，水槽内の水全体がある程度の流速をもつようになる。**図6.5**の点Aで生じているような，オリフィスに向かう流速を**接近流速**（approaching velocity）といい，接近流速を水頭に換算したものを**接近流速水頭**（approaching velocity head）という。大オリフィスからの流出量を求める際には，基本的には，接近流速を考慮に入れる必要がある。

**図6.5**に示す大オリフィスにおいて，オリフィスの中心を通る水平面を基準面とし，オリフィスから水槽の内側に少し離れた基準面上の位置にある点Aとオリフィスの流出直後の位置にある点Bに対して接近流速$v_a$を考慮しながらベルヌーイの定理を適用する。点Aでは，位置水頭は基準面上なのでゼロであり，水深$H$に相当する圧力水頭に加え，接近流速$v_a$による速度水頭$v_a^2/2g$が発生している。一方，点Bでは，位置水頭は同様に基準面上にあるのでゼロであり，また水槽の外に位置しているので大気圧と接してい

### 用語の解説

**大オリフィス**（large orifice）
水槽などの側面に設けられた鉛直オリフィスの一種であり，流速分布の影響が大きく，小オリフィスのように中心部の流速を代表して平均流速として扱うことができないオリフィスのこと。流量を算出する場合，接近流速を考慮する必要がある。

**接近流速**（approaching velocity）
オリフィスなどの流出部に向かって生じている流体の速度のことをいう。大オリフィスでは，流出量を算出する場合，この流速を考慮する必要がある。また，接近流速を水頭に換算した値を接近流速水頭という。

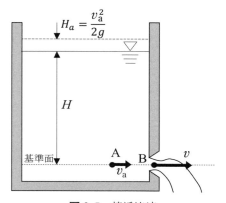

図6.5 接近流速

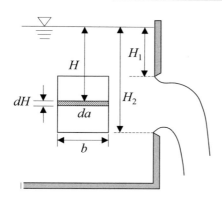

**図6.6** 大オリフィス（長方形）

るものとして水圧はゼロ，すなわち圧力水頭もゼロであり，速度水頭 $v^2/2g$ のみが生じていると考える。したがって，ベルヌーイの定理は次式であらわされる。

$$\frac{v_A^2}{2g}+\frac{p_A}{\rho g}+z_A=\frac{v_B^2}{2g}+\frac{p_B}{\rho g}+z_B$$

$$\frac{v_a^2}{2g}+H+0=\frac{v^2}{2g}+0+0$$

$$\therefore v=\sqrt{2g\left(H+\frac{v_a^2}{2g}\right)}=\sqrt{2g(H+H_a)} \quad (6.11)$$

ただし，$H_a$ は接近流速水頭であり，

$$H_a=\frac{v_a^2}{2g} \quad (6.12)$$

以上のことを踏まえながら，**図6.6**のように，水槽の壁面に設けた長方形の大オリフィスから流出する水の流量について求めていく。

まず，オリフィスの上端から下端までの各位置で流速が異なる大オリフィスでは，オリフィスの断面を上下端での流速に差がないとみなせるほど小さな高さ $dH$ の微小断面に分割し，各微小断面からの流量 $dQ$ を求め，流量 $dQ$ を全てを足し合わせる（積分する）ことによって大オリフィスの断面全体からの流出量を求める。

水面から任意の深さ $H$ にある微小断面から流出する流量 $dQ$ は，前節で求めた式（6.10）に接近流速 $v_a$（接近流速水頭 $H_a$）を考慮した以下の式によって求めることができる。

$$dQ=C\,da\sqrt{2g(H+H_a)} \quad (6.13)$$

**図6.5**においては，微小断面の幅は全て $b$ なので，その面積は

$$da=b\,dH$$

よって，$dQ=C\,b\,dH\sqrt{2g(H+H_a)} \quad (6.14)$

したがって，大オリフィス全体からの流出量 $Q$ は，式（6.14）をオリフィ

スの上端の深さ $H_1$ から下端の深さ $H_2$ の区間で合計，すなわち積分することで求めることができる．

$$Q = \int_{H_1}^{H_2} dQ = \int_{H_1}^{H_2} C\,b\,\sqrt{2g(H+H_a)}\,dH$$

$$= C\,b\,\sqrt{2g}\int_{H_1}^{H_2}\sqrt{(H+H_a)}\,dH$$

$$= \frac{2}{3}\,C\,b\,\sqrt{2g}\left\{(H_2+H_a)^{\frac{3}{2}}-(H_1+H_a)^{\frac{3}{2}}\right\} \qquad (6.15)$$

なお，大オリフィスでも，接近流速を無視しても差し支えない場合には，$v_a=0$ なので，$H_a=0$ となり，次式によって計算される．

$$Q = \frac{2}{3}\,C\,b\,\sqrt{2g}\left(H_2^{\frac{3}{2}}-H_1^{\frac{3}{2}}\right) \qquad (6.16)$$

一般的によく用いられる長方形の大オリフィスについては，**ポンセレとレブロ**（Poncelet and Lesbros，フランス）によって行われた実験から求められた流量係数 $C$ の値が**表6.2**のように整理されている．なお，表6.2における $H$ は水面から長方形オリフィスの中心までの深さ，$h$ は長方形オリフィスの高さを示している（**図6.7**）．

表6.2　長方形オリフィスの流量係数 $C$

| $H$ [cm] | $h$ [cm] | | | | | |
|---|---|---|---|---|---|---|
| | 1 | 2 | 3 | 5 | 10 | 20 |
| 2 | 0.691 | 0.660 | 0.639 | 0.616 | 0.596 | 0.572 |
| 4 | 0.677 | 0.659 | 0.639 | 0.626 | 0.607 | 0.587 |
| 10 | 0.667 | 0.655 | 0.637 | 0.630 | 0.611 | 0.592 |
| 50 | 0.643 | 0.640 | 0.631 | 0.628 | 0.617 | 0.603 |
| 100 | 0.629 | 0.632 | 0.627 | 0.625 | 0.615 | 0.605 |
| 200 | 0.613 | 0.613 | 0.613 | 0.613 | 0.607 | 0.601 |
| 300 | 0.609 | 0.608 | 0.607 | 0.607 | 0.603 | 0.601 |

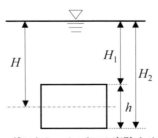

図6.7　ポンセレ・レブロの実験オリフィス

## 6.3 円形オリフィス

円形の大オリフィスからの流出量について考える。**図6.8**のように，半径 $r$ の円形オリフィスの中心から任意の高さ $z$ の位置に極めて薄い厚さ $dz$ で円形を水平に分割した微小断面について，この微小断面は幅が $b$ で高さが $dz$ の長方形として近似できるものとすると，その面積 $da$ は次のようになる。

$$da = b\,dz = 2\sqrt{r^2 - z^2}\,dz \tag{6.17}$$

この微小断面から流出する水の流速 $v$ は式（6.3）より

$$v = \sqrt{2g(H-z)} \tag{6.18}$$

よって，微小断面からの流出量 $dQ$ は式（6.10）より

$$dQ = C v\,da = C\sqrt{2g(H-z)}\,2\sqrt{r^2 - z^2}\,dz \tag{6.19}$$

円形の大オリフィスからの流出量 $Q$ は，円の中心を $z$ の原点として上方を正，下方を負とすると，微小断面からの流量を円の最下部（$z=-r$）から最上部（$z=r$）の範囲で積分することで求めることができる。

$$Q = C\int_{-r}^{r} \sqrt{2g(H-z)}\,2\sqrt{r^2 - z^2}\,dz \tag{6.20}$$

ここで，円の中心と微小面積の右端を結ぶ線分が鉛直下向きの線となす角を $\theta$ とおくと，$z = r\cos\theta$，$dz = r\sin\theta\,d\theta$ であり，円の最下部において $\theta = 0$，最上部において $\theta = \pi$ なので，式（6.20）は

$$\begin{aligned}
Q &= C\int_0^{\pi} \sqrt{2g(H - r\cos\theta)}\,2\sqrt{r^2 - (r\cos\theta)^2}\,r\sin\theta\,d\theta \\
&= C\int_0^{\pi} 2\sqrt{2gH}\left(1 - \frac{r}{H}\cos\theta\right)^{\frac{1}{2}} r\sqrt{1 - \cos^2\theta}\,r\sin\theta\,d\theta \\
&= 2Cr^2\sqrt{2gH}\int_0^{\pi} \left(1 - \frac{r}{H}\cos\theta\right)^{\frac{1}{2}} \sin^2\theta\,d\theta
\end{aligned} \tag{6.21}$$

となる。これを直接積分することは難しいので，$\left(1 - \dfrac{r}{H}\cos\theta\right)^{\frac{1}{2}}$ の部分を級数展開により多項式で近似すると，

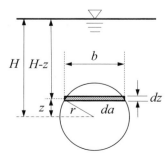

**図6.8** 大オリフィス（円形）

$$\int_0^\pi \left(1-\frac{r}{H}\cos\theta\right)^{\frac{1}{2}} \sin^2\theta\, d\theta$$
$$=\int_0^\pi \left\{1-\frac{1}{2}\frac{r}{H}\cos\theta-\frac{1}{8}\left(\frac{r}{H}\cos\theta\right)^2-\frac{1}{16}\left(\frac{r}{H}\cos\theta\right)^3\right.$$
$$\left.-\frac{5}{128}\left(\frac{r}{H}\cos\theta\right)^4-\cdots\right\}\sin^2\theta\, d\theta$$

となるので,展開された項ごとに積分して解くと

$$Q=C\left\{1-\frac{1}{32}\left(\frac{r}{H}\right)^2-\frac{5}{1024}\left(\frac{r}{H}\right)^4\cdots\right\}\pi r^2\sqrt{2gH} \qquad (6.22)$$

ここで,$(r/H)^4$以下の高次の項では1に比べて極めて小さいことから省略して扱う。そのため,円形の大オリフィスの流量は次の式であらわされる。

$$Q=C\pi r^2\sqrt{2gH}\left\{1-\frac{1}{32}\left(\frac{r}{H}\right)^2\right\} \qquad (6.23)$$

さらに,たとえば水深に対して30%の半径を有する大型の円形オリフィスの場合,式 (6.23) では $r/H=0.3$ となる。つまり,$1/32\times 0.3^2=0.0028\cdots$となり,その値は極めて小さく,式 (6.23) の右辺における｛カッコ｝内は1と近似しても差し支えない。そのため,一般的に円形の大オリフィスからの流出量は,小オリフィスの場合と同様の次式 (6.24) を用いて算出される。

$$Q=C\pi r^2\sqrt{2gH} \qquad (6.24)$$

〔例題 6.4〕

図 6.9 のような上縁が水面から 80 cm の深さにある幅 $b$ が 30 cm,高さ $h$ が 10 cm の長方形オリフィスから流出する流量はいくらか。ただし,流量係数を 0.62 とし,接近流速は無視する。

〔解〕

式 (6.16) にそれぞれの値を代入して求める。

$b=0.30$ m, $H_1=0.80$ m, $H_2=0.90$ m, $C=0.62$

$$Q=\frac{2}{3}Cb\sqrt{2g}\left(H_2^{\frac{3}{2}}-H_1^{\frac{3}{2}}\right)$$

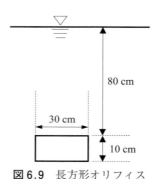

図 6.9 長方形オリフィス

$$Q = \frac{2}{3} \times 0.62 \times 0.30 \times \sqrt{2 \times 9.8} \times \left(0.90^{\frac{3}{2}} - 0.80^{\frac{3}{2}}\right)$$
$$= 0.076 \ [\text{m}^3/\text{s}] = 76 \ [\text{L/s}]$$

参考までに，小オリフィスとみなして，オリフィス中心までの深さ $H=0.85$ を水深の代表値として式 (6.10) から計算すると，

$$Q = Ca\sqrt{2gH} = 0.62 \times 0.30 \times 0.10 \times \sqrt{2 \times 9.8 \times 0.85}$$
$$= 0.076 \ [\text{m}^3/\text{s}] = 76 \ [\text{L/s}]$$

となる。このように，大オリフィスであっても小オリフィスとして解いて差し支えない場合も多い。

## 6.4 もぐりオリフィス

オリフィス全体，あるいは一部が下流側の水深よりも低い位置にあるものを**もぐりオリフィス**（submerged orifice）といい，**図 6.10** のようにオリフィス全体が水中に没するものを**完全もぐりオリフィス**（completely submerged orifice），**図 6.11** のように一部が水中にあるものを**不完全もぐりオリフィス**（partially submerged orifice）という。

**図 6.10** に示す完全もぐりオリフィスにおいて，オリフィスの中心を通る水平な流線上に 2 点 A，B をとり，この 2 点でベルヌーイの定理を適用する。なお，ここでは A において無視できない流速が生じているものとし，接近流速 $v_a$ を考慮する。

$$\frac{v_a^2}{2g} + H_1 + 0 = \frac{v^2}{2g} + H_2 + 0 \tag{6.25}$$

$$\therefore \ v = \sqrt{2g(H_1 - H_2) + v_a^2} \tag{6.26}$$

オリフィス前後の水位差を $H = H_1 - H_2$

接近流速水頭を $H_a = \dfrac{v_a^2}{2g}$ とすると，

$$v = \sqrt{2g(H + H_a)} \tag{6.27}$$

とあらわされる。もぐりオリフィスの場合もオリフィスを流れ出た直後に縮流が生じるため，流量を求める場合には流量係数 $C$ で補正をする必要があ

### 用語の解説

**もぐりオリフィス**
（submerged orifice）
水槽や水路において，水中で水が流れ出るオリフィスのこと。オリフィスの全体が完全に水中に没する場合を完全もぐりオリフィス，一部が水中にあるものを不完全もぐりオリフィスという。

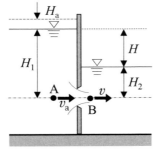

図 6.10　もぐりオリフィス

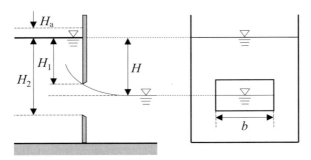

**図 6.11** 不完全オリフィス

り，実際の流量 $Q$ はオリフィスの断面積を $a$ とすると，次式で求められる。

$$Q = Cav = Ca\sqrt{2g(H+H_a)} \tag{6.28}$$

このときの流量係数 $C$ の値は，円形または正方形で 0.59〜0.61，長方形で 0.60〜0.62 である。なお，接近流速を無視する場合は接近流速水頭 $H_a$ を無視して計算する。

一方，不完全オリフィスでは，流出する水の状態が複雑になり，オリフィスの流速分布を完全オリフィスのように簡単にあらわすことができない。そのため，流量を求める方法として以下のような近似的な方法が用いられる。

**図 6.11** に示すような幅 $b$ を有する長方形の不完全オリフィスの場合，オリフィスの断面を下流側の水面の高さで上下に分割し，上部は普通のオリフィス，下部は完全もぐりオリフィスと考えて，それぞれの流量を個別に求め，それらの和を不完全オリフィス全体からの流出量 $Q$ とする。いま，上部および下部断面からの流量をそれぞれ $Q_1$, $Q_2$，流量係数をそれぞれ $C_1$, $C_2$ とすると，式 (6.15) および式 (6.28) より，

$$\begin{aligned}Q &= Q_1 + Q_2 \\ &= \frac{2}{3}C_1 b\sqrt{2g}\left[(H+H_a)^{\frac{3}{2}} - (H_1+H_a)^{\frac{3}{2}}\right] \\ &\quad + C_2(H_2-H)b\sqrt{2g(H+H_a)}\end{aligned} \tag{6.29}$$

流量係数 $C_1$ および $C_2$ の値は，厳密には実験によって求める必要があるが，いずれも 0.60 程度である。

〔**例題 6.5**〕

**図 6.10** のもぐりオリフィスにおいて，オリフィスの形状が幅（奥行）2.5 m，高さ 0.6 m であり，オリフィスの上下流の各水面からオリフィス断面の中心点までの深さがそれぞれ 4.5 m と 2.0 m になった。このときオリフィスから流れ出る水量を求めよ。ただし，流量係数を 0.65 とし，接近流速は無視できるものとする。

〔**解**〕

もぐりオリフィスの上下流における水位差 $H$ は，

$H = H_1 - H_2 = 4.5 - 2.0 = 2.5$ [m]

接近流速は無視できるので，式（6.28）より

$$Q = Ca\sqrt{2g(H-H_a)}$$
$$= 0.65 \times (2.5 \times 0.6) \times \sqrt{2 \times 9.8 \times (2.5-0)}$$
$$= 6.8 \ [\text{m}^3/\text{s}]$$

〔例題 6.6〕

幅 1.2 m，水深 0.60 m の長方形断面水路の側壁に一辺が 30 cm の正方形オリフィスがあり，定常的に水が流出している。このとき，この正方形オリフィスからの流出量 $Q$ はいくらになるか計算せよ。ただし，水面からオリフィス中心までの深さは 40 cm，流量係数は 0.65 とする。

〔解〕

水路の流水断面積 $A = 1.2 \times 0.60 = 0.72$ [m²]

オリフィスの断面積 $a = 0.30 \times 0.30 = 0.09$ [m²]

ここでは，接近流速 $v_a$ の値が不明なので，以下の方法で $v_a$ を逐次的に近似推定しながら，オリフィスからの流出量 $Q$ を求めていく。

・第 1 近似

ひとまず $v_a = 0$ （$H_a = v_a^2/2g = 0$）とおいて，式（6.28）からオリフィスからの流出量の第 1 近似値 $Q_1$ を求める。

$$Q_1 = Ca\sqrt{2g(H-H_a)} = Ca\sqrt{2g\left(H + \frac{v_a^2}{2g}\right)}$$
$$= 0.65 \times 0.09 \times \sqrt{2 \times 9.8 \times (0.40+0)} = 0.1638 \ [\text{m}^3/\text{s}]$$

・第 2 近似

流出量の第 1 近似値 $Q_1$ を用いて，連続の式（3.7）から接近流速 $v_{a1}$（オリフィスより上流での水路の流速）を算出し，再び式（6.28）を用いて $Q$ の第 2 近似値 $Q_2$ の計算を行う。

接近流速 $v_{a1} = Q_1/A = 0.228$ m/s

$$Q_2 = 0.65 \times 0.09 \times \sqrt{2 \times 9.8 \times \left(0.40 + \frac{0.228^2}{2 \times 9.8}\right)} = 0.1643 \ [\text{m}^3/\text{s}]$$

ここで，問題文では数値は有効数字 2 桁で与えられていることから，その精度でみると，$Q_1$ と $Q_2$ はともに 0.16 m³/s となり一致するので，適切な流出量 $Q$ が求められたものとして計算を止める。

もし，両者の間になお比較的大きな差があれば，所定の有効桁数近似では差がなくなるか，あるいは十分に小さくなるまで，同じ要領で計算を繰返す。

## 6.5 オリフィスからの排水時間

### 6.5.1 オリフィスからの流出が開放されている場合

水槽に貯めた水をオリフィスから排水させると，水面が低下する。前述のように，オリフィスから流出する水の流速と流量は，水位によって変化することから，水位が高いときよりも低いときの方がゆっくりと水面が低下する。したがって，流出時間の経過とともに流速と流量の変化も次第にゆっくりとなっていく。

ここでは，図 6.12 のような直方体の水槽に設置したオリフィスについて，水位が $H_1$ から $H_2$ まで低下するのに要する時間，すなわち排水時間について考える。水面がオリフィスから任意の高さ $H$ にあるとき，極めて短い時間 $dt$ の間に水位が極めてわずかな量 $dH$ だけ低下したとすると，この時間 $dt$ の間にオリフィスから排出した水量 $dQ$ は，

$$dQ = Ca\sqrt{2gH}\,dt \tag{6.30}$$

となる。ここで，$C$ は流量係数，$a$ はオリフィスの断面積とする。

次に，水槽は直方体なので平面積（水面の面積）$A$ は水位によらず一定である。したがって，同じ時間 $dt$ の間に水槽内で水面が $dH$ だけ低下するので，水槽内で変化した貯水量 $dS$ は

$$dS = AdH \tag{6.31}$$

であり，水槽内の貯水量が減少したことから負の値となる。$dt$ の間にオリフィスから流出した水量と水槽内から減少した水量は等しいことから，

$$dQ + dS = 0 \tag{6.32}$$

が成り立つ。したがって，

$$Ca\sqrt{2gH}\,dt = -AdH \tag{6.33}$$

$$\therefore\ dt = -\frac{AdH}{Ca\sqrt{2gH}} \tag{6.34}$$

水位が $H_1$ から $H_2$ に低下するのに要する時間 $t$ は，式（6.34）を $H_1$ から

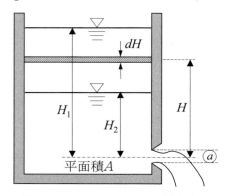

図 6.12　オリフィスからの排水時間

$H_2$ について積分することで求めることができる。

$$t=\int_{H_1}^{H_2}\frac{AdH}{Ca\sqrt{2gH}}=-\frac{A}{Ca\sqrt{2g}}\int_{H_1}^{H_2}H^{-\frac{1}{2}}dH$$

$$=\frac{2A}{Ca\sqrt{2g}}(H_1^{\frac{1}{2}}-H_2^{\frac{1}{2}}) \qquad (6.35)$$

〔例題 6.7〕

内径 2.0 m の円柱型水槽に水深 3.5 m の水が入っている。この水槽の底に設けた直径 10 cm のオリフィスから水を排水するとき,水深を 1.5 m 下げるにはどれだけの時間がかかるか求めよ。また,全ての水が排出するにはどれだけの時間がかるか求めよ。ただし,流量係数を 0.6 とし,水槽への水の補給はないものとする。

〔解〕

水槽の平面積 $A=\dfrac{3.14\times 2.0^2}{4}=3.14\,[\mathrm{m}^2]$

オリフィスの断面積 $a=\dfrac{3.14\times 0.10^2}{4}=7.85\times 10^{-3}\,[\mathrm{m}^2]$

$H_1=3.5\,\mathrm{m},\ H_2=3.5-1.5=2.0\,\mathrm{m}$

これらを式 (6.35) に代入する。

$$t=\frac{2A}{Ca\sqrt{2g}}(H_1^{\frac{1}{2}}-H_2^{\frac{1}{2}})=\frac{2\times 3.14}{0.6\times 7.85\times 10^{-3}\times\sqrt{2\times 9.8}}\left(3.5^{\frac{1}{2}}-2.0^{\frac{1}{2}}\right)$$

$$=138\,\mathrm{s}=2\,\mathrm{min}\ 18\,\mathrm{s}$$

全部の水が排水されるのは $H_2=0$ m となったときである。

$$\therefore t=\frac{2\times 3.14}{0.6\times 7.85\times 10^{-3}\times\sqrt{2\times 9.8}}\left(3.5^{\frac{1}{2}}-0^{\frac{1}{2}}\right)=563\,\mathrm{s}=9\,\mathrm{min}\ 23\,\mathrm{s}$$

### 6.5.2 もぐりオリフィスの場合

図 6.13 のような隔壁に設けられたもぐりオリフィスによって,水位の高い方から低い方へ水を流出させると,両水位の差は次第に小さくなる。ここでは,両水槽の平面積を $A_1$ および $A_2$,オリフィスの断面積を $a$,オリフィスの流量係数を $C$ として,水位差がはじめの $H_1$ から $H_2$ になるまでの時間 $t$

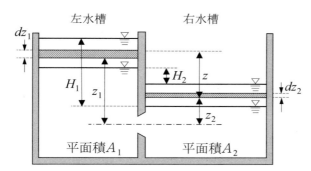

図 6.13　もぐりオリフィスにおける排水時間

について考える。

　左水槽の水位がオリフィスの中心線より任意の高さ $z_1$ の位置にあるとき，右水槽の水位はそれより $z$ だけ低い $z_2$ の高さにあり（$z=z_1-z_2$），微小時間 $dt$ の間に，左水槽の水位は $dz_1$ だけ低下し，右水槽の水位は $dz_2$ だけ上昇したとすると，左水槽内で減少する水量と右水槽内で増加する水量とは等しく，さらに $dt$ の間にオリフィスを通過する水量とも等しくなるので，微小時間 $dt$ にオリフィスを通過する水量 $dQ$ は次の式であらわされる。

$$dQ = Ca\sqrt{2gz}\,dt = -A_1 dz_1 = A_2 dz_2 \tag{6.36}$$

上式より，

$$dz_1 = -\frac{1}{A_1} Ca\sqrt{2gz}\,dt \tag{6.37}$$

$$dz_2 = \frac{1}{A_2} Ca\sqrt{2gz}\,dt \tag{6.38}$$

となり，微小時間 $dt$ での水位差の変化量 $dz$ は $dz_1 - dz_2$ と等しいことから，

$$dz = dz_1 - dz_2 = -\left(\frac{1}{A_1}+\frac{1}{A_2}\right)Ca\sqrt{2gz}\,dt \tag{6.39}$$

$$dt = -\frac{1}{Ca\sqrt{2g}}\left(\frac{A_1 A_2}{A_1+A_2}\right)z^{-\frac{1}{2}}dz \tag{6.40}$$

となる。水位差が $H_1$ から $H_2$ になるまでの時間 $t$ は上式を $H_1$ から $H_2$ までの区間で積分すれば求まるので，

$$t = \int_{H_1}^{H_2} -\frac{1}{Ca\sqrt{2g}}\left(\frac{A_1 A_2}{A_1+A_2}\right)z^{-\frac{1}{2}}dz = -\frac{1}{Ca\sqrt{2g}}\left(\frac{A_1 A_2}{A_1+A_2}\right)\int_{H_1}^{H_2} z^{-\frac{1}{2}}dz$$

$$= \frac{2}{Ca\sqrt{2g}}\left(\frac{A_1 A_2}{A_1+A_2}\right)\left(H_1^{\frac{1}{2}} - H_2^{\frac{1}{2}}\right) \tag{6.41}$$

となり，この式から時間 $t$ を求めることができる。

〔例題 6.8〕

　図 6.14 に示すような，隔壁で仕切られた 2 つの水槽 A，B がある。隔壁に設けたオリフィスを通じて水を流出させたとき，両方の水面が等しくなる

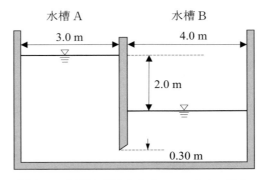

**図 6.14** 隔壁に設けたオリフィスからの排水

のに要する時間を求めよ。ただし，水槽の幅（奥行）はともに 2.5 m，オリフィスは幅を 0.5 m の長方形とし，流量係数を 0.7 とする。

〔解〕

平面積：$A_1 = 3.0 \times 2.5 = 7.5 \,[\mathrm{m}^2]$, $A_2 = 4.0 \times 2.5 = 10 \,[\mathrm{m}^2]$
水位差：$H_1 = 2.0 \,\mathrm{m}$, $H_2 = 0 \,\mathrm{m}$
オリフィスの断面積：$a = 0.5 \times 0.30 = 0.15 \,[\mathrm{m}^2]$

これらを式 (6.41) に代入する。

$$t = \frac{2}{Ca\sqrt{2g}}\left(\frac{A_1 A_2}{A_1 + A_2}\right)\left(H_1^{\frac{1}{2}} - H_2^{\frac{1}{2}}\right)$$

$$= \frac{2}{0.7 \times 0.15 \times \sqrt{2 \times 9.8}}\left(\frac{7.5 \times 10}{7.5 + 10}\right)\left(2.0^{\frac{1}{2}} - 0^{\frac{1}{2}}\right) = 26 \,[\mathrm{s}]$$

〔例題 6.9〕

図 6.15 のように，長さ 30 m，幅（奥行）15 m の直立壁をもつ**閘室**（こうしつ）に河川から水を入れるために，水位の最低位置から 0.9 m 下に長方形オリフィス（0.5 m × 1.5 m）がある。閘室に水を入れはじめるときの河川の水位と閘室内の水位との差が 2.8 m のとき，閘室の水位が上流の水位と同じになるまでの時間はどれくらいか。ただし，流量係数を 0.6 とする。

〔解〕

河川は無限大の大きさと考えてよい。すなわち，式 (6.39) において $1/A_1 \fallingdotseq 0$ として求めればよい。したがって，式 (6.39) を整理しなおすと

$$dt = -\frac{1}{Ca\sqrt{2g}}\left(\frac{1}{\frac{1}{A_2}}\right)z^{-\frac{1}{2}}dz$$

とあらわせるから，水位差が $H_1$ から $H_2$ になるまでの時間 $t$ について解くと，

$$t = \int_{H_1}^{H_2} dt = \int_{H_1}^{H_2} -\frac{1}{Ca\sqrt{2g}}\left(\frac{1}{\frac{1}{A_2}}\right)z^{-\frac{1}{2}}dz = \frac{2A_2}{Ca\sqrt{2g}}\left(H_1^{\frac{1}{2}} - H_2^{\frac{1}{2}}\right)$$

となる。ここで，$A_2 = 30 \times 15 = 450 \,[\mathrm{m}^2]$, $a = 1.5 \times 0.5 = 0.75 \,[\mathrm{m}^2]$，$H_1 = 2.8 \,\mathrm{m}$, $H_2 = 0 \,\mathrm{m}$ を代入すると

$$t = \frac{2 \times 450}{0.6 \times 0.75 \times \sqrt{2 \times 9.8}} \times 2.8^{\frac{1}{2}} = 756 \,\mathrm{s} = 12 \,\mathrm{min}\, 36 \,\mathrm{s}$$

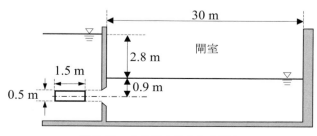

図 6.15 オリフィスからの排水

**用語の解説**

**閘室**（こうしつ）(lock chamber)
運河や河川を閘門などによって閉めきり，水位を調整することができる空間。水位の異なる運河や河川の間で船舶を移動させるための施設。

## 6.6 水門（ゲート）

水門 (gate) は，水路や河川または湖沼や貯水池に設けられた水利施設の一種であり，可動式の門扉を操作することで水位や流量を調整する施設である。水門にはいくつか種類があるが，ここでは鉛直面に設置した門扉を上下方向に動かすだけの単純な**スルースゲート** (sluice gate) からの流出について考える。

### 6.6.1 自由流出ともぐり流出

水門からの流出は，水門の下流側における流れの形態によって自由流出ともぐり流出の2つに分けられる。

水門の下流側における流出形態には**図6.16**の(a)～(d)に示される4つのタイプがある。このうち(a)および(b)では，水門から流出した水脈は収縮し，水門の開き高 $d$ よりも小さな水深で流れる部分が生じている。この部分での流れは射流となり，水深が最小となるところでの断面では，流れは水路床とほぼ平行になり，流速もほぼ一様となる。このような流出形態を**自由流出** (free outflow) という。(a)では水門の下流側の流れは射流を維持したまま流下しており，(b)では水門から少し離れたところで跳水が発生し，常流へと変化して流下している。

一方，(c)および(d)では，水門直下流でも水深が大きく，水門の下端が水面下となり表面からは見えない状態となっている。このような流出形態を**もぐり流出** (submerged flow) という。(c)では，水門を通過した直後に生

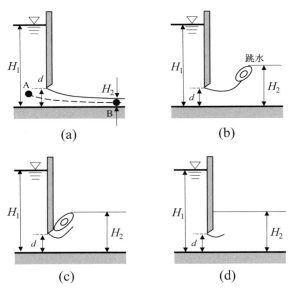

**図6.16** 自由流出 (a, b) ともぐり流出 (c, d)

じた射流から跳水が発生し，常流へと変化する流れとなっており，(d)では跳水による水面の乱れはなく，下流側の水位もほぼ一定の安定した常流での流れとなっている。

　自由流出の場合，水門からの流量は下流の水深による影響を受けず，上流の水深のみによって決まるが，もぐり流出の場合は，下流の水深の影響も受ける。

### 6.6.2　水門からの流量の計算（ベルヌーイの定理に基づく方法）

　自由流出の場合，**図6.16**(a)に示すような，水門から流出する1つの流線における水門より上流側の点Aと，下流側で流速が一様になった点Bでベルヌーイの定理を適用する。基準面を水路床にとり，点Aでの流速（接近流速）を $v_a$，点Bでの流速を $v$ とすると，

$$\frac{v_a^2}{2g}+H_1+0=\frac{v^2}{2g}+H_2+0$$

$H_a=\dfrac{v_a^2}{2g}$ とおくと上式は

$$v=\sqrt{2g(H_1+H_a-H_2)} \tag{6.42}$$

となる。ゲートの開き高を $d$，収縮係数を $C_a$ とすると，縮流部の水深は $H_2=C_a d$ とあらわされる。水路幅 $b$，流速係数 $C_v$ として流量 $Q$ を求めると

$$Q=C_a C_v bd\sqrt{2g(H_1+H_a-C_a d)} \tag{6.43}$$

となる。流速係数 $C_v$ と収縮係数 $C_a$ の値は，ゲートの先端が刃形の場合にはオリフィスのときと同様に $C_v=0.95\sim0.99$，$C_a=0.61$ である。

　また，別の流量係数 $C_1$ を用いて

$$Q=C_1 bd\sqrt{2g(H_1-d)} \tag{6.44}$$

であらわすこともできる。

　次に，もぐり流出の場合，もぐりオリフィスと同様に扱うことができ，流量係数を $C_2$，上下流の水位差 $H=H_1-H_2$ とすると，式(6.28)より，

$$Q=C_2 bd\sqrt{2g(H_1-H_2+H_a)} \tag{6.45}$$

で求めることができる。また，接近流速を考慮しない場合は，

$$Q=C_2 bd\sqrt{2g(H_1-H_2)} \tag{6.46}$$

となる。

　流量係数 $C_1$，$C_2$ の値は，実験の結果から $\dfrac{H_1}{d}>2.5$ のとき，$0.62\sim0.66$ である。

### 6.6.3　水門からの流量の計算（ヘンリーの実験図を用いた方法）

　接近流速や下流水深などの影響をすべて流量係数 $C_H$ に含めて考えることができる。その場合，次の式を用いる。

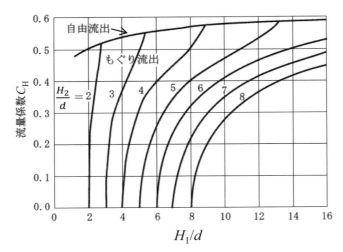

**図 6.17** ヘンリーの実験による流量係数
($H$, $H_1$および$H_2$は**図 6.16** の記号による)

(Henry, H.R.: Discussion of "Diffusion of submerged jets", Trans. ASCE, Vol.115, pp.687-694, 1950 から引用し著者改変)

$$Q = C_H bd\sqrt{2gH_1} \qquad (6.47)$$

この式は自由流出, もぐり流出のいずれにも用いることができる。また, 流量係数 $C_H$ の値は, **図 6.16** に示す $H_1$, $H_2$, および $d$ の関係から導かれる $H_1/d$ および $H_2/d$ を算出し, **図 6.17** に示す**ヘンリー**（Henry H. R., アメリカ）の実験図から得ることができる。

〔例題 6.10〕

**図 6.18** において, 上流側の水深が 4.5 m のとき, 水門から 8.0 m³/s の水を取入れるには水門の開き高 $d$ をいくらにすればよいか。ただし, 水門の幅を 5.0 m, 流量係数を 0.65 とし, 接近流速を無視する。

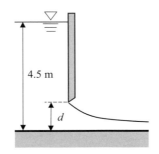

**図 6.18** 水門からの自由流出

〔解〕

この問題では $C_a$, $C_v$ の値が不明であり, 流量係数 $C_1$ のみが与えられてい

るので式 (6.44) を用いる。$Q=8.0\,\mathrm{m^3/s}$, $C_1=0.65$, $b=5.0\,\mathrm{m}$, $H_1=4.5\,\mathrm{m}$ を式 (6.44) に代入すると

$$Q=C_1bd\sqrt{2g(H_1-d)}$$
$$8.0=0.65\times5.0\times d\sqrt{2\times9.8\times(4.5-d)}$$
$$8.0=3.25d\sqrt{88.2-19.6d}$$

この式は簡単に解けないので，試算法によって $d$ を求める。

$d=0.26\,\mathrm{m}$ の場合，右辺 $=3.25\times0.26\times\sqrt{88.2-19.6\times0.26}=7.70<8$

$d=0.27\,\mathrm{m}$ の場合，右辺 $=3.25\times0.27\times\sqrt{88.2-19.6\times0.27}=7.99<8$

$d=0.28\,\mathrm{m}$ の場合，右辺 $=3.25\times0.28\times\sqrt{88.2-19.6\times0.35}=8.28>8$

有効数字 2 桁では，$d=0.27\,\mathrm{m}$ とした場合に両辺の値が最も近くなるので，この値を $d$ の最適近似値とする。

〔例題 6.11〕

図 6.16(a) において，$H_1=3.0\,\mathrm{m}$, $d=0.5\,\mathrm{m}$ とするときの流量はいくらか。ただし，水門の幅を 3.0 m とし，接近流速を無視する。

〔解〕

$H_1/d=3.0/0.5=6.0$ なので，図 6.17 の自由流出の曲線から流量係数を読み取ると $C_H=0.56$ となる。式 (6.47) から

$$Q=Cbd\sqrt{2gH_1}=0.56\times3.0\times0.5\times\sqrt{2\times9.8\times3.0}=6.4\,[\mathrm{m^3/s}]$$

## 〔演習問題〕

〔問題 6.1〕

水面から 2.0 m の深さに中心がある直径 30 mm の標準オリフィスから流出する水量はいくらか。ただし，流量係数は 0.62 とする。

〔問題 6.2〕

水面から 4.0 m の深さに中心をもつ断面積 15.7 $\mathrm{cm^2}$ の円形オリフィスがある。流量が 0.0084 $\mathrm{m^3/s}$，流出速度が 8.63 m/s であるとき，流速係数，収縮係数および流量係数はいくらか。

〔問題 6.3〕

水面から 1.5 m の深さに中心がある円形の標準オリフィスから毎分 0.035 $\mathrm{m^3}$ の水が流出するとき，オリフィスの直径はいくらか。流量係数は 0.62 とする。

〔問題 6.4〕

水面から 4.7 m の深さにある直径 60 mm の円形オリフィスから毎分 0.99 $\mathrm{m^3}$ の水が流出するとき，流量係数の値はいくらか。また，流速係数を 0.96 とすると収縮係数の値はいくらか。

メ モ の 欄

〔問題 6.5〕

高さ 10 cm，幅 20 cm の長方形の大オリフィスから流出する水量を求めよ。ただし，接近流速を無視し，オリフィスの中心の水深を 6.0 m，流量係数を 0.59 とする。

〔問題 6.6〕

図 6.19 に示すもぐりオリフィスから流出する水量はいくらか。ただし，オリフィスの断面積を 5.0 cm²，流量係数を 0.60 とし，接近流速は無視できるものとする。

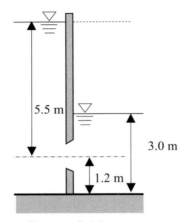

図 6.19　もぐりオリフィス

〔問題 6.7〕

水槽に水深 2.5 m の水が貯められている。その底にあるオリフィスを開けて水を排出するとき，さらに水槽に水を加えたら流出速度が 1.2 倍になったという。水槽に加えた水の深さはいくらか。

〔問題 6.8〕

深さ 4.0 m，平面積 1.0 m² の水槽に満たした水を，底に設けられた直径 20 cm の円形オリフィスから排水するとき，水槽が空になるにはどれだけの時間がかかるか。ただし，流量係数を 0.60 とする。

〔問題 6.9〕

十分に大きな河川から長さ 20.0 m，幅 6.0 m の閘室に水を入れる。河川と閘室内の水位差が 3.0 m のとき，水の流入作業を 13 分間で終えるには，オリフィスの断面積をいくらにすればよいか。ただし，オリフィスの中心は閘室の水位の最低位置より 90 cm 下にあるものとし，流量係数を 0.60 とする。

〔問題 6.10〕

図 6.16(a) のような水門の開き高が 40 cm のとき，6.0 m³/s の流入があった。このときの水門上流の水深はいくらか。ただし，水門の幅を 5.0 m，流量係数を 0.64 とする。

〔問題 6.11〕

図 6.20 のような 3 連の水門から流出する全水量はいくらになるか。ただし，流量係数を 0.65 とし，接近流速は無視するものとする。

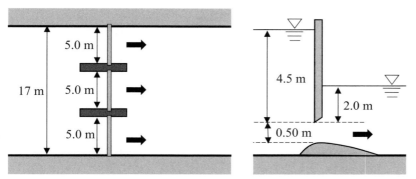

図 6.20　3 連の水門

## 演習問題の解答

〔問題 6.1〕　$0.0027 \text{ m}^3/\text{s}$ $(2.7 \times 10^{-3} \text{ m}^3/\text{s})$

《解説》

式 (6.10) より，

$$Q = Ca\sqrt{2gH} = 0.62 \times \frac{3.14 \times 0.030^2}{4} \times \sqrt{2 \times 9.8 \times 2.0}$$

$$= 0.0027 \, [\text{m}^3/\text{s}] = 2.7 \times 10^{-3} \, [\text{m}^3/\text{s}]$$

〔問題 6.2〕　流速係数 $C_v = 0.975$，収縮係数 $C_a = 0.619$，流量係数 $C = 0.604$

《解説》

式 (6.5) より，流速係数は

$$C_v = \frac{v}{\sqrt{2gH}} = \frac{8.63}{\sqrt{2 \times 9.8 \times 4.0}} = 0.975$$

式 (6.10) より，流量係数は

$$C = \frac{Q}{a\sqrt{2gH}} = \frac{0.0084}{15.7 \times 10^{-4} \times \sqrt{2 \times 9.8 \times 4.0}} = 0.604$$

式 (6.9) より，収縮係数は

$$C_a = \frac{C}{C_v} = \frac{0.604}{0.975} = 0.619$$

〔問題 6.3〕　15 mm

《解説》

式 (6.10) より，オリフィスの面積 $a$ を求める。このとき 1 秒あたりの流量に変換することに注意。次に，円の面積の公式より直径を求める。

〔問題 6.4〕　流量係数 $C = 0.61$，収縮係数 $C_a = 0.63$

《解説》

式 (6.10) より，流量係数を求める。このとき 1 秒あたりの流量に変換す

ることに注意。次に $C=C_aC_v$ より $C_a$ を求める。

〔問題 6.5〕 $0.13\,\mathrm{m^3/s}$

《解説》

　接近流速を無視するので，式 (6.16) を用いる。また，オリフィスの中心の水深は $6.0\,\mathrm{m}$ であることから，$H_1=5.95\,\mathrm{m}$，$H_2=6.05\,\mathrm{m}$ となることに注意。

〔問題 6.6〕 $0.0026\,\mathrm{m^3/s}$ $(2.6\times10^{-3}\,\mathrm{m^3/s})$

《解説》

　式 (6.28) を用いる。ここで
$$H=H_1-H_2=(5.5+1.2)-3.0=3.7\,[\mathrm{m}],\ H_a=0\,\mathrm{m}$$
であることから，
$$Q=0.60\times5.0\times10^{-4}\times\sqrt{2\times9.8\times(3.7-0)}$$
$$=0.0026\,\mathrm{m^3/s}=2.6\times10^{-3}\,[\mathrm{m^3/s}]$$

〔問題 6.7〕 $1.1\,\mathrm{m}$

《解説》

　最初の水深を $H_1$ とおくと，式 (6.3) より，$v_1=\sqrt{2gH_1}$

　加速後の水深を $H_2$ とおくと，$v_2=\sqrt{2gH_2}=1.2v_1$

　よって，$\sqrt{H_2}=1.2\sqrt{H_1}$，$H_2=3.6\,\mathrm{m}$

　したがって，加えた水の深さ $H=H_2-H_1$

〔問題 6.8〕 $48\,\mathrm{s}$

《解説》

　式 (6.35) を用いる。$H_1=4.0\,\mathrm{m}$，$H_2=0\,\mathrm{m}$ として，
$$t=\frac{2A}{Ca\sqrt{2g}}(H_1^{\frac{1}{2}}-H_2^{\frac{1}{2}})=\frac{2\times1.0}{0.6\times\frac{3.14\times0.20^2}{4}\times\sqrt{2\times9.8}}\times(4^{\frac{1}{2}}-0^{\frac{1}{2}})$$
$$=47.9\,[\mathrm{s}]$$

〔問題 6.9〕 $0.20\,\mathrm{m^2}$

《解説》

　河川の平面積を無限大と考える。式 (6.39) において，$1/A_1\fallingdotseq0$ として，式を $dt$ について整理すると，
$$dt=\frac{1}{Ca\sqrt{2g}}\left(\frac{1}{\frac{1}{A_2}}\right)z^{-\frac{1}{2}}dz$$

これを水位差が $H_1$ から $H_2$ になるまでの時間 $t$ について解くと，
$$t=\int_{H_1}^{H_2}dt=\int_{H_1}^{H_2}-\frac{1}{Ca\sqrt{2g}}\left(\frac{1}{\frac{1}{A_2}}\right)z^{-\frac{1}{2}}dz=\frac{2A_2}{Ca\sqrt{2g}}\left(H_1^{\frac{1}{2}}-H_2^{\frac{1}{2}}\right)$$

これに，$A_2=20.0\times6.0=120\,\mathrm{m^2}$，$H_1=3.0\,\mathrm{m}$，$H_2=0\,\mathrm{m}$，
　$t=13\times60=780\,\mathrm{s}$ を代入し，オリフィスの断面積 $a$ について解くと，

$$780 = \frac{2 \times 120}{0.6 \times a \times \sqrt{2 \times 9.8}} \times 3.0^{\frac{1}{2}}$$

$$a = 0.20 \, [\text{m}^2]$$

〔問題 6.10〕　1.5 m

《解説》

　図 6.16(a) は自由流出である。自由流出での流量を求める式には，式 (6.42)，式 (6.44)，式 (6.47) があるが，与えられた条件から，ここでは，式 (6.44) を用いる。式 (6.44) に各値を代入すると，

$$6.0 = 0.64 \times 5.0 \times 0.4 \times \sqrt{2 \times 9.8 \times (H - 0.4)}$$

よって，$H = 1.5 \, \text{m}$

〔問題 6.11〕　34.1 m³/s

《解説》

　まず，1 連分の流量を計算し，それを 3 倍する。接近流速が無視できるので，式 (6.46) を用いて，1 連分の流量を求めると，

$$Q = Cbd\sqrt{2g(H_1 - H_2)}$$
$$= 0.65 \times 5.0 \times 0.50 \times \sqrt{2 \times 9.8 \times \{(4.5 + 0.50) - (2.0 + 0.50)\}}$$
$$= 11.375 \, [\text{m}^3/\text{s}]$$

したがって，求める流量は，$Q \times 3 = 34.125 \fallingdotseq 34.1 \, [\text{m}^3/\text{s}]$

参考までに，式 (6.47) でも求めてみる。

$$\frac{H_1}{d} = \frac{4.5 + 0.50}{0.50} = 10$$

$$\frac{H_2}{d} = \frac{2.0 + 0.50}{0.50} = 5$$

なので，図 6.17 におけるこれらに対応する流量係数として $C_H = 0.46$ と読み取れる。したがって，

$$Q = C_H bd\sqrt{2gH_1} = 0.46 \times 5.0 \times 0.50 \times \sqrt{2 \times 9.8 \times (4.5 + 0.50)}$$
$$= 11.38 \, [\text{m}^3/\text{s}]$$

よって，$Q \times 3 = 34.14 \, [\text{m}^3/\text{s}]$

となり，式 (6.46) を用いて求めた値とほぼ同じとなる。

**引用・参考文献**

1) 丹羽健蔵：水理学詳説，理工図書，1971
2) 近畿高校土木会編：解いてわかる！水理，オーム社，2012
3) 綾　史郎・石垣泰輔・澤井健二・戸田圭一・後野正雄：図説わかる水理学，学芸出版社，2008
4) 井上和也監修：水理，実教出版，2002
5) 小川　元・山本忠幸：水理学 改定増補版，共立出版，2011

メモの欄

6) 農業土木学会編：農業土木標準用語事典（改訂五版），農業土木学会，2007
7) 土木学会編：土木用語大辞典，土木学会，1999
8) 農林水産省農村振興局：土地改良事業計画設計基準及び運用・解説 設計「頭首工」，2008
9) 農林水産省農村振興局：土地改良事業計画設計基準及び運用・解説 設計「水路工」，2014
10) 岡澤　宏・小島信彦・嶋　栄吉・竹下伸一・長坂貞郎・細川吉晴：わかりやすい水理学，理工図書，2013
11) 本間　仁・安芸皎一編：物部水理学，岩波書店，1962
12) 土木学会編：水理公式集，土木学会，1971

# 第7章 せき(堰)

せき(堰)とは,水路において取水,流量あるいは水位の調節,流量測定などを行うために,流れをせき止めるように設けられる構造物である。本章では,流量測定を行うための構造物として代表的な四角せき,三角せき,広頂せき,もぐりせき,ベンチュリーフリュームを取り上げ,せきの越流を利用した流量測定の原理や流量の計算方法について学ぶ。

## 7.1 せきの種類

水路を横切って壁を設け,水位を上昇させるとき,その壁を**せき**(weir)という。優先的に水を越流させるように,壁の一部を切りとった部分を,切り欠き,または**欠口**(notch)といい,これもせきの一部である。

せき頂から,せきより少し上流で水面低下のないところにおける水面までの高さを**越流水深**という。また,せきを越流した水の流れを**ナップ**(nappe)という。せきの上端,すなわち,**せき頂**(crest)がとがっているか,または,切り欠きの厚さが越流水深にくらべてきわめて薄いものを**刃形せき**(sharp edged weir, sharp crested weir)といい,水路その他の流量測定に用いられる。刃形せきにはその形状によって,四角せき,三角せきなどがある。

刃形せきを越流するナップは,オリフィスの場合と同じように下面が収縮する。また,欠口の場合でその両側がとがっていると,やはりその側面でナップの断面が収縮する。前者の収縮を**頂辺収縮**(crest contraction),後者のそれを**側面収縮**(end contraction)という。

### 用語の解説

**せき**(weir)
水位の調節や安定化を図るために水路を横ぎって設けた壁。その上を水が越流する。

**欠口**(notch)
せきにおいて,一部が切り取られた部分。この部分から優先的に水を越流させるようにしたもの。

**ナップ**(nappe)
せきを越流した後の流れ。

**頂辺収縮**
(crest contraction)
刃形せきを流れが越流するときにおこる流れの下面の収縮。

**側面収縮**
(end contraction)
両側のとがっている欠口を流れが越流するときにおこる流れの側面の収縮。

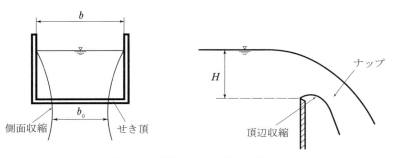

図7.1 刃形せきを越流する流れ

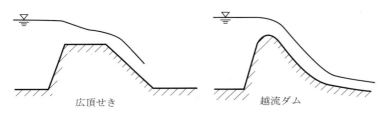

図7.2 広頂せきと越流ダム

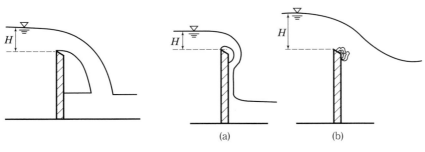

図7.3 完全ナップ　　　図7.4 不完全ナップ

せき頂がとがっていないもの，あるいは，ある幅をもっているものを，**鈍頂せき**（blunt edge weir）といい，越流水深にくらべて頂部の幅が比較的広いものを**広頂せき**（broad crested weir）という。また，ダムの頂面上を意図的に越流させるようにしたものを，**越流ダム**（over flow dam）という。低い越流ダムは**洗いぜき**ともよばれる。

刃形せきを越流するナップは，一般的にせき壁面から離れ，空気中を自由に落下する。この場合は，ナップの上下両面とも大気に接し，ナップの下側では空気の流通が自由に行われる。これを**完全越流**といい，そのナップを**完全ナップ**（complete nappe）という。これに対して，ナップの裏側の空気の流通が悪くなり，低圧（大気圧以下）になって渦を生じ，ナップの形が不明確になり，様々な影響を受けてその形を変えやすくなる場合がある。これを**不完全ナップ**（incomplete nappe）という。不完全ナップは，水が水路幅いっぱいで越流する全幅せきや，流量が少ないときの刃形せきで生じやすい。図7.4(a)に示すように，特に越流水深$H$が小さいときには，ナップが下流面に付着して落下する。これを**付着ナップ**（adhering nappe）という。また，図7.4(b)に示すように，越流水深が大きくても，下流の水位が高いときには，裏側に渦ができる。

完全ナップに生ずる収縮，すなわち，頂辺収縮および側面収縮が同時に生ずる場合に，これを**完全収縮**（complete contraction）という。

## 7.2 四角せき

四角せきは，図7.5に示すような形状のもので，**6.2.2 長方形オリフィ**

---

**用語の解説**

**広頂せき**
（broad crested weir）
せき頂が幅広くなっているせき。

**洗いぜき**
低い堤体で河川の水をせき上げ，河川の水がせきを越流するようにしたもの。用水を取水しやすくするための施設の一種。

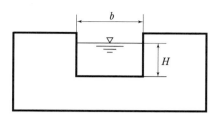

図7.5 四角せき

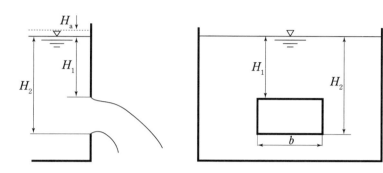

図7.6 長方形刃形オリフィス

## 用語の解説

**四角せき**
（rectangular weir）
刃形せきの一種。流量計測のために設置されるのが一般的。三角せきとくらべて，同じ流量に対する越流水深が小さい。

写真 四角せきの一例

**JIS**（Japanese Industrial Standard）
日本工業規格。鉱工業製品の標準化と品質の向上のために工業標準化法に基づいて制定される国家規格。製品の品質，形状，寸法のみでなく，試験方法も制定されている。

---

スで述べた長方形刃形オリフィスの上辺がないもの，すなわち**図7.6**において$H_1=0$としたものと考えることができる。

長方形大オリフィスの流出量は，次の式から求められる。

$$Q=\frac{2}{3}Cb\sqrt{2g}\left[(H_2+H_a)^{\frac{3}{2}}-(H_1+H_a)^{\frac{3}{2}}\right]$$

ここに，$H_a$は接近流速水頭で，接近流速を$v_a$とすると，

$$H_a=\frac{v_a^2}{2g}$$

である。
したがって，この式において，$H_1=0$とし，$H_2$の代わりに水深$H$を用いることによって，四角せきの流量を求める以下の式が得られる。

$$Q=\frac{2}{3}Cb\sqrt{2g}\left[(H+H_a)^{\frac{3}{2}}-H_a^{\frac{3}{2}}\right] \tag{7.1}$$

接近流速を考えないときは，$H_a=0$であるから，式（7.2）となる。

$$Q=\frac{2}{3}Cb\sqrt{2g}H^{\frac{3}{2}} \tag{7.2}$$

$C$はせきの流量係数で，その値は越流水深やせきの形状によって異なる。
以下の板谷・手島公式は，四角せきに対するJIS規格での流量公式として用いられている。

$$Q=CbH^{\frac{3}{2}}$$

$$C=1.785+\frac{0.00295}{H}+0.237\frac{H}{H_d}-0.428\sqrt{\frac{(B-b)H}{BH_d}}+0.034\sqrt{\frac{B}{H_d}}$$

$$\tag{7.3}$$

ここに，$Q$は流量（m³/s），$C$は流量係数，$b$はせき幅（m），$B$は水路幅（m），$H$は越流水深（m），$H_d$は水路底よりせき頂までの高さ（m）である。この式の適用範囲は，以下のとおりである。

$$0.5\,\text{m} \leq B \leq 6.3\,\text{m} \qquad 0.15\,\text{m} \leq b \leq 5\,\text{m}$$

$$0.15\,\text{m} \leq H_d \leq 3.5\,\text{m} \qquad 0.06 \leq \frac{bH_d}{B^2}$$

$$0.03\,\text{m} \leq H \leq 0.45\sqrt{b}\,\text{m}$$

〔例題 7.1〕
幅4.0 m の水路に，せき高80 cm，幅2.5 m の四角せきを設け，越流水深が30 cm であるとき，その流量をJIS公式（板谷・手島公式）から求めよ。

〔解〕
$B = 4.0\,\text{m}$，$b = 2.5\,\text{m}$，$H_d = 0.80\,\text{m}$，$H = 0.30\,\text{m}$

式（7.3）から，

$$C = 1.785 + \frac{0.00295}{H} + 0.237\frac{H}{H_d} - 0.428\sqrt{\frac{(B-b)H}{BH_d}} + 0.034\sqrt{\frac{B}{H_d}}$$

$$= 1.785 + \frac{0.00295}{0.30} + 0.237 \times \frac{0.30}{0.80} - 0.428\sqrt{\frac{(4.0-2.5) \times 0.30}{4.0 \times 0.80}} + 0.034\sqrt{\frac{4.0}{0.80}}$$

$$= 1.799$$

$$Q = CbH^{\frac{3}{2}} = 1.799 \times 2.5 \times 0.30^{\frac{3}{2}} = 0.74\,[\text{m}^3/\text{s}]$$

## 7.3 三角せき

**三角せき**（triangular weir, triangular notch）は，図 7.7 に示すような形状となっており，流量のわずかな変化に対して，四角せきに比べて越流水深の変化が大きくなることから，流量が比較的少ない場合でも越流水深を正確に測定することができる。一般的には，流量が0.010～0.015 m³/s 程度のところでの測定に最もよく用いられる。ナップの断面は水路の断面積に比べてきわめて小さいので，接近流速は無視しても差し支えない。切り欠き部分の角度が $\theta = 90°$ となっている直角三角せきが最もよく用いられる。

いま，図 7.7 において，任意の水深 $z$ の位置に，きわめて小さな厚み $dz$ の帯状部分をとり，この部分から流出する流量を $dQ$ とすると，$dQ$ は小オリフィスから流出する流量を求めるものとして，

$$dQ = Cb'dz\sqrt{2gz}$$

ここで，

$$b' = \frac{H-z}{H}b$$

## 用語の解説

**三角せき**
（triangular weir）
刃形せきの一種。流量計測のために設置されるのが一般的。四角せきとくらべて，同じ流量に対する越流水深が大きいため，流量が少ない場合の測定に適している。

写真　三角せき

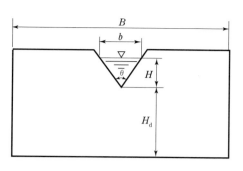 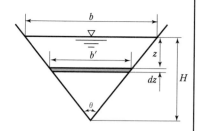

図7.7 三角せき

であるから，これを上式に代入すると，

$$dQ = C\frac{H-z}{H}bdz\sqrt{2gz} = Cb\sqrt{2g}\frac{H-z}{H}\sqrt{z}\,dz$$

したがって，三角せきの全越流量$Q$は，この式を水深$0$から$H$まで積分することで得られる。

$$Q = \int_0^H Cb\sqrt{2g}\frac{H-z}{H}\sqrt{z}\,dz = \frac{Cb\sqrt{2g}}{H}\int_0^H \left(Hz^{\frac{1}{2}} - z^{\frac{3}{2}}\right)dz$$

$$= \frac{Cb\sqrt{2g}}{H}\left[\frac{2H}{3}H^{\frac{3}{2}} - \frac{2}{5}H^{\frac{5}{2}}\right] = \frac{4}{15}Cb\sqrt{2g}H^{\frac{3}{2}} \tag{7.4}$$

ここで，

$$\tan\frac{\theta}{2} = \frac{b}{2H} \qquad b = 2H\tan\frac{\theta}{2}$$

であるから，

$$Q = \frac{8}{15}C\tan\frac{\theta}{2}\sqrt{2g}H^{\frac{5}{2}} \tag{7.5}$$

となる。直角三角せきの場合，$\theta = 90°$となるので，

$$\tan\frac{\theta}{2} = \tan\frac{90°}{2} = \tan 45° = 1$$

よって，式（7.5）は次のようになる。

$$Q = \frac{8}{15}C\sqrt{2g}H^{\frac{5}{2}} \tag{7.6}$$

なお，$C$の値は実験によって定められる。

直角三角せきの流量を求める実験公式としてJIS規格に採用されている沼地・黒川・淵澤公式は，次のとおりである。なお，単位として長さには[m]，時間には[s]を用いる。

$$Q = kH^{\frac{5}{2}}$$
$$k = 1.354 + \frac{0.004}{H} + \left(0.14 + \frac{0.2}{\sqrt{H_d}}\right)\left(\frac{H}{B} - 0.09\right)^2 \tag{7.7}$$

この式の適用範囲は，次のとおりである。

$$H_d = 0.1 \sim 0.75\,\text{m} \qquad B = 0.5 \sim 1.2\,\text{m}$$

$$H = 0.07 \sim 0.26\,\text{m} \qquad H \leq \frac{B}{3}$$

〔例題 7.2〕
直角三角せきで，$H=0.20$ m，$B=0.60$ m，$H_d=0.30$ m であるとき，その流量を JIS 公式で求めよ．

〔解〕
式（7.7）より

$$k = 1.354 + \frac{0.004}{H} + \left(0.14 + \frac{0.2}{\sqrt{H_d}}\right)\left(\frac{H}{B} - 0.09\right)^2$$

$$= 1.354 + \frac{0.004}{0.20} + \left(0.14 + \frac{0.2}{\sqrt{0.30}}\right)\left(\frac{0.20}{0.60} - 0.09\right)^2$$

$$= 1.404$$

$$Q = kH^{\frac{5}{2}} = 1.404 \times 0.20^{\frac{5}{2}} = 0.025 \ [\text{m}^3/\text{s}]$$

## 7.4 広頂せきと越流ダム

河川などに設けられるせきの頂部は，図 7.8 に示すようにかなりの幅を持っているか，あるいは曲面をなしている．このようなせきやダムを越流する水の流れは，刃形せきの場合とはかなり異なり，せき上面の下流付近で**限界水深**となって，常流から射流に変わる（5.8.2 を参照）．

いま，流れの中の 1 つの流線にそって上流側に点Aを，せきの下流端付近に点Bをとり，せき頂から水面までの高さをそれぞれ$H$および$h$とし，流速を$v_a$および$v$とする．せき頂面を基準面として，2 点A，Bに**ベルヌーイの定理**を適用すると，

$$H + \frac{v_a^2}{2g} = h + \frac{v^2}{2g} = H_0 \qquad (7.8)$$

$$\therefore \quad v = \sqrt{2g(H_0 - h)}$$

せきの幅を$b$とすると，流量$Q$は，

$$Q = Cbh\sqrt{2g(H_0 - h)} \qquad (7.9)$$

この式のせき上の水深$h$は，**ベランジェ**（Jean-Baptiste Bélanger，フランス）によると，越流量が最大になるような水深であるという．これを**ベランジェの定理**という．

$Q$を最大にする$h$は，

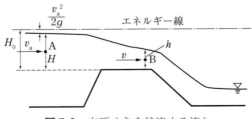

図 7.8 広頂せきを越流する流れ

**用語の解説**

**限界水深**（critical depth）
開水路の流れにおいて，流量を一定とするとき，比エネルギーを最小にさせる水深．あるいは，比エネルギーを一定とするとき，流量を最大にさせる水深．比エネルギーとは，水路底を基準面と考えたときの水の単位重量あたりの全エネルギーのこと．

**ベルヌーイの定理**
（Bernoulli's theorem）
完全流体の定常流の全水頭は，各流線に沿って一定であるという定理．

**ベランジェの定理**
（Bélanger's theorem）
比エネルギーが一定のとき，限界水深は流量を最大にする水深であるという定理．

**流線**（stream line）
流れに沿う線で，この線の接線方向が接点上の水の運動の方向を指すような線．

7.4 広頂せきと越流ダム

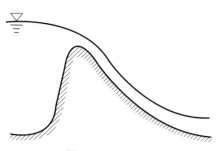

図7.9 越流ダム

$$\frac{dQ}{dh}=0$$

とおいて求められる。

$$\frac{dQ}{dh}=\left(\frac{1}{2}CbH_0\sqrt{2g}\frac{1}{\sqrt{H_0-h}}-\frac{3}{2}Cb\sqrt{2g}\sqrt{H_0-h}\right)(-1)=0$$

$$\therefore \quad h=\frac{2}{3}H_0$$

この水深は，**常流**と**射流**との境界値である限界水深である。すなわち，流れはせき上の下流付近で常流から射流に変わることがわかる。この $h$ の値を式 (7.9) に代入すると，$g=9.8 \text{ m/s}^2$ として，

$$Q=Cb\frac{2}{3}H_0\sqrt{2g\left(H_0-\frac{2}{3}H_0\right)}=Cb\frac{2}{3}\sqrt{\frac{2}{3}g}\;H_0^{\frac{3}{2}} \tag{7.10}$$

$\frac{2}{3}\sqrt{\frac{2}{3}g}=1.70$ であるから，式 (7.9) は，

$$Q=1.70CbH_0^{\frac{3}{2}} \tag{7.11}$$

としてもよい。

図7.9のような越流ダムでは，頂部の形を刃形せきのナップの下側の曲線に一致させるようにすることが多い。このようにすると，曲面にそって流下する水は遠心力によって水圧が下がり，流速が大きくなって流量も増加する。

〔例題7.3〕

図7.10のように，幅10 m の水路で，高さ3.0 m の広頂せきの越流水深が1.0 m であった。このときの流量およびせき頂の水深 $h$ を求めよ。ただし，

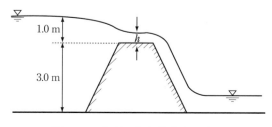

図7.10 広頂せきを越流する流れ

## 用語の解説

**常流**（subcritical flow）
開水路の流れのうち，長波の伝播速度よりも流速が小さい流れ。フルード数が1より小さい。長波とは，波長が水深の約25倍以上ある波のこと。

**射流**（supercritical flow）
開水路の流れのうち，長波の伝播速度よりも流速が大きい流れ。フルード数が1より大きい。

流量係数$C$は0.98とする。

〔解〕

まず，接近流速$v_a$を無視した場合の流量$Q'$を求める。

$$Q' = 1.70CbH^{\frac{3}{2}} = 1.70 \times 0.98 \times 10 \times 1.0^{\frac{3}{2}} = 16.7 \ [\mathrm{m^3/s}]$$

この流量から，接近流速$v_a'$を求める。

$$v_a' = \frac{Q'}{A} = \frac{16.7}{10 \times (3.0+1.0)} = 0.418 \ [\mathrm{m/s}]$$

$$H_0' = H + \frac{v_a'^2}{2g} = 1.0 + \frac{0.418^2}{2 \times 9.8} = 1.01 \ [\mathrm{m}]$$

この$H_0'$を用いて流量$Q''$を求めると，

$$Q'' = 1.70CbH_0'^{\frac{3}{2}} = 1.70 \times 0.98 \times 10 \times 1.01^{\frac{3}{2}} = 16.9 \ [\mathrm{m^3/s}]$$

この流量$Q''$を用いて接近流速$v_a''$を求めると，

$$v_a'' = \frac{Q''}{A} = \frac{16.9}{10 \times (3.0+1.0)} = 0.423 \ [\mathrm{m/s}]$$

$$H_0'' = H + \frac{v_a''^2}{2g} = 1 + \frac{0.423^2}{2 \times 9.8} = 1.01 \ [\mathrm{m}] = H_0'$$

よって，流量$Q$は，

$$Q = Q'' = 16.9 \ [\mathrm{m^3/s}]$$

せき頂の水深$h$は，

$$h = \frac{2}{3}H_0' = \frac{2}{3} \times 1.01 = 0.67 \ [\mathrm{m}]$$

## 7.5　もぐりせき（潜り堰）

せきの下流の水面がせき頂よりも高いとき，せきは水没した状態となる。このようなせきを，**もぐりせき**（submerged weir）という。もぐりせきを越流した水は，下流の水流中にもぐり込むので，その上下面は不明確となる。なお，その越流量は，越流水深が等しい自由越流の場合にくらべて少なくなる。

もぐりせきにおいて，せきより下流の水位がまだ比較的低い場合，せきを越流する流れは，せき頂で射流となり，下流の影響を受けない。このような流れを**完全越流**（complete overflow）という。一方，下流の水位が高くなると，せき頂での射流の部分はなくなり，流れ全体が常流となって，越流量は下流の水位の影響を受ける。せきの上流側と下流側をそれぞれ$H_1$，$H_2$としたとき，水位の関係が，およそ$\frac{2}{3}H_1 < H_2$であれば，完全なもぐりせきとなる。

**図7.11**のようなもぐりせきの場合の越流量は，流量係数を$C$とすると，式（7.12）で求めることができる。

---

**用語の解説**

**もぐりせき**（submerged weir）
せきの下流の水位がせき頂よりも高い場合のせき。

**完全越流**（complete overflow）
せきを越流する流れのうち，下流側の水位がせき頂で生じた支配断面*での水位より低く，下流の影響を受けない状態となっているもの。（*第5章を参照）

**流量係数**（coefficient of discharge）
理論式を実際の流量と適合させるための補正係数。

$$Q = CbH_2\sqrt{2g(H_1-H_2)} \tag{7.12}$$

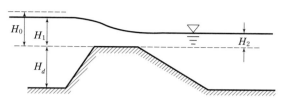

**図7.11** もぐりせき

〔例題 7.4〕

図7.12のように，幅10 m の水路で，高さ3.0 m のもぐりせきを水が越流する場合，このときの流量を求めよ．ただし，流量係数$C$は0.98とする．

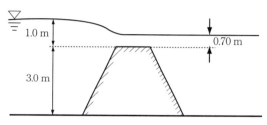

**図7.12** もぐりせきを越流する流れ

〔解〕
$$Q = CbH_2\sqrt{2g(H_1-H_2)} = 0.98 \times 10 \times 0.70 \times \sqrt{2 \times 9.8 \times (1.0-0.70)}$$
$$= 17 \ [\text{m}^3/\text{s}]$$

## 7.6 ベンチュリーフリューム

水が常流で流れる水路の途中に幅の狭い部分を設けると，そこで流速が大きくなるとともに水位が下がる．この水位の低下量を測定して流量を求める装置を**ベンチュリーフリューム**（Venturi flume）という．

図7.13において，水路幅，水深，流速をそれぞれ$B_1$, $H_1$, $v_1$とし，狭くした場所のそれらをそれぞれ$B_2$, $H_2$, $v_2$として，流量を$Q$とする．水路の床面を基準面にとり，流線上に2点A，Bをとって，これにベルヌーイの定理を適用すると，

$$H_1 + \frac{v_1^2}{2g} = H_2 + \frac{v_2^2}{2g}$$

となる．連続の式より，

$$v_1 = \frac{Q}{B_1 H_1}, \quad v_2 = \frac{Q}{B_2 H_2}$$

**用語の解説**

**ベンチュリーフリューム**
（Venturi flume）
水路の一部に幅の狭い部分をつくり，水位の低下量を測定して流量を測定する装置．

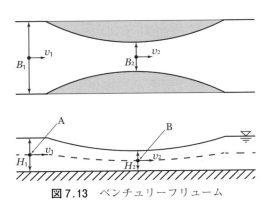

**図7.13** ベンチュリーフリューム

であるから,

$$H_1 + \frac{1}{2g}\left(\frac{Q}{B_1 H_1}\right)^2 = H_2 + \frac{1}{2g}\left(\frac{Q}{B_2 H_2}\right)^2$$

$$\frac{Q^2}{2g}\left\{\left(\frac{1}{B_2 H_2}\right)^2 - \left(\frac{1}{B_1 H_1}\right)^2\right\} = H_1 - H_2$$

$$Q = \sqrt{\frac{2g(H_1 - H_2)}{\left(\frac{1}{B_2 H_2}\right)^2 - \left(\frac{1}{B_1 H_1}\right)^2}} \quad (7.13)$$

流量係数を$C$とすると,実際の流量は,

$$Q = C\sqrt{\frac{2g(H_1 - H_2)}{\left(\frac{1}{B_2 H_2}\right)^2 - \left(\frac{1}{B_1 H_1}\right)^2}} \quad (7.14)$$

となる。水路幅が次第に狭くなる,あるいは,次第に拡がる場合には$C = 0.96 \sim 1.00$である。

さて,以上の方法で流量を求めようとすると,$H_1$と$H_2$との2つを測定しなければならず,また,下流の水位が上流に影響を与えるので,水面が安定するまでにはいくらかの時間がかかり不便である。そこで**図7.14**に示すように,水路床の一部にもぐりせきを設け,せき頂の流れを射流にすると,広

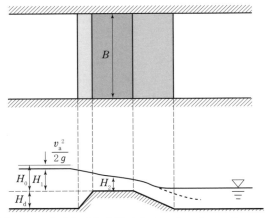

**図7.14** もぐりせきを設けたベンチュリーフリューム

頂せきと同じ流れの状態となって下流の影響を受けなくなり，測定が簡単になる。この図の$H_2$のところで限界水深になっているとすると，

$$H_2 = \frac{2}{3}H_0$$

であり，流量$Q$は，

$$Q = 1.70 CBH_0^{\frac{3}{2}}$$

であらわされる。すなわち，上流の全水頭$H_0$を知れば，流量を求めることができる。$C$の値は0.98～1.03で，一般には1.0とする。なお，実用上，接近流速$v_a$を無視して$H_0 = H_1$として扱われる場合もある。

この原理を利用し，上流側の水位だけを計測することによって流量を求められるようにした装置の1つに**パーシャルフリューム**（Parshall flume）があり，流量観測には近年よく用いられている。

〔例題 7.5〕

図 7.13 において，$B_1 = 3.0$ m，$B_2 = 1.5$ m，$H_1 = 1.3$ m，$H_2 = 1.0$ m であるとき，その流量$Q$を求めよ。ただし，流量係数$C$は1.0とする。

〔解〕

式（7.12）より，

$$Q = C\sqrt{\frac{2g(H_1 - H_2)}{\left(\frac{1}{B_2 H_2}\right)^2 - \left(\frac{1}{B_1 H_1}\right)^2}} = 1.0 \times \sqrt{\frac{2 \times 9.8 \times (1.3 - 1.0)}{\left(\frac{1}{1.5 \times 1.0}\right)^2 - \left(\frac{1}{3.0 \times 1.3}\right)^2}}$$
$$= 3.9 \ [\text{m}^3/\text{s}]$$

## 〔演習問題〕

〔問題 7.1〕

幅1.0 m の水路に，高さ60 cm，幅48 cm の四角せきを設け，越流水深が30 cm であるとき，その流量を，JIS公式を用いて求めよ。

〔問題 7.2〕

水路の幅0.40 m，水路底面より切り欠き下縁までの高さ0.10 m の直角三角せきで，越流水深が18 cm であるとき，その流量はいくらか。

〔問題 7.3〕

図 7.15 で，$H_d = 1.4$ m，$H_1 = 0.80$ m，水路ならびにせきの幅を20 m として，その流量を求めよ。ただし，$C = 1.0$，接近流速は$v_a = 1.0$ m/s とする。

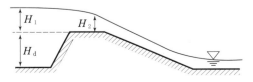

図 7.15 広頂せき

### 用語の解説

**パーシャルフリューム**
（Parshall flume）[4]
ベンチュリーフリュームの一種で，水路の一部に幅の狭い部分をつくって限界流を発生させ，上流側の水位を計測することによって以下の式より流量を求める装置。

$$Q = K \cdot H_a^n$$

ここで，
$Q$：流量（m³/h），
$H_a$：水位（m），
$n$, $K$：フリュームごとに決まる定数。

JIS規格において，その形状や寸法が示されており，また，規格の形状・寸法のものについて流量算出のための定数値と測定流量範囲が示されている。

写真　パーシャルフリューム

〔問題 7.4〕
　幅 2.5 m,水深 1.5 m の水路に幅 1.2 m のベンチュリーフリュームを設置し,その水深が 1.2 m であるとき,流量はいくらか。ただし,$C=0.98$ とする。

## 演習問題の解答

〔問題 7.1〕　$0.14 \text{ m}^3/\text{s}$

《解説》

式 (7.3) に $B=1.0 \text{ m}$,$H_d=0.60 \text{ m}$,$b=0.48 \text{ m}$,$H=0.30 \text{ m}$ を代入する。

$$C = 1.785 + \frac{0.00295}{0.30} + 0.237 \times \frac{0.30}{0.60} - 0.428 \times \sqrt{\frac{(1.0-0.48) \times 0.30}{1.0 \times 0.60}}$$

$$+ 0.034 \times \sqrt{\frac{1.0}{0.60}} = 1.74$$

$$Q = 1.74 \times 0.48 \times 0.30^{\frac{3}{2}} = 0.14 \text{ [m}^3/\text{s]}$$

〔問題 7.2〕　$0.020 \text{ m}^3/\text{s}$

《解説》

式 (7.7) に $B=0.40 \text{ m}$,$H_d=0.10 \text{ m}$,$H=0.18 \text{ m}$ を代入する。

$$k = 1.354 + \frac{0.004}{0.18} + \left(0.14 + \frac{0.2}{\sqrt{0.10}}\right) \times \left(\frac{0.18}{0.40} - 0.09\right)^2$$

$$= 1.48$$

$$Q = 1.48 \times 0.18^{\frac{5}{2}} = 0.020 \text{ [m}^3/\text{s]}$$

〔問題 7.3〕　$27 \text{ m}^3/\text{s}$

《解説》

式 (7.8) より,

$$H_0 = H_1 + \frac{v_a^2}{2g} = 0.80 + \frac{1.0^2}{2 \times 9.8} = 0.851 \text{ [m]}$$

式 (7.11) より,

$$Q = 1.70 \times 1.0 \times 20 \times 0.851^{\frac{3}{2}} = 27 \text{ [m}^3/\text{s]}$$

〔問題 7.4〕　$3.7 \text{ m}^3/\text{s}$

《解説》

式 (7.14) に

$B_1=2.5 \text{ m}$,$B_2=1.2 \text{ m}$,$H_1=1.5 \text{ m}$,$H_2=1.2 \text{ m}$,$C=0.98$ を代入する。

$$Q = 0.98 \times \sqrt{\frac{2 \times 9.8 \times (1.5-1.2)}{\left(\frac{1}{1.2 \times 1.2}\right)^2 - \left(\frac{1}{2.5 \times 1.5}\right)^2}} = 3.7 \text{ [m}^3/\text{s]}$$

**引用・参考文献**

1) 岩佐義朗（監）：基礎シリーズ 水理学入門，実教出版，1998
2) 丹羽健蔵：水理学詳説，理工図書，1971
3) 農業土木学会（編）：農業土木標準用語事典（改訂5版），農業土木学会，2003
4) 土木学会（編）：水理公式集［平成11年度版］，土木学会，1999
5) 岡澤　宏・小島信彦・嶋　栄吉・竹下伸一・長坂貞郎・細川吉晴：わかりやすい水理学，理工図書，2013

# 第8章 地下水

　地下水には，様々な定義があるが，本書では，地下に存在するすべての水のうち，土壌間隙がほぼすべて水で満たされた**飽和帯**（saturated zone）における水のことをさしている。本章では，地下水を利用する上でとくに理解しておくべき事項として，地下水の流れ，井戸や暗渠の利用に伴う地下水位の変化などについて学ぶ。

## 8.1　地下水の流れ

　地表に降った雨の一部は**地表水**（surface water）となって地表を流れ，他の一部は蒸発し，残りは地中に浸透して**地下水**（ground water）となる。地中に浸透した水は，重力作用で土壌の間隙を通って下方へと流れるが，途中に難透水層があると，そこに停滞して土壌間隙を飽和させ，**帯水層**（aquifer）を形成する。

　地下水の表面を地下水面，その水面位置を**地下水位**（ground water level）という。上下に2つの難透水層があり，帯水層がその間にはさまれた状態となっているとき，地下水は地下水面をもたないで，ときとして大きな加圧を受けていることがある。このような地下水を**被圧地下水**（confined aquifer）という。これに対し，土壌間隙を介して大気と接する地下水面をもつ地下水を**不圧地下水**（または**自由地下水**）（unconfined aquifer）という。

　ダルシー（Darcy，フランス）は地下水の流れについて，次のような実験を行って1つの法則を見出した。すなわち，**図 8.1**に示すような水位差が$H$である2つの水槽を結ぶ断面積$A$の管の中に，長さ$L$の部分だけ土壌を

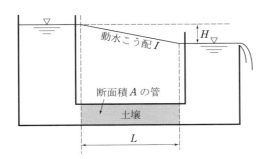

図 8.1　土壌をつめた管内の流れ（ダルシーの実験）

### 用語の解説

**不透水層**
（impermeable layer）
水を透過しにくい粘土層や岩盤の層。

**帯水層**（aquifer）
水で飽和されている透水層。

**被圧地下水**
（confined aquifer）
帯水層の上下に不透水層があり，加圧されている地下水。

**不圧地下水（自由地下水）**
（unconfined aquifer）
地下水面のある地下水。

**動水こう配**
（hydraulic gradient）
位置水頭と圧力水頭の和のこう配。位置水頭とは，基準面から水までの高さ。圧力水頭とは，単位重量の水の圧力を水柱の高さであらわしたもの。

つめ，その両端に金網をはって土壌が移動しない状態にすると，管内を流れる水量 $Q$ は，

$$Q = kA\frac{H}{L} \tag{8.1}$$

であらわされ，動水こう配 $\frac{H}{L}$ を $I$ とおくと，管内の流速 $v$ は，

$$v = \frac{Q}{A} = kI \tag{8.2}$$

となり，流速は動水こう配 $I$ に比例する．この関係を**ダルシーの法則**（Darcy's law）という．この式の比例定数 $k$ は**透水係数**（hydraulic conductivity, coefficient of permeability）とよばれ，その値は，土粒子の大きさ，形状，水の粘性などによって異なる．$H$ は土壌の間隙を流れる間に失われる水頭で，流速 $v$ が $H$ に比例するということは，逆に言えば，この水頭が $v$ に比例するということであり，このことは前章までに述べられてきた水路での流れの性質と大きく異なっている．

これは，損失水頭の主たる発生要素が両者で異なるからである．損失水頭は，主として，その大きさが流速の2乗に比例する慣性力によって生じるものと，流速に比例する粘性力によって生じるものの2つの要素から構成されると考えられている．水路における通常の流れでは，慣性力が粘性力よりもはるかに大きいため，粘性力は無視し，第4章で説明したダルシー・ワイズバッハ式（式(4.5)）に示されるように，損失水頭は慣性力のみによって生じるものとして扱われる．一方，地下水の流れでは，一般に流速がきわめてゆるやかで層流の状態にあり，水の慣性力や水粒子の運動の乱れの影響が無視できるほど小さくなるため，水頭損失における粘性力による影響が相対的に大きくなり，むしろ支配的となる．したがって，もし土壌間隙が著しく大きく，地下水の流れが速くなって乱流に近づく場合には，水の慣性力や水粒子の運動の乱れの影響を無視することができなくなるため，ダルシーの法則を適用できない．

## 8.2 井戸

地下の帯水層から地下水を汲み上げるために設ける竪坑を**井戸**（well）という．水理学では，地上から地下水面までの深さに関係なく，井戸の底が不透水層に達するものを**深井戸**（deep well）といい，これに達しないものを**浅井戸**（shallow well）という．また，上下の不透水層にはさまれた帯水層から被圧地下水を汲み上げる井戸を**掘抜き井戸**（artesian well）という．

---

**用語の解説**

**ダルシーの法則**
（Darcy's law）
1856年に**ダルシー**（H. Darcy）が実験的に発見した，粒子層中の透過水量に適用される法則．

**透水係数**
（hydraulic conductivity）
土の中でどれくらい水がとおりやすいかを示す係数で，ダルシーの法則に用いる比例定数．

**水頭**（head）
単位重量の水がもつ様々なエネルギーの大きさを水柱の高さで表したもの．

**層流**（laminar flow）
流体粒子が前後左右の位置関係を乱さず，流れ方向に平行に移動するような流れ．

**乱流**（turbulent flow）
流れの内部で不規則な混合がある流れ．

## 8.2.1 深井戸

図 8.2 に示すような深井戸から水を汲み上げ，井戸内の地下水面がはじめの水位 $H$ から低下すると，周囲の帯水層から井戸内へと水が湧き出し，帯水層が十分に大きければ，やがて元の水位 $H$ に回復する。

その井戸に湧き出し得る最大水量を超えない範囲で井戸から一定水量 $Q$ を汲み上げ続けると，井戸内の地下水面は徐々に低下するが，やがてある水位 $H_0$ まで低下したところで，汲み上げる量と湧き出す量が釣り合い，ほぼその水位の状態で安定する。このとき，地下水は井戸に放射状に向かう流れとなる。地下水面は，図 8.2 に示されるように，井戸近傍では井戸の水位 $H_0$ にほぼ等しく，井戸から遠ざかるにつれて井戸の汲み上げによる影響が弱まり，これに伴って水位変化もだんだん小さくなりながら $H$ に漸近する曲面を描く。

井戸からの汲み上げによる地下水位への影響は，基本的には井戸から同心円状に及び，井戸の中心からその影響が及んでいるとみなせる最遠点までの距離 $R$ によって描かれる円を**影響円**（circle of influence）という。言い換え

### 用語の解説

**井戸の利用**[3]

井戸は，紀元前数千年頃には利用されていたと考えられている。古代の地下水利用としては，エジプトのピラミッド建設中に使用したといわれるジョセフの井戸や，カナートといわれる西アジアの地下水道（横井戸）が有名である。日本では，弥生時代の初期から井戸の利用があったとされている。

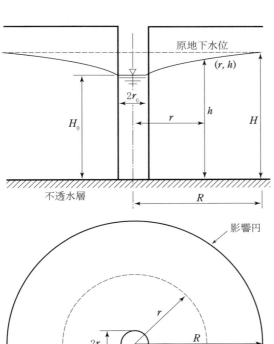

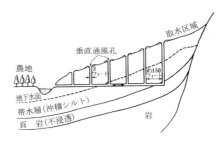

カナートの縦断面図[1]

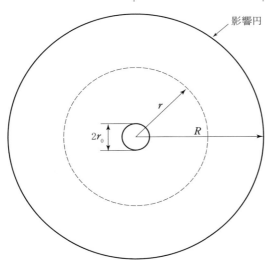

図 8.2　深井戸からの揚水

ると，この距離 $R$ から外側は，井戸への流れには無関係な区域となる。

いま，井戸を中心として，任意の半径 $r$ をもつ 1 つの円筒を考えると，この円筒の周囲の面を通って井戸に向かって流れる水量は，井戸から汲み上げる水量に等しい。その面の水位を $h$，その面を通過する流れの流速を $v$ とすると，動水こう配 $I$ は，

$$I = \frac{dh}{dr}$$

であるから，

$$Q = vA = kIA = k\frac{dh}{dr} \cdot 2\pi rh$$

$$Q\frac{dr}{r} = 2\pi kh \cdot dh$$

両辺をそれぞれ積分すると，

$$Q\ln r = \pi kh^2 + C \quad (C は積分定数) \tag{a}$$

$r = r_0$ においては，$h = H_0$ なので，

$$Q\ln r_0 = \pi kH_0^2 + C$$
$$C = Q\ln r_0 - \pi kH_0^2 \tag{b}$$

式 (b) を式 (a) に代入して，

$$Q\ln r = \pi kh^2 + Q\ln r_0 - \pi kH_0^2$$
$$\pi kh^2 = Q\ln r - Q\ln r_0 + \pi kH_0^2 = Q\ln\frac{r}{r_0} + \pi kH_0^2$$
$$h^2 = \frac{Q}{\pi k}\ln\frac{r}{r_0} + H_0^2 \tag{c}$$

この式は，地下水面の曲線をあらわす方程式である。

もし，$r = R$ とすると，$h = H$ なので，井戸に流れる流量 $Q$ は次の式(8.3)で求めることができる。

$$H^2 = \frac{Q}{\pi k}\ln\frac{R}{r_0} + H_0^2$$

$$Q = \pi k\frac{H^2 - H_0^2}{\ln\frac{R}{r_0}} = \frac{\pi k}{2.30}\frac{H^2 - H_0^2}{\log\frac{R}{r_0}} \tag{8.3}$$

**用語の解説**

対数関数の底の変換公式
$\ln a = \dfrac{\log_{10} a}{\log_{10} e}$

〔例題 8.1〕

不透水層が地表下 10.0 m の位置にあり，地下水面が地表下 4.0 m のところにある。いま，直径 2.0 m の深井戸をつくって 0.0080 m³/s の水を汲み上げると，井戸の水位はいくら低下するか。ただし，透水係数 $k = 0.0010$ m/s，影響円の半径 $R = 800$ m とする。

〔解〕

$H = 10.0 - 4.0 = 6.0$ m，$R = 800$ m，$r_0 = 1.0$ m

式(8.2)から，

$$Q = \frac{\pi k}{2.30} \frac{H^2 - H_0^2}{\log \frac{R}{r_0}}$$

$$H_0 = \sqrt{H^2 - \frac{Q}{\pi k} 2.30 \log \frac{R}{r_0}}$$

$$= \sqrt{6.0^2 - \frac{0.0080}{3.14 \times 0.0010} \times 2.30 \times \log \frac{800}{1.0}}$$

$$= 4.33 \text{ [m]}$$

よって，井戸の水位の低下量は，

$$6.0 - 4.33 = 1.67 \doteqdot 1.7 \text{ [m]}$$

### 8.2.2 掘り抜き井戸

図 8.3 において，上下を不透水層にはさまれた厚さ $t$ の帯水層に井戸を設けて揚水する場合を考える。帯水層における地下水の圧力水頭を $H$，井戸の中心から $r$ の距離にある点の揚水中の圧力水頭を $h$ とすると，動水こう配 $I$ は $\frac{dh}{dr}$ で，地下水はこれに対応する流速で厚さ $t$ の層を通って井戸に向かって流れる。

$$v = kI = k\frac{dh}{dr}$$

$$Q = vA = k\frac{dh}{dr} 2\pi rt$$

$$\frac{Qdr}{r} = 2\pi ktdh$$

両辺をそれぞれ積分すると，

$$Q\ln r = 2\pi kth + C \quad (C は積分定数)$$

$r = r_0$ においては，$h = H_0$ であるので，

$$Q\ln r_0 = 2\pi ktH_0 + C$$

$$C = Q\ln r_0 - 2\pi ktH_0$$

$$Q\ln r = 2\pi kth + Q\ln r_0 - 2\pi ktH_0$$

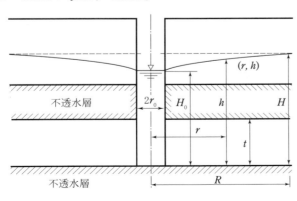

図 8.3 掘り抜き井戸からの揚水

## 用語の解説

**掘り抜き井戸**[3)]
掘り抜き井戸は，中国では紀元前数世紀頃には存在していた。掘り抜き井戸という呼称（artesian well）の語源は，フランス北部のアルトワ地方（Artois）からきたもので，12世紀に，この地方で井戸を続けざまに掘ったところ，どの井戸も水の出具合がよくて評判になったことから名づけられたとされている。日本の掘り抜き井戸は，京阪地方には古くからあり，江戸でも1720年以前からあったようである。掘削技術が発達したのはその後で，その工法は，揉貫堀りに始まり，江戸時代中期から明治時代中期までは金棒堀りの時代，明治時代後期からは上総堀りの時代に入り，昭和時代以降には機械堀りの時代へと変遷している。

**揉貫堀り**
節を抜いた竹を打ち込んで掘り抜き井戸を掘る工法

$$\therefore h = \frac{Q}{2\pi kt} \ln \frac{r}{r_0} + H_0$$

この式は，動水こう配線をあらわす。

もし，$r=R$ とすると，$h=H$ であるので，掘り抜き井戸への流量 $Q$ は式 (8.4) で求めることができる。

$$H = \frac{Q}{2\pi kt} \ln \frac{R}{r_0} + H_0$$

$$Q = 2\pi kt \frac{H - H_0}{\ln \frac{R}{r_0}} = \frac{2\pi kt}{2.30} \frac{H - H_0}{\log \frac{R}{r_0}} \tag{8.4}$$

〔例題 8.2〕

内径 1.0 m の掘り抜き井戸がある。はじめの水深が 8.0 m であったが，揚水すると水位が 2.0 m 低下した。このときの揚水量を求めよ。ただし，帯水層の厚さを 3.0 m，透水係数を 0.14 cm/s，影響円の半径を 500 m とする。

〔解〕

$H = 8.0$ m，$H_0 = 8.0 - 2.0 = 6.0$ m，$t = 3.0$ m，$R = 500$ m，$r_0 = 0.5$ m，$k = 0.0014$ m/s なので，式 (8.3) より，

$$Q = \frac{2\pi kt}{2.30} \frac{H - H_0}{\log \frac{R}{r_0}} = \frac{2 \times 3.14 \times 0.0014 \times 3.0}{2.30} \times \frac{8.0 - 6.0}{\log \frac{500}{0.5}} = 0.0076 \; [\mathrm{m^3/s}]$$

### 8.2.3 浅井戸

井戸が地下の不透水層に達していないとき，水理学では井戸の深さの大小を問わず，これを浅井戸とよぶ。

まず，**図 8.4** に示すように井戸壁が不透水性材質でできており，地下水は底面だけから流入するものについて，**フォルヒハイマー**（Dupit Forchheimer，オーストリア）は揚水量 $Q$ と井戸水面の低下量 $(H - H_0)$ との間に次の関係があるとしている。

$$H - H_0 = \frac{Q}{4\pi r_0} \tag{8.5}$$

次に，**図 8.5** に示すように井戸壁が不透水性材質でできていて，底面に半球状の多孔壁があり，地下水がこの半球状の底面だけから流入するような場合，水は底壁を通して半球面の中心 O に向かって流れ，半径 $r$ の面は等圧面で，$A$ と $A'$ の水圧はすべて $h$ に等しくなる。この場合に揚水量 $Q$ と井戸水面の低下量 $(H - H_0)$ との間には次の関係がある。

$$H - H_0 = \frac{Q}{2\pi k r_0}$$

$$v = -k \frac{\partial h}{\partial r} = \frac{Q}{2\pi r^2} \tag{8.6}$$

---

**用語の解説**

**金棒掘り**
揉貫堀りの竹の代わりに鉄製の錐を用いる工法

**上総掘り**
鉄棒による突き堀りを効率的により深くまで掘削できるように改良した工法

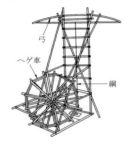

上総掘り用掘削機（概念図）[2]

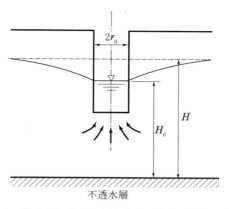

**図 8.4** 底面から地下水が流入する浅井戸からの揚水

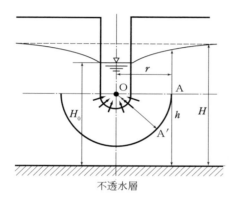

**図 8.5** 底面に半球状の多孔壁がある浅井戸からの揚水

以上のような浅井戸は，地表面近くの層からくる汚水の流入を防ぎ，深いところから良質の水を得るために用いられ，一般に井戸の直径は大きい。

さらに，**図 8.6** に示すような直径の小さい井戸で，側壁だけから地下水が流入するような浅井戸に対して，フォルヒハイマーは次の式を提案している。すなわち，浅井戸と同じ直径の深井戸を考えて，その水深を $H_0$，不透水層から浅井戸の水面までの高さを $H_1$，浅井戸の水深を $Z$ とすると，

$$\frac{H^2-H_1^2}{H^2-H_0^2}=\left(\frac{H_1}{Z}\right)^{\frac{1}{2}}\left(\frac{H_1}{2H_1-Z}\right)^{\frac{1}{4}} \tag{8.7}$$

もし，井戸の底からも流入するときは

$$\frac{H^2-H_1^2}{H^2-H_0^2}=\left(\frac{H_1}{Z+0.5r_0}\right)^{\frac{1}{2}}\left(\frac{H_1}{2H_1-Z}\right)^{\frac{1}{4}} \tag{8.8}$$

したがって，式(8.3)から深井戸について $H^2-H_0^2$ を求めると，式(8.8)から，等しい内径の浅井戸から等量の揚水をするときの井戸の水深を求めることができる。

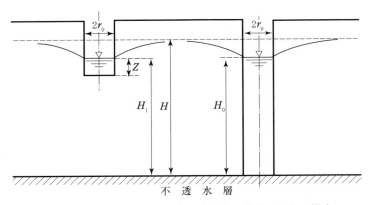

図8.6 側壁だけから地下水が流入する浅井戸からの揚水

〔例題8.3〕

〔例題8.1〕において,図8.7に示すような井戸の底が不透水層から2.0m上にあり,地下水を井戸の側壁および底の両方から取り入れる場合,$8.0\times10^{-3}$ m³/s 揚水すると,井戸の水面は地表面からいくらの深さになるか。

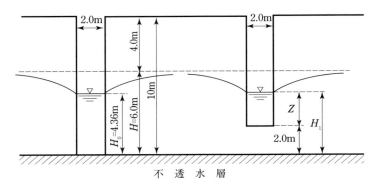

図8.7 側壁および底面から地下水が流入する浅井戸からの揚水

〔解〕

$Z$の値を仮定し,試算法により求める。

〔例題8.1〕で求めたように,深井戸の場合の$H_0$は4.36 m である。

$H_1 = Z + 2.0$

$r_0 = 1.0$

式(8.8)から,

$$\frac{H^2 - H_1^2}{H^2 - H_0^2} = \left(\frac{H_1}{Z + 0.5 r_0}\right)^{\frac{1}{2}} \left(\frac{H_1}{2H_1 - Z}\right)^{\frac{1}{4}}$$

$$\frac{6.0^2 - (Z + 2.0)^2}{6.0^2 - 4.36^2} = \left(\frac{Z + 2.0}{Z + 0.5}\right)^{\frac{1}{2}} \left(\frac{Z + 2.0}{2Z + 4.0 - Z}\right)^{\frac{1}{4}}$$

$$= \left(\frac{Z + 2.0}{Z + 0.5}\right)^{\frac{1}{2}} \left(\frac{Z + 2.0}{Z + 4.0}\right)^{\frac{1}{4}}$$

いま，$Z=2.0$ m と仮定すると，上式において，

$$左辺=\frac{6.0^2-4.0^2}{6.0^2-4.36^2}=1.18$$

$$右辺=\left(\frac{4.0}{2.5}\right)^{\frac{1}{2}}\times\left(\frac{4.0}{6.0}\right)^{\frac{1}{4}}=1.265\times0.9036=1.14$$

左辺と右辺の値の間にはやや開きがある。ここで，見当をつけながら，$Z=2.1$ m と仮定して計算すると，

$$左辺=\frac{6.0^2-4.1^2}{6.0^2-4.36^2}=1.13$$

$$右辺=\left(\frac{4.1}{2.6}\right)^{\frac{1}{2}}\times\left(\frac{4.1}{6.1}\right)^{\frac{1}{4}}=1.256\times0.9054=1.14$$

左辺と右辺の値が有効数字2桁のオーダーで等しくなったので，$Z=2.1$ m とする。よって，井戸水面は地表面から次の深さにある。

$$10.0-2.0-2.1=5.9\,[\text{m}]$$

## 8.3 集水暗渠

水道用水や灌漑用水の確保のために，河岸または河床の透水層に，空積み暗渠や穴あき管を埋設し，川から浸透した伏流水を取り入れる方法がよく用いられる。これを**集水暗渠**（collecting drain，単に，集水渠や吸水渠ということもある）という。また，低湿地の排水のために地中に設けた施設も集水暗渠である。

**図8.8**に示すように，ほぼ水平になっている不透水層の上に集水暗渠を設け，両側から地下水が流入する場合について考える。暗渠から $x$ の距離における水位を $h$，流速を $v$ とすると，

$$v=kI=k\frac{dh}{dx}$$

暗渠の単位長さあたりの片側から流入する水量を $q$ とすると，

$$q=vA=k\frac{dh}{dx}(1\times h)=kh\frac{dh}{dx}$$

$$qdx=khdh$$

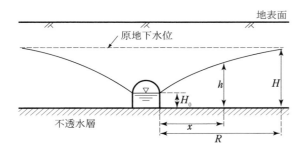

**図8.8** 暗渠の底が不透水層に達した集水暗渠

### 用語の解説

**農地における暗渠排水**[6]
農地においては，土壌の透水性が悪く，明渠だけでは排水の効果が十分に発揮されない場合，暗渠排水を検討する。暗渠排水では，**吸水渠**（lateral drain）によって，地中を浸透してきた過剰水を直接吸水し，集水渠に集められた水は排水路へと導かれる。吸水管は，素焼き土管，塩化ビニル管，ポリエチレン管などがある。その吸水管は，一般に透水性のよい**疎水材**（filter material）で被覆し，埋設される。疎水材には，そだ（粗朶），もみ殻，砂利，合成繊維などが用いられる。

両辺をそれぞれ積分して，

$$qx = \frac{1}{2}kh^2 + C$$

$x=0$ において，$h=H_0$ であるから，

$$C = qx - \frac{1}{2}kh^2 = q \times 0 - \frac{1}{2}kH_0^2 = -\frac{1}{2}kH_0^2$$

$$\therefore qx = \frac{1}{2}kh^2 - \frac{1}{2}kH_0^2$$

暗渠から十分遠い点 $x=R$ においては，$h=H$ であるので，

$$qR = \frac{1}{2}k(H^2 - H_0^2)$$

$$\therefore q = \frac{k}{2R}(H^2 - H_0^2) \tag{8.9}$$

暗渠の長さを $L$ とすると，全延長の片側から暗渠に流入する水量 $Q$ は，

$$Q = \frac{kL}{2R}(H^2 - H_0^2) \tag{8.10}$$

図 8.8 に示すように，左右両側から流入するときは，その流量は上記の 2 倍になるので，式 (8.10) は以下のようになる。

$$Q = \frac{kL}{R}(H^2 - H_0^2) \tag{8.11}$$

次に，図 8.9 に示すように，不透水層がかなり深く，暗渠の底が不透水層に達しない場合，流入量 $Q$ は浅井戸の理論によって求められる。いま，暗渠の底からも地下水が流入する場合について考えると，式 (8.8) の浅井戸と深井戸との関係から，

$$H^2 - H_0^2 = \frac{H^2 - H_1^2}{\left(\dfrac{H_1}{Z+0.5b}\right)^{\frac{1}{2}}\left(\dfrac{H_1}{2H_1-Z}\right)^{\frac{1}{4}}} \tag{8.12}$$

ここに，$b$ は暗渠の底の半幅を示す。$H_0$，$H_1$ は，不透水層に達した暗渠，および達しない暗渠の水面から不透水層までの深さである（図 8.8，図 8.9 参照）。

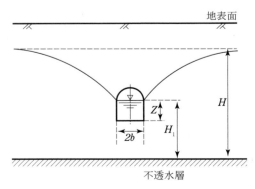

図 8.9 暗渠の底が不透水層に達しない集水暗渠

次に，式(8.9)から，
$$H^2-H_0{}^2=\frac{2q}{k}R$$
これを式(8.12)に代入して，
$$\frac{2q}{k}R=\frac{H^2-H_1{}^2}{\left(\dfrac{H_1}{Z+0.5b}\right)^{\frac{1}{2}}\left(\dfrac{H_1}{2H_1-Z}\right)^{\frac{1}{4}}}$$

したがって，長さ $L$ の暗渠に，左右両側から流入する地下水の量 $Q$ は，
$$Q=2qL=\frac{kL}{R}\frac{H^2-H_1{}^2}{\left(\dfrac{H_1}{Z+0.5b}\right)^{\frac{1}{2}}\left(\dfrac{H_1}{2H_1-Z}\right)^{\frac{1}{4}}} \tag{8.13}$$

側壁だけから流入する場合は，式(8.13)で $b=0$ とおけばよい。すなわち，
$$Q=\frac{kL}{R}\frac{H^2-H_1{}^2}{\left(\dfrac{H_1}{Z}\right)^{\frac{1}{2}}\left(\dfrac{H_1}{2H_1-Z}\right)^{\frac{1}{4}}} \tag{8.14}$$

さらに，**図 8.10** に示すように，暗渠の全周壁から水が流入する場合について，**マスカット**（Muskat，アメリカ）は次式を与えている。
$$q=\frac{2\pi k\left(H+t-\dfrac{p}{\rho g}\right)}{\ln\dfrac{4t}{d}}=\frac{2\pi k\left(H+t-\dfrac{p}{\rho g}\right)}{2.30\log\dfrac{4t}{d}} \tag{8.15}$$

ここに，

$q$：暗渠の単位長さあたりの流入量
$d$：暗渠の径　　$p$：暗渠内の水圧の強さ
$H$：水深　　　　$\rho g$：水の単位体積重量
$t$：水底から暗渠中心までの深さ
（川幅にくらべて小さいものとする）

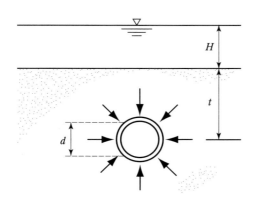

**図 8.10** 全周壁から流入する暗渠

〔例題 8.4〕

図 8.11 に示すように，河岸から 10 m 離れ，川に平行に集水暗渠を設けた。川の水深を 5.0 m，暗渠の水深を 0.30 m，透水係数を 0.35 cm/s とすると，長さ 1 m あたりの取水量はいくらか。

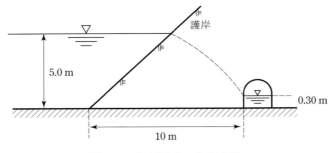

図 8.11 河川近くの集水暗渠

〔解〕

$H = 5.0$ m，$H_0 = 0.30$ m，$R = 10$ m，$k = 0.0035$ [m/s]

式(8.9)から，

$$q = \frac{k(H^2 - H_0^2)}{2R} = \frac{0.0035 \times (5.0^2 - 0.30^2)}{2 \times 10}$$
$$= 4.4 \times 10^{-3} \text{ [m}^3\text{/s]}$$

〔例題 8.5〕

図 8.10 で，$H = 4.0$ m，$t = 1.0$ m，$d = 0.50$ m，暗渠内の水圧の水頭が 2.0 m であるとき，暗渠の 1 m あたりの取水量を求めよ。ただし，透水係数は 0.055 cm/s とする。

〔解〕

$H = 4.0$ m，$t = 1.0$ m，$d = 0.50$ m，$k = 5.5 \times 10^{-4}$ m/s，$\dfrac{p}{\rho g} = 2.0$ m

式(8.15)より，

$$q = \frac{2\pi k \left( H + t - \dfrac{p}{\rho g} \right)}{\ln \dfrac{4t}{d}}$$

$$= \frac{2 \times 3.14 \times 5.5 \times 10^{-4} \times (4.0 + 1.0 - 2.0)}{2.30 \times \log \dfrac{4 \times 1.0}{0.5}} = 5.0 \times 10^{-3} \text{ [m}^3\text{/s]}$$

## 〔演習問題〕

〔問題 8.1〕
　砂層の厚さ 3.0 m，透水係数が 0.040 cm/s のろ過池で，池の水面と水の出口の水面差を 30 cm とし，1 日 1000 m³ の水をろ過したい。ろ過池の面積はいくら必要か。

〔問題 8.2〕
　厚さ 4.0 m の帯水層に直径 1.0 m の掘り抜き井戸をつくって水をくみあげたら，井戸の水面が 2.0 m 下がった。揚水量はいくらか。ただし，$k=0.10$ cm/s，$R=500$ m とする。

〔問題 8.3〕
　直径 600 mm の掘り抜き井戸で一定量を長時間くみあげたら，井戸の水位が 3.5 m 下がってほぼ落ち着いた。この場合の揚水量を求めよ。ただし，帯水層の厚さは 12 m，透水係数 $k=0.060$ cm/s，$R=500$ m とする。

〔問題 8.4〕　図 8.12 のように，不透水層が地表下 15 m のところに，地下水水面が地表下 5.2 m のところにある。いま，直径 1.8 m の深井戸を設けて 0.020 m³/s で水をくみあげると，井戸水面は地表面からいくらの深さになるか。ただし，$k=0.18$ cm/s，$R=1,000$ m とする。

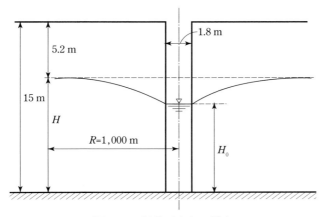

図 8.12　深井戸からの揚水

〔問題 8.5〕
　〔問題 8.4〕で，井戸の底が不透水層から 3.0 m の高さにあって，地下水が井戸の側壁と底とから流入する場合に 0.020 m³/s を揚水するとき，井戸の水面は地表面からいくらの深さになるか。

〔問題 8.6〕
　川から 20 m はなれたところに長さ 150 m の集水暗渠を設けた。川の水深を 3.0 m，暗渠の水深を 0.80 m とすると，取水量はいくらになるか。ただし，透水係数は 0.0040 m/s とする。

## 演習問題の解答

**〔問題 8.1〕** $2.90 \times 10^2 \text{ m}^2$

《解説》

$H = 0.30$ m, $k = 0.00040$ m/s, $L = 3.0$ m

$$Q = \frac{1000}{24 \times 60 \times 60} = 0.01157 \text{ [m}^3\text{/s]}$$

式 (8.1) に代入して,

$$0.01157 = 0.00040 \times A \times \frac{0.30}{3.0}$$

$$A = 2.9 \times 10^2 \text{ [m}^2\text{]}$$

**〔問題 8.2〕** $7.3 \times 10^{-3} \text{ m}^3\text{/s}$

《解説》

$H - H_0 = 2.0$ m, $t = 4.0$ m, $R = 500$ m, $r_0 = 0.5$ m, $k = 0.0010$ m/s

式 (8.4) に代入して,

$$Q = \frac{2 \times 3.14 \times 0.0010 \times 4.0}{2.30} \times \frac{2.0}{\log \frac{500}{0.5}} = 7.3 \times 10^{-3} \text{ [m}^3\text{/s]}$$

**〔問題 8.3〕** $2.1 \times 10^{-2} \text{ m}^3\text{/s}$

《解説》

$H - H_0 = 3.5$ m, $t = 12$ m, $R = 500$ m, $r_0 = 0.3$ m, $k = 0.00060$ m/s

式 (8.4) に代入して,

$$Q = \frac{2 \times 3.14 \times 0.00060 \times 12}{2.30} \times \frac{3.5}{\log \frac{500}{0.3}} = 2.1 \times 10^{-2} \text{ [m}^3\text{/s]}$$

**〔問題 8.4〕** $6.6$ m

《解説》

$H = 15 - 5.2 = 9.8$ m, $Q = 0.020 \text{ m}^3\text{/s}$, $R = 1000$ m, $r_0 = 0.9$ m, $k = 0.0018$ m/s

式 (8.3) に代入して,

$$0.020 = \frac{3.14 \times 0.0018}{2.30} \times \frac{9.8^2 - H_0^2}{\log \frac{1000}{0.9}}$$

$H_0 = 8.441 \text{ [m]}$

$H - H_0 = 15 - 8.441 = 6.6 \text{ [m]}$

〔問題 8.5〕 6.7 m

《解説》

$H=9.8$ m, $H_0=8.441$ m, $r_0=0.9$ m, $H_1=Z+3.0$

式 (8.12) に代入して,

$$\frac{9.8^2-(Z+3.0)^2}{9.8^2-8.441^2}=\left[\frac{Z+3.0}{Z+0.5\times 0.9}\right]^{\frac{1}{2}}\times \left[\frac{Z+3.0}{2\times (Z+3.0)-Z}\right]^{\frac{1}{4}}$$

$Z=5.3$ として両辺を計算すると,

　左辺 $=1.10$, 右辺 $=1.11$ となり, 有効数字2桁のオーダーで等しくなる。

よって,

　$15-(5.3+3.0)=6.7$ [m]

〔問題 8.6〕 0.13 m³/s

$H=3.0$ m, $H_0=0.80$ m, $R=20$ m, $L=150$ m, $k=0.0040$ m/s

式 (8.10) に代入して,

$$Q=\frac{0.0040\times 150}{2\times 20}\times (3.0^2-0.80^2)=0.13 \ [\text{m}^3/\text{s}]$$

**引用・参考文献**

1) A. K. ビスワス（著），高橋　裕，早川正子（訳）：水の文化史－水文学入門－，文一総合出版，1979
2) 堀越正雄：井戸と水道の話，論創社，1981
3) 地下水入門編集委員会（編）：地下水入門，土質工学会，1983
4) 丹羽健蔵：水理学詳説，理工図書，1971
5) 農業土木学会（編）：改訂5版　農業土木標準用語事典，農業土木学会，2003
6) 丸山利輔，五十崎　恒，西出　勤，村上康蔵，四方田　穣，高橋　強，三野　徹：新編　灌漑排水　上巻，養賢堂，1986
7) わかりやすい水理学，岡澤　宏・小島信彦・嶋　栄吉・竹下伸一・長坂貞郎・細川吉晴：わかりやすい水理学，理工図書，2013

メモの欄

# 索　引

## [あ]
浅井戸　210, 214
圧縮性　15
圧力エネルギー　71
圧力水頭　28, 71
洗いぜき　196
粗石積み　133
アルキメデスの原理　52
暗渠　129, 209

## [い]
位置エネルギー　11, 71
位置水頭　28, 71
井戸　210

## [う]
運動エネルギー　11, 71
運動量　82
運動方程式　10
運動量の法則　63, 82

## [え]
影響円　212
ＳＩ　1
越流ダム　196, 200
越流水深　195
エネルギー　11
エネルギーこう配　74、94
エネルギー線　74, 94
エネルギー保存の法則　71
MKS単位系　1, 25
円形断面水路　140
鉛直オリフィス　170

## [お]
オリフィス　78, 169

## [か]
開水路　63, 93
開水路流れ　63、94、129
滑面　131
加速度　10
過渡状態　68
管水路　36
完全越流　194, 202
完全収縮　196
完全ナップ　196
完全もぐりオリフィス　179
完全流体　20
管路　82
管径　95
管水路流れ　63、94
管網　120
管網計算　120

## [き]
吃水（喫水）　53
基本物理量　1
キャビテーション　108, 109
逆サイフォン　110
急拡損失係数　101
急縮損失係数　102
急拡による損失水頭　101
急縮による損失水頭　102
曲率半径　100
共役水深　155

## [く]
空洞現象　108
偶力　54
屈折損失係数　100
屈折による損失水頭　99
組立単位　1
組立物理量　1
組立量　1

## [け]
形状要素　134
径深　64, 129
傾斜マノメーター　32
傾心　55
傾心高　55
欠口　195
ケージ圧　26
ケーソン　58
ゲート　169
限界水深　69, 145
限界フルード数　149, 150
限界流速　69, 146
限界レイノルズ数　68
限界状態　147
限界流　69

## [こ]
広頂せき　195, 196
こう配　17
閘室　185
高水敷　141, 143
効率　111
合力　13
合流管水路　116
国際単位系　1
弧度法（ラジアン法）　8

## [さ]
差圧計　32
サイフォン　109
最小比エネルギーの定理　148
最有利断面　137
差動マノメーター　80
作用点　13, 38
三角関数　138
三角せき　198

索 引

## [し]

CGS単位系 2
シェジーの公式 96, 132
四角せき 195、196, 197
次元 2
仕事 2, 11, 73
軸動力 112
実際流速 170, 171
質量 1
支配断面 154
射流 68, 130
収縮係数 171
重心 37, 48
集水暗渠 217
自由水面 25
自由地下水 209
自由流出 186
重力 10, 11
重力加速度 11
取水口 46
潤辺 64, 93
小オリフィス 169
小孔 31, 169
常流 68, 130
示差圧計 32
実揚程 111
真値 4

## [す]

水圧 25, 26
水圧機 29
水圧分布図 38
水銀マノメーター 32
水撃圧 16
水頭 12, 28
水平オリフィス 170
水面こう配 74
水門 145, 154, 169, 186, 187, 188
水理特性曲線 140
水路 63
水路形状 31
水路床 39
図心 36, 37
スルースゲート 186
水車 110
水車の効率 111
水路断面 64

## [せ]

静水圧 25, 26
精度 3
せき 195
せき上げ背水 154
せき頂 195
接近流速 174
接近流速水頭 174
接触角 18
絶対圧 26
絶対粗度 132
全エネルギー 71
接頭語 5
漸拡による損失水頭 102
漸縮による損失水頭 103
漸拡損失係数 103
漸縮損失係数 103
全水圧 25, 26
全水頭 28, 71
全幅せき 196
せん断応力 17
せん断力 16
全揚程 111

## [そ]

層流 67
速度水頭 71, 95
粗度 95, 96
粗度係数 96, 97
総合効率 111
総落差 111
側面収縮 195
粗面 131
損失水頭 71, 94

## [た]

対応水深 146
大オリフィス 174
大気圧 26
台形断面水路 137
帯水層 209
ダルシーの法則 210
ダルシー・ワイスバッハの式
　　　　　　　　95, 96
単位 1
短管 108
単線管水路 105
断面一次モーメント 36
断面形状 64
断面二次モーメント 36

## [ち]

地下水位 209
地下水 209
力 1
力の合成 13
力の3要素 13
力の分解 13
地表水 209
長管 108
跳水 150
長波 144
長方形大オリフィス 197
長方形断面水路 137
潮流 129, 130
ちりよけスクリーン 160
長波の伝播速度 69
頂辺収縮 195

## [つ]

通水断面 64
釣り合い 13

# 索　引

## 〔て〕
低下背水　154
定常流　66
定常流の連続性　70
低水路　141, 143
テンターゲート（ラジアルゲート）
　　　　　　　　　　　46
伝播速度　144

## 〔と〕
透水係数　210
等価粗度係数　141
動水こう配　74、95
動水こう配線　74、95
動粘性係数　17, 18
等流　66
等流計算　134
トリチェリー　78
トリチェリーの定理　78
鈍頂せき　196
度数法　8

## 〔な〕
内部摩擦　16
内部摩擦抵抗　16
ナップ　170, 171

## 〔に〕
日本工業規格（JIS）197
ニュートン（N）　10, 11

## 〔ね〕
粘性　16
粘性係数　17
粘性方程式　17
粘性流体　20, 65

## 〔の〕
ノズル　84
のり面こう配　64

## 〔は〕
ハーディ・クロス　118
パーシャルフリューム　205
背水　129, 154
背水曲線　155
背水曲線公式　155
排水時間　182
配水路　93
パイプライン　15
刃形オリフィス　197
刃形せき　195
パスカル　2, 25
パスカルの原理　25, 29
バルブによる損失水頭　103
発電機　110
発電機の効率　111
反力　83
バルブなどの存在による損失水頭
　　　　　　　　　　　103

## 〔ひ〕
被圧地下水　209
ピエゾ水頭　72
ピエゾメーター　31
比エネルギー　145
比エネルギー曲線　146
ヒステリシス　68
比重　15, 56
非定常流　66
ピトー管　80
標準オリフィス　67, 170
表面張力　18

## 〔ふ〕
不圧地下水　209
深井戸　210
不完全ナップ　196
不完全もぐりオリフィス　179
復元力　54
浮心　54
複断面　140

## 〔へ〕
複断面河川　141
不透水層　209
浮体　53
伏せ越し　110
付着ナップ　196
付着力　18
物理量　1
不等流　66, 67
不等流の基本式　152
負のゲージ圧　108
浮揚面　53
ブレッス　155
浮力　51
浮力中心　53
フルード数　69, 149
噴流　84
分岐管水路　115
分力　13

## 〔へ〕
平均流速　131
平均流速公式　95, 96
ヘーゼン・ウィリアムスの公式
　　　　　　　　97, 98, 119
ベスの定理　148
ベナ・コントラクタ　170, 171
ベランジェの定理　148, 200
ベルヌーイ　73
ベルヌーイの定理　71, 73, 94
ベンチュリーフリューム　203
ベンチュリーメーター　80
ヘンリーの実験図　187

## 〔ほ〕
飽和帯　209
掘り抜き井戸　213
ポンプ　111

## 〔ま〕
曲がり損失係数　100
曲がりによる損失水頭　99

摩擦　130
摩擦速度　132
摩擦損失係数　95
摩擦損失水頭　95、96
マニングの公式　96、97、132
マニングの粗度係数　96,133
マノメーター　31
満流　63

〔み〕
水動力　112
水の運動　63
密度　14

〔む〕
無次元量　3

〔め〕
メタセンター　55
メタセンター高　55

〔も〕
モーメント　13
毛管現象　18
もぐりオリフィス　179
もぐりせき　202
もぐり流出　186
モルタル　133
門扉　46

〔ゆ〕
有効数字　3
有効落差　111
U字管　32

〔ら〕
ラジアン　8
ラジアン角　136
乱流　67
ラジアルゲート（テンターゲート）
46

〔り〕
力学的エネルギー　12
力学的エネルギー保存の法則　12
力積　82
流管　70
流出口　108
流出　67
流出損失係数　104
流出による損失水頭　103
流積　64
流線　69,200
流速　65,129
流速係数　79,170
流量係数　81,171
流体の粘性　18
流跡線　69
流入による損失水頭　99
流量　65
流体　2
流入損失係数　99
流量　65
流量係数　81,171
理論流速　18
理想流体　20
理論動力　112

〔れ〕
レイノルズ　67
レイノルズ数　67、68、96
連続の式　70

〔ろ〕
ローリングゲート　46

## 著者略歴（五十音順）

**岡澤　宏**（おかざわ　ひろむ）
- 1998年　東京農業大学農学部農業工学科卒業
- 2000年　北海道大学大学院修士課程修了
- 2003年　北海道大学大学院博士後期課程修了
- 2003年　博士（農学）（北海道大学）
- 2004年　東京農業大学地域環境科学部　助手
- 2016年　東京農業大学地域環境科学部　教授
- 　　　　現在に至る

**中桐　貴生**（なかぎり　たかお）
- 1993年　京都大学農学部農業工学科卒業
- 1995年　京都大学大学院修士課程修了
- 1997年　京都大学大学院博士後期課程中退
- 1997年　大阪府立大学農学部　助手
- 2000年　博士（農学）（京都大学）
- 2008年　大阪府立大学大学院生命環境科学研究科　准教授
- 2022年　大阪公立大学大学院農学研究科　准教授
- 　　　　現在に至る

**藤川　智紀**（ふじかわ　とものり）
- 1996年　東京大学農学部農業工学科卒業
- 1998年　東京大学大学院修士課程修了
- 2001年　東京大学大学院博士課程修了
- 2001年　博士（農学）（東京大学）
- 2002年　鳥取大学乾燥地研究センター　機関研究員
- 2005年　農村工学研究所　特別研究員
- 2008年　東京農業大学地域環境科学部　助教
- 2017年　東京農業大学地域環境科学部　教授
- 　　　　現在に至る

**竹下　伸一**（たけした　しんいち）
- 1998年　愛媛大学農学部生物資源学科卒業
- 2000年　愛媛大学大学院修士課程修了
- 2004年　京都大学大学院博士後期課程修了
- 2004年　博士（農学）（京都大学）
- 2004年　宮崎大学農学部　助手
- 2010年　宮崎大学農学部　准教授
- 　　　　現在に至る

**長坂　貞郎**（ながさか　さだお）
- 1994年　京都大学農学部農業工学科卒業
- 1996年　京都大学大学院修士課程修了
- 1999年　京都大学大学院博士後期課程単位取得退学
- 1999年　日本大学生物資源科学部　助手
- 2001年　博士（農学）（京都大学）
- 2018年　日本大学生物資源科学部　教授
- 　　　　現在に至る

**山本　忠男**（やまもと　ただお）
- 1994年　北海道大学農学部農業工学科卒業
- 1996年　北海道大学大学院修士課程修了
- 1999年　北海道大学大学院博士後期課程修了
- 1999年　博士（農学）（北海道大学）
- 1999年　北海道大学大学院農学研究科　助手
- 2011年　北海道大学大学院農学研究院　講師
- 2022年　北海道大学大学院農学研究院　准教授
- 　　　　現在に至る

---

### 基礎から学ぶ水理学

2017年10月11日　初版第1刷発行
2022年 8月30日　初版第3刷発行

編著者　岡澤　宏　中桐貴生
著　者　竹下伸一　長坂貞郎
　　　　藤川智紀　山本忠男
発行者　柴　山　斐　呂　子

発行所　理工図書株式会社

〒102-0082　東京都千代田区一番町27-2
電話03（3230）0221（代表）
FAX03（3262）8247
振替口座　00180-3-36087番
http://www.rikohtosho.co.jp

ⓒ岡澤　宏・中桐貴生　2017　Printed in Japan
ISBN978-4-8446-0861-5
印刷・製本　藤原印刷

＊本書のコピー、スキャン、デジタル化等の無断複製は著作権法上の例外を除き禁じられています。本書を代行業者等の第三者に依頼してスキャンやデジタル化することは、たとえ個人や家庭内の利用でも著作権法違反です。

★自然科学書協会会員★工学書協会会員★土木・建築書協会会員